Melanie Homann

Dr. Dante Bernabei

Sicherheit – Handbuch für das Labor

Sicherheit

Handbuch für das Labor

D. Bernabei

Herausgeber: E. Merck, D–6100 Darmstadt

D–6100 Darmstadt 11, Postfach 11 05 64

Satz: Parusel + Stühlen, D–6100 Darmstadt
Druck: topdruck Bachmeier KG, D–6940 Weinheim
Printed in Germany 1991
ISBN 3-921956-95-1

Inhalt

1.	**Information zur Sicherheit**	9
1.1	**Einführung in das Thema Sicherheit**	9
1.1.1	Allgemeine Informationen	9
1.1.2	Anwendungs-Einschränkungen	9
1.1.3	8 wichtige Sicherheitsregeln	10
1.1.4	Standardisierte Sicherheit – das Etikett	10
1.2	**Zusätzliche Informationsquellen**	20
1.2.1	Wandtafel "Sicherheit mit MERCK"	20
1.2.2	Sicherheitsdaten auf Disketten	23
1.2.3	Sicherheitsdatenblätter	25
1.2.4	Taschen-Nachschlagewerke	28
1.2.5	MAK-Werte von Laborchemikalien	29
1.2.6	Merkblätter zur Unfallverhütung	39
1.2.7	Video-Filme zum Thema Sicherheit	40
2.	**Allgemeine Vorsichtsmaßnahmen**	42
2.1	**Besondere Gefahren im Labor**	42
2.1.1	Brennbare Lösungsmittel	42
2.1.2	Peroxide in Lösungsmitteln	46
2.1.3	Elektrostatische Aufladungen	54
2.1.4	Explosionsgefährliche Chemikalien	55
2.1.5	Umgang mit Laborgasen	57
2.1.6	Löschmittel für Brände im Labor	63
2.2	**Gefährliche Laborarbeiten**	64
2.2.1	Glasbehandlung ohne Schnittverletzungen	64
2.2.2	Vorsicht beim Destillieren	66
2.2.3	Arbeiten im Abzug	66
2.2.4	Arbeiten im Vakuum	67
2.2.5	Arbeiten unter Druck	68
2.2.6	Einleiten, Trocknung und Reinigung von Gasen	69
2.2.7	Sicheres Heizen	75
2.2.8	Tiefe Temperaturen und sicheres Kühlen	78
2.2.9	Arbeiten mit metallorganischen Verbindungen	80
2.3	**Betriebsanweisung für Laboratorien**	85
3.	**Sicherheitsprodukte**	89
3.1	**Persönliche Schutzausrüstung**	89
3.1.1	Schutzbrillen und Schutzscheiben	89
3.1.2	Atemschutz	91
3.1.3	Schutzhandschuhe und Schutzschuhe	92
3.1.4	Schutzkleidung	93
3.2	**Sichere Entnahme**	94
3.2.1	Adapter für die Direktentnahme aus Flaschen	95
3.2.2	Sicherheits-Hahn für die Entnahme aus Fässern	96
3.2.3	Sicherheits-Schlüssel zum Öffnen von Fässern	96
3.2.4	Spezialspritze für Metallalkyle	97
3.2.5	Titrisol® – die sichere Ampulle	97
3.2.6	Pipettierhilfen	98
3.3	**Sicheres Trocknen**	99
3.3.1	Natrium-Blei-Legierung trocknet wie Natrium	99
3.3.2	Granulierte Trocknungsmittel	100

3.3.3 Aktivierte Aluminiumoxide 103
3.3.4 Kieselgele zum Trocknen 105
3.3.5 Molekularsiebe trocknen Gase und Lösungsmittel 106
3.3.6 Trocknungsmittel im Vergleich 110
3.3.7 Absorptionsröhrchen 111
3.3.8 Trocknen in Trockenschränken 112
3.3.9 Trocknung von Lösungsmitteln 112
3.3.10 Konstante Luftfeuchtigkeit 114
3.4 Verschüttete Chemikalien 116
3.4.1 Chemizorb® absorbiert aggressive Flüssigkeiten 116
3.4.2 Chemizorb® Hg absorbiert verschüttetes Quecksilber 117
3.5 Sicheres Reinigen 119
3.5.1 Herkömmliche Reinigungsmittel 119
3.5.2 Chromschwefelsäure 119
3.5.3 Extran® Labor-Reiniger 120

4. Besondere Vorsichtsmaßnahmen 124
4.1 Gefährliche Chemikalien 124
4.1.1 Allgemeine Schutzmaßnahmen 124
4.1.2 Bromcyan 125
4.1.3 Diazomethan 126
4.1.4 Eisenpentacarbonyl und Nickeltetracarbonyl 127
4.1.5 Etherperoxide 129
4.1.6 Metallalkyle 129
4.1.7 Perchlorsäure 129
4.1.8 Wasserstoff und katalytische Hydrierung 131
4.1.9 Wasserstoffperoxid und Percarbonsäuren 132
4.1.10 Weitere gefährliche Chemikalien 133
4.2 Spezielle toxische Wirkungen 134
4.2.1 Irreversible Gesundheitsschädigungen 134
4.2.2 Kennzeichnung und Einteilung 135
4.2.3 Liste der krebserzeugenden Stoffe 135
4.2.4 Vorsichtsmaßnahmen 138
4.3 Schwangerschaft und Chemikalien 141
4.3.1 Bedeutung der MAK-Werte 141
4.3.2 § 26 Beschäftigungsbeschränkungen 141
4.3.3 § 38 Mutterschutzgesetz 142
4.3.4 Fruchtschädigende Stoffe 142
4.3.5 Vorsichtsmaßnahmen 143
4.4 Radioaktive Substanzen 144
4.4.1 Dimensionen und Einheiten 144
4.4.2 Wirkungen 145
4.4.3 Vorsichtsmaßnahmen 146
4.4.4 Entsorgung 146
4.4.5 Ausbildung und Lehrgänge 148
4.5 Sichere Alternativen 148
4.5.1 Asbest ist cancerogen 148
4.5.2 tert-Butylmethylether – ein peroxidfreier Ether 148
4.5.3 Dimethylcarbonat contra Dimethylsulfat 149
4.5.4 DMEU und DMPU – sichere Alternativen für HMPT 149
4.5.5 MMPP – ein sicherer Ersatz für 3-Chlorperbenzoesäure 149
4.5.6 Diphosgen und Triphosgen ersetzen gasförmiges Phosgen 150
4.5.7 Schwefelwasserstoff-Herstellung leicht gemacht 150
4.5.8 Tetrabutylammoniumhexafluorophosphat statt -perchlorat 151

4.5.9 Trifluormethansulfonsäure statt Perchlorsäure 151
4.5.10 Xenondifluorid – ein sicheres Fluorierungs-Reagenz 151
4.6 Sichere Biotechnologie 152
4.6.1 Forschungsgebiete 152
4.6.2 Merkblätter der Berufsgenossenschaft 152

5. Sicherheit bei Lagerung und Transport 153
5.1 Sichere Verpackung 153
5.1.1 S 40–Verschluß 153
5.1.2 Konzentrierte Ameisensäure entwickelt Druck 154
5.1.3 Wasserstoffperoxid zersetzt sich 155
5.1.4 Sicherheitsflasche für Flußsäure 155
5.1.5 Kunststoff-Flaschen altern 156
5.1.6 Kunststoff-ummantelte Glasflasche 156
5.1.7 Gase in handlichen Druckflaschen 156
5.1.8 Korrosions-resistente Blechdosen 157
5.2 Optimale Aufbewahrung 157
5.2.1 Eindeutige Kennzeichnung 157
5.2.2 Oxidationsempfindliche Präparate 158
5.2.3 Feuchtigkeitsempfindliche Chemikalien 158
5.2.4 Laborluftempfindliche Präparate 158
5.2.5 Instabile Substanzen 158
5.2.6 Wärmeempfindliche Präparate 159
5.2.7 Niedrig schmelzende Substanzen 160
5.2.8 Leicht erstarrende Flüssigkeiten 160
5.3 Lager-Empfehlungen 161
5.3.1 Gefahrgut-Klassen und Gefahrensymbole 161
5.3.2 Säuren und Laugen 162
5.3.3 Feuergefährliche Chemikalien 162
5.3.4 Oxidationsmittel 164
5.3.5 Laborgase in Zylindern 164
5.3.6 Explosionsgefährliche Chemikalien 165
5.3.7 Giftige Chemikalien 165
5.3.8 Radioaktive Substanzen 165
5.3.9 Chemikalien mit besonderen Unverträglichkeiten 165
5.4 Technische Regeln und Prüflisten 169
5.4.1 Technische Regeln (TRG) 169
5.4.2 Prüflisten 169

6. Entsorgung von Laborabfällen 171
6.1 Strategien zur Abfall-Bewältigung 171
6.1.1 Kleinpackungen sind die Lösung 172
6.1.2 Packmittel restlos entleeren 172
6.1.3 Gasreste sicher entsorgen 173
6.1.4 Wassergefährdende Stoffe 173
6.2 Sammlung von Laborabfällen 174
6.2.1 Geeignete Sammelbehälter 174
6.2.2 Kennzeichnung der Sammelbehälter 174
6.3 Desaktivierung gefährlicher Laborabfälle 175

7. Verhalten im Notfall 185
7.1 Sicherheitszeichen und Fluchtwege 185
7.1.1 Verbotszeichen 185
7.1.2 Warnzeichen 186
7.1.3 Gebotszeichen 187

7.1.4 Rettungszeichen 188
7.1.5 Hinweiszeichen 188
7.1.6 Verhalten im Notfall 188
7.2 Erste Hilfe 190
7.2.1 6 Grundsätze für die Erste Hilfe 190
7.2.2 Schnittwunden 190
7.2.3 Prellungen und Verstauchungen 191
7.2.4 Verätzungen der Haut 191
7.2.5 Reizung der Augen 191
7.2.6 Verbrennungen und Verbrühungen 192
7.2.7 Vergiftungen 192
7.2.8 Unfall-Begleitzettel 194
7.3 Informationszentren für Vergiftungen 195
7.3.1 Bundesrepublik Deutschland 195
7.3.2 Europäisches Ausland 197

8. Literatur, Lieferanten und Adressen 198
8.1 Literatur 198
8.1.1 Nachschlagewerke 198
8.1.2 Monographien 199
8.1.3 Druckschriften mit Anschriften 200
8.2 Reagenzien und Chemikalien 202
8.2.1 Aluminiumalkyle zur Synthese 202
8.2.2 Trockene Lösungsmittel 202
8.2.3 Trocknungsmittel 202
8.2.4 Präparate zur Luftfeuchtigkeits-Einstellung 205
8.2.5 Präparate für Kältemischungen 206
8.2.6 Reagenzien zur Desaktivierung von Laborabfällen 206
8.2.7 Katalysatoren zur Hydrierung 206
8.2.8 Reagenzien auf Peroxide 207
8.2.9 Phlegmatisierte Reagenzien 207
8.2.10 Sichere Alternativen 208
8.2.11 Sonstige Reagenzien 208
8.3 Labor-Hilfsmittel 209
8.3.1 Hilfsmittel für das Labor 209
8.3.2 Indikator-Stäbchen 209
8.3.3 Schliff-Fette 209
8.3.4 Heizbadmedien 209
8.3.5 Absorptionsmittel für flüssige Gefahrstoffe 210
8.3.6 Reinigungsmittel für das Labor 210
8.3.7 Entnahme-Hilfen 211
8.3.8 Scriptosure® Etiketten 211
8.4 Geräte und andere Hilfsmittel 212
8.4.1 Spezialbehälter für Lösungsmittelabfälle 212
8.4.2 Prüfröhrchen für Luft-Untersuchungen 213
8.4.3 Glasgeräte und andere Hilfsmittel 213
8.4.4 Industrie- und Laborgase 213
8.4.5 Erste-Hilfe-Kästen 213
8.5 Glossar und Adressen 214
8.5.1 Glossar und Abkürzungen 214
8.5.2 Adressen 218

9. Stichwortverzeichnis 219

Tabellen

1	Gefahrensymbole und ihre Bedeutung	11
2	MAK-Werte gebräuchlicher Chemikalien	30
3	Wichtige Lösungsmittel und ihre Flammpunkte	44
4	Eigenschaften von tert-Butylmethylether	53
5	Phlegmatisierte Reagenzien und ihre Gefahrenkennzeichnung	56
6	Gebräuchliche Gase und ihre Explosionsgrenzen	60
7	Kritische Moleküldurchmesser	70
8	Sauerstoffgehalt in Lösungsmitteln	74
9	Viskosität von Siliconöl für Heizbäder	76
10	Viskosität von Mineralöl für Ölbäder	77
11	Kältemischungen für das Labor	78
12	Filtertypen für Gasmasken	92
13	Eigenschaften granulierter Trocknungsmittel	102
14	Dynamische Trocknung von Lösungsmitteln mit Aluminiumoxid	103
15	Dynamische Trocknung von Lösungsmitteln mit Molekularsieb	107
16	Wasserdurchbruch bei einigen Lösungsmitteln	108
17	Vergleichende Übersicht einiger Trocknungsmittel	110
18	Trocknungsmethoden für Lösungsmittel	112
19	Konstante Luftfeuchtigkeit in geschlossenen Gefäßen	115
20	Chemizorb® Pulver und Granulat im Vergleich	116
21	Beim Menschen eindeutig krebserzeugende Stoffe	136
22	Im Tierversuch eindeutig krebserzeugende Stoffe	136
23	Stoffe mit begründetem Verdacht auf krebserzeugendes Potential	137
24	TRK-Werte von Labor-Chemikalien	139
25	Fruchtschädigende Stoffe	142
26	Strahlenbelastung bei Kleinmengen	145
27	Spezifische Aktivitäten und Freigrenzen für Uran- und Thorium-Verbindungen	147
28	Erstarrungspunkte einiger Flüssigkeiten	160
29	Gefahrgut-Klassen und Gefahrensymbole	161
30	Chemikalien mit besonderen Unverträglichkeiten	166

Vorschriften

1	Bestimmung von Peroxiden mit Perex-Test®	47
2	Entfernung von Peroxiden mit Perex-Kit® bei bekannter Konzentration	50
3	Entfernung von Peroxiden mit Perex-Kit® bei unbekannter Konzentration	51
4	Entfernung von Peroxiden mit Eisen(II)-sulfat	52
5	Entfernung von Peroxiden mit Aluminiumoxid	52
6	Entfernung von Peroxiden mit Natrium-Blei-Legierung	52
7	Entfernung von Peroxiden mit Molekularsieb	53
8	Hydrophobieren mit Siliconöl	65
9	Hydrophobieren mit Dichlordimethylsilan	65
10	Entfernen oxidierender Verunreinigungen aus Gasen mit BTS-Katalysator	73
11	Reduzierende Regenerierung des BTS-Katalysators	74
12	Entfernen reduzierender Verunreinigungen aus Gasen mit BTS-Katalysator	74
13	Oxidierende Regenerierung des BTS-Katalysators	75
14	Sichere Entnahme von Aluminiumalkylen aus Glasflaschen	83
15	Sichere Entnahme von Aluminiumalkylen aus Stahlbehältern	84
16	Entsorgung von Aluminiumalkylen	84
17	Entsorgung von Natrium-Blei-Legierung	100
18	Entfernung von Peroxiden aus Ethern mit Aluminiumoxid	104
19	Entfernung von Ethanol aus Chloroform mit Aluminiumoxid	104
20	Regenerierung von Kieselgelen	106

21 Statische Trocknung von Lösungsmitteln mit Molekularsieb ____ 106
22 Dynamische Trocknung von Lösungsmitteln mit Molekularsieb ____ 107
23 Regenerierung von Molekularsieben ____ 108
24 Absorption verschütteter Flüssigkeiten ____ 117
25 Absorption von verschüttetem Quecksilber ____ 118
26 Diazomethan aus N-Methyl-N-nitroso-4-toluolsulfonamid ____ 126
27 7 Regeln für die katalytische Hydrierung ____ 131
28 Oxidationen mit Per-Verbindungen ____ 133
29 – 60 Desaktivierung gefährlicher Laborabfälle ____ 176

Merksätze

8 Wichtige Sicherheitsregeln ____ 10
13 Sicherheitsregeln für den Umgang mit Druckgasen ____ 59
7 Regeln für die katalytische Hydrierung ____ 131
9 Empfehlungen für den Umgang mit Cancerogenen ____ 139
6 Ratschläge für den Umgang mit radioaktiven Substanzen ____ 146
6 Grundsätze für die Erste Hilfe ____ 190

Geleitwort

Der Umgang mit Chemikalien und Apparaturen im chemischen Labor ist mit zahlreichen Gefahren für die Gesundheit der dort Tätigen verbunden. Nur die genaue Kenntnis dieser Gefahren, insbesondere der Eigenschaften der verwendeten Stoffe, ermöglicht ein sicheres Arbeiten im Laboratorium.

Laboratorien befinden sich nicht nur in der chemischen Industrie, sondern auch in Berufsschulen, Gymnasien, Fachhochschulen, Hochschulen. Die Grundlage für ein späteres sicheres Arbeiten im Berufsleben sollten in diesen Ausbildungsstätten gelegt werden. Es ist daher wichtig, daß sowohl den Lehrenden als auch den Lernenden umfassende gut verständliche Literatur zum Thema "Sicherheit" zur Verfügung steht.

Aus meiner langjährigen beruflichen Praxis als Technischer Aufsichtsbeamter der Berufsgenossenschaft der chemischen Industrie begrüße ich die Herausgabe des Buches "Sicherheit – Handbuch für das Labor", in dem auch auf die Unfallverhütungsvorschriften, Richtlinien und Merkblätter der BG Chemie hingewiesen wird.

Das vorliegende Buch faßt in vorbildlicher Weise alle Aspekte zusammen, die das Bewußtsein zum sicheren Arbeiten im Labor schärfen sollen. Es wird z.B. die Lagerung von Chemikalien behandelt, aber auch Umwelt-Aspekte, wie die Entsorgung von Chemikalienabfällen, finden Berücksichtigung.

Wegen seiner didaktisch gelungenen Darstellung der Themen, seiner übersichtlichen Gliederung, seinem umfassenden Stichwort-Register und seiner guten Bebilderung ist es für den Praktiker geeignet.

Ich wünsche daher dem Buch "Sicherheit – Handbuch für das Labor" eine weite Verbreitung an Ausbildungsstätten und in Betrieben.

Dr. Gerhard Köhnlein
Technischer Aufsichtsbeamter
der Berufsgenossenschaft
der chemischen Industrie

Vorwort

Unfälle passieren nicht, sie werden verursacht.

Langjährige Untersuchungen des Unfallgeschehens haben eindeutig bewiesen, daß – trotz aller Vorsorgemaßnahmen – menschliches Verhalten in der überwiegenden Zahl der Unfälle der auslösende Faktor war. Dem Informations-Bedürfnis nach sicherer Laborarbeit versucht dieses Buch nachzukommen. Es basiert auf einer Broschüre, die der Autor vor Jahren unter dem Titel "Sicherheit mit Merck" zusammengestellt hat. Die außerordentlich gute Aufnahme, die dieses Heft beim Publikum fand, und die große Nachfrage seitdem es vergriffen ist, ermuntern uns, diese Themen-Sammlung in völlig überarbeiteter und erweiterter Form als Buch herauszugeben.

Dieses Buch erhebt keinen Anspruch, sämtliche Aspekte der Laboratoriums-Technik in aller Vollständigkeit wiederzugeben; Ziel war vielmehr, eine zusammenfassende Darstellung anzustreben, die den Gesichtspunkt der im Laborbereich erforderlichen Sicherheitsmaßnahmen optimal berücksichtigt. Dabei wurde die Folge der Themen so ausgewählt, daß das Buch von Kapitel zu Kapitel immer detaillierter an diesen Fragenkomplex herangeht. So stehen zu Beginn des Buches die Kapitel, die sich der einführenden Information zum Thema Sicherheit widmen, und danach die Themen, die gefährliche Laborarbeiten oder den Umgang mit gefährlichen Stoffen zum Inhalt haben. Ganz am Ende stehen dann jene Abschnitte, die sich mit der Entsorgung nicht gebrauchter Chemikalien beschäftigen oder über das Verhalten im Notfall informieren.

"Aus der Erfahrung, für die Praxis" war die Devise bei Auswahl und Präsentation der Themen. Deshalb wurde an vielen Stellen der Text durch Tabellen und Vorschriften unterbrochen: eine Übersicht finden Sie im Inhaltsverzeichnis. Auch wurde Wert darauf gelegt, dieses Buch durch Hinweise auf Produkte und Hilfsmittel zu ergänzen, die zur sicheren Handhabung beitragen. Um dem Leser lästiges und zeitaufwendiges Nachforschen nach Lieferquellen zu ersparen, wurden diese in einem Kapitel "Literatur, Lieferanten und Adressen" am Ende des Buches zusammengefaßt.

Mit Absicht beinhaltet das Buch keine Sammlung von juristischen Paragraphen oder gar ganzen Gesetzestexten, sondern lediglich deren Auswirkungen zum Ausschalten von Gefahrenquellen. Auch ist dieses Buch nicht als Anleitung zur sicherheitsgerechten Einrichtung von Laboratorien zu verstehen. Es geht einfach von der Voraussetzung aus, daß die vorhandenen Laboreinrichtungen und Geräte dem letzten Stand der Sicherheits-Technik entsprechen. Es sind also keine Hinweise darin zu finden, welche Bedingungen ein gut funktionierender Abzug zu erfüllen hat, wie ein feuersicherer Lösungsmittelschrank funktioniert oder an welcher Stelle die Notdusche in einem Labor einzurichten ist. Auch geht es davon aus, daß die käuflichen Chemikalien und Reagenzien nach den gesetzlichen Vorschriften gekennzeichnet sind.

An dieser Stelle möchten wir ganz besonders den Herren Dr. Wolfgang Ochterbeck und Dipl.-Ing. Dietrich Reichard, Universität Bonn und Herrn Dr. Wolfgang Werner, Universität Münster danken, die durch zahlreiche Anregungen und wertvolle Diskussionen an dieser Arbeit mitgewirkt haben. Auch geht unser Dank an Frau Karin Schiller und Herrn Dr. Wolfgang Schauer für die Durchsicht der Angaben zur Gefahrenkennzeichnung. Ein ganz besonderer Dank gilt Herrn Dr. Ernst-Harald Mischlich, dem früheren Leitenden Werkarzt der Firma Merck, der das Kapitel "Erste Hilfe" mit seinem Rat und seiner Erfahrung begleitet hat, sowie den Mitarbeitern von Herrn Dipl.-Ing. Georg Könnecke von der Merck-Abteilung "Arbeitssicherheit". In den Dank möchten wir nicht zuletzt auch die Berufsgenossenschaft der chemischen Industrie einschließen, die in der Person von Herrn Dr. Gerhard Köhnlein wohlwollend das Manuskript dieses Buches kritisch durchgesehen und beurteilt hat. Allen Lesern sind wir für weiterführende Anregungen, Ergänzungen und Verbesserungen schon jetzt dankbar.

Dr. Dante Bernabei
E.Merck
Qualitätssicherung
Sparte Reagenzien

1. Information zur Sicherheit

Gefahr erkannt – Gefahr gebannt

Sicherheit kann man lernen. Sicherheit ist ein aktuelles Thema für alle, die heute mit Chemikalien in einem modernen Labor arbeiten. Und besonders wichtig ist es für sogenannte Einsteiger: Auszubildende als Laboranten, Studenten von Hochschulen und Universitäten, Schüler von Fachschulen und Gymnasien. In praxisnaher Form geht dieses Buch Kapitel für Kapitel Themen durch, wie man Fehler mit nachteiligen Folgen für Mensch und Umwelt beim Arbeiten im Labor vermeiden kann. Denn: sicherheitsbewußtes Handeln ist lernbar. Ist trotz aller Vorsicht das "Unvermeidbare" geschehen, so ist das richtige Verhalten im Notfall von allergrößter Bedeutung. Entsprechende Hinweise finden sich am Ende dieses Buches, ebenso Ratschläge für Erste Hilfe und eine Übersicht über Informationszentren für Vergiftungen.

1.1 Einführung in das Thema Sicherheit

Der sichere Umgang mit Chemikalien setzt die gründliche Kenntnis der Stoffeigenschaften und der möglicherweise von ihnen ausgehenden Gefahren voraus. Diese Kenntnis hilft mit, Fehler und Unfälle zu vermeiden. Deshalb soll man sich vor jedem Versuch informieren und die notwendigen Sicherheitsmaßnahmen anhand der "Betriebsanweisung", Seite 85 vorbereiten. Trotzdem sollte man sich darüber im klaren sein, daß immer wieder unvorhergesehene gefährliche Reaktionen ablaufen können.

1.1.1 Allgemeine Informationen

Laborchemikalien sind ausschließlich für Arbeiten im Labor vorgesehen. Es wird deshalb davon ausgegangen, daß die damit umgehenden Personen aufgrund ihrer beruflichen Ausbildung und Erfahrung die notwendigen Vorsichtsmaßnahmen beim Umgang mit Chemikalien, insbesondere mit Gefahrstoffen kennen. Bei Beachtung der *Gefahrenhinweise* und *Sicherheitsratschläge* auf den Etiketten können Gefahren für die Gesundheit weitgehend ausgeschlossen werden, da im Labor überlicherweise nur kleine Mengen eingesetzt werden. Generell sollten aber auch Chemikalien ohne *Gefahrenkennzeichnung* mit der gleichen Vorsicht gehandhabt werden wie Gefahrstoffe.

Wenn bei einem Präparat zwar gefährliche Eigenschaften vermutet werden, aber verwendbare toxikologische Daten nicht vorliegen, so gibt Merck zur Sicherheit auf dem Etikett noch folgenden Hinweis:

"Über die toxikologischen Eigenschaften des Präparates im Sinne des Chemikaliengesetzes liegen keine Daten vor. Gefährliche Eigenschaften können nicht ausgeschlossen werden. Die Substanz ist mit der bei gefährlichen Chemikalien üblichen Vorsicht zu handhaben."

1.1.2 Anwendungs-Einschränkungen

Reagenzien und Diagnostica sind Laborchemikalien und als solche in bezug auf ihre Reinheit und analytische Kontrolle auf die hohen, zum Teil sehr speziellen Anforderungen im chemischen Labor bzw. in der medizinischen Diagnostik abgestimmt. Sie sind (mit Ausnahme der Funktions-Diagnostica) nicht auf ihre Eignung zur Anwendung an *Mensch* und/oder *Tier* geprüft. Für diesen Anwendungszweck gibt es spezielle Pharma-Chemikalien, die durch Arzneibuch-Deklarationen (z.B. DAB, ÖAB, Ph Helv) gekennzeichnet sind.

1.1.3 8 wichtige Sicherheitsregeln

Beim Umgang mit Chemikalien sollten die nachstehenden Sicherheitsregeln immer eingehalten werden, auch dann, wenn das Etikett keine Gefahrenkennzeichnung aufweist.

1. Bei allen Arbeiten in Labor und Lager Schutzbrille und, wenn nötig, Schutzhandschuhe tragen.
2. Alle Arbeiten weitgehend in einem (gut ziehenden) den Sicherheitsrichtlinien entsprechenden Abzug oder – wenn vom Versuch her möglich – in gut belüfteten Räumen durchführen. Unter Umständen Atemschutzgerät einsetzen.
3. Kontakt mit Haut, Augen und Schleimhäuten auf jeden Fall vermeiden.
4. Spritzer auf der Haut sofort ausgiebig mit kaltem Wasser abspülen, bei lipophilen Substanzen mit Polyglycol (z.B. Lutrol®). Wegen der Resorptionsgefahr niemals organische Lösungsmittel verwenden.
5. Verätzte Augen mit weichem Wasserstrahl (oder mit Spezial-Augendusche) ausgiebig spülen. Augenlider weit spreizen und Augen nach allen Seiten bewegen. Anschließend sofort augenärztliche Behandlung durchführen lassen. Chemikalie angeben!
6. Mit Chemikalien durchsetzte Kleidungsstücke sofort ablegen.
7. Bei Unfällen oder Unwohlsein immer einen Arzt zu Rate ziehen und ihm die Unfallursache, u. a. die vollständige Chemikalien-Bezeichnung, mitteilen.
8. In Laboratoriumsräumen nicht rauchen, nicht essen und nicht trinken.

1.1.4 Standardisierte Sicherheit – das Etikett

Gefahrensymbole und ihre Bedeutung

Bei Berücksichtigung der *Gefahrensymbole* und *Gefahrenbezeichnungen*, der *Gefahrenhinweise* und *Sicherheitsratschläge* auf den Etiketten können bereits grundlegende Maßnahmen zur Verhinderung von Gesundheitsschäden ergriffen werden. Präparate, die nicht durch eine gesetzliche Vorschrift namentlich in Listen erfaßt sind, deren gefährliche Eigenschaften aber eindeutig bekannt sind, sind nach dem in der EG einheitlich festgelegten Kennzeichnungsleitfaden gekennzeichnet. Die nachfolgende Tabelle gibt eine Übersicht über die gesetzlich festgelegten Symbole mit den zugehörigen Gefahrenbezeichnungen und deren Bedeutung.

Abb. 1: Gefahrensymbole verbildlichen in eindeutiger Weise die Gefährlichkeit von Chemikalien.

Tabelle 1: **Gefahrensymbole und ihre Bedeutung**

Symbol		Gefahrenbezeichnung	Einstufung	Vorsicht
	E	Explosionsgefährlich	Gemäß Versuchsergebnis nach der ChemG Anmelde- und Prüfnachweis-Verordnung.	Schlag, Stoß, Reibung, Funkenbildung, Feuer, Hitzeeinwirkung vermeiden.
	O	Brandfördernd	Organische Peroxide, die entzündliche Eigenschaften besitzen. Stoffe und Zubereitungen, die bei Berührung mit brennbaren Materialien diese entzünden können oder explosionsgefährlich werden, wenn sie mit brennbaren Materialien gemischt werden.	Jeden Kontakt mit brennbaren Stoffen vermeiden. Entzündungsgefahr! Ausgebrochene Brände können gefördert, die Brandbekämpfung erschwert werden.
	F+	Hochentzündlich	Flüssigkeiten mit Flammpunkt unter 0 °C und Siedepunkt von höchstens 35 °C.	Von offenen Flammen, Funken und Wärmequellen fernhalten.
	F	Leichtentzündlich	Flüssigkeiten mit Flammpunkt unter 21 °C, die aber nicht hochentzündlich sind. Gase, auch in verflüssigter Form, mit einem Zündbereich bei Normaldruck. Stoffe und Zubereitungen, die bei Berührung mit Wasser oder feuchter Luft leicht entzündliche Gase bilden.	Von offenen Flammen, Funken und Wärmequellen fernhalten.

Information zur Sicherheit

Symbol		Gefahrenbezeichnung	Einstufung	Vorsicht
	T+ T	Sehr giftig giftig	Nach Ergebnissen akuter Toxizitätsprüfungen oral, dermal, inhalativ sowie bei erheblichen Anhaltspunkten für schweren, evtl. irreversiblen Gesundheitsschaden durch einmalige, wiederholte oder länger andauernde Aufnahme.	Jeglicher Kontakt mit dem menschlichen Körper ist zu vermeiden, da schwere Gesundheitsschäden, evtl. mit Todesfolge, nicht auszuschließen sind. Auf die *krebserzeugende* Wirkung oder das Risiko *erbgutverändernder* oder *fruchtschädigender* Wirkung einzelner Stoffe wird besonders hingewiesen.
	X_n	Mindergiftig	Nach Ergebnissen akuter Toxizitätsprüfungen oral, dermal, inhalativ sowie bei erheblichen Anhaltspunkten für möglichen, evtl. irreversiblen Gesundheitsschaden durch einmalige, wiederholte oder länger andauernde Aufnahme.	Kontakt mit dem menschlichen Körper, auch Einatmen von Dämpfen vermeiden. Gesundheitsschäden sind bei unsachgemäßer Verwendung möglich. Bei einzelnen Substanzen ist eine *krebserzeugende, erbgutverändernde* oder *fruchtschädigende* Wirkung nicht völlig auszuschließen. Hierauf wird hingewiesen, ebenso auf die Gefahr einer möglichen Sensibilisierung.
	C	Ätzend	Zerstörung des Hautgewebes in seiner gesamten Dicke bei gesunder, intakter Haut oder wenn dieses Ergebnis vorausgesagt werden kann.	Durch besondere Schutzmaßnahmen Berührung mit Augen, Haut und Kleidung vermeiden. Dämpfe nicht einatmen!
	X_i	Reizend	Deutliche bis schwere Augenschäden bzw. Entzündung der Haut, die mindestens 24 Stunden nach der Einwirkungszeit anhalten oder deutliche Reizung der Atemwege. Auf eine mögliche *Sensibilisierung* durch Hautkontakt wird besonders hingewiesen.	Berührung mit Augen und Haut vermeiden. Dämpfe nicht einatmen!

Gefahrenhinweise und Sicherheitsratschläge

Die Gefahren-Kennzeichnung der Merck-Produkte entspricht der jeweils gültigen Fassung von *Chemikaliengesetz* und *Gefahrstoffverordnung* der Bundesrepublik Deutschland und wird angepaßt, sobald sich neue Erkenntnisse über die gefährlichen Eigenschaften eines Produkts ergeben. Daraus ergibt sich aber auch, daß zu verschiedenen Zeitpunkten für ein und dasselbe Produkt durchaus unterschiedliche Kennzeichnungen ausgewiesen sein können. Im Prinzip gelten analoge Vorschriften im Bereich der EG im Rahmen der EG-Richtlinien.

Die Kennzeichnung im Rahmen dieser Vorschriften erfolgt durch Angabe von Gefahrensymbolen mit Gefahrenbezeichnungen, *Gefahrenhinweisen* (R-Sätze) und *Sicherheitsratschlägen* (S-Sätze). Ein Beispiel zeigt das abgebildete "Sicherheits-Etikett" Seite 18. Bei den in den nachfolgenden Aufstellungen durch * gekennzeichneten R-/S-Sätzen handelt es sich um erweiterte Informationen, die in der Gefahrstoffverordnung in diesem Wortlaut nicht existieren. Erkennbar sind solche Regelungen, die bei Merck benutzt und zum besseren Verständnis für den Benutzer auch auf dem Etikett und im Katalog ausgedruckt werden, an der um eine Dezimale erweiterten Code-Zahl (z.B. R 15.1).

Zur Kennzeichnung eigener Produkte (z.B. in Labor-Standflaschen) empfehlen wir Scriptosure® Etiketten-Sets (siehe "Scriptosure® Etiketten", Seite 211) und als Leitfaden die Monographie von Schauer und Quellmalz (siehe "Literatur", Seite 199).

– *Hinweise auf die besonderen Gefahren (R-Sätze)*

	R 1	In trockenem Zustand explosionsgefährlich.
	R 2	Durch Schlag, Reibung, Feuer oder andere Zündquellen explosionsgefährlich.
	R 3	Durch Schlag, Reibung, Feuer oder andere Zündquellen besonders explosionsgefährlich.
	R 4	Bildet hochempfindliche explosionsgefährliche Metallverbindungen.
	R 5	Beim Erwärmen explosionsfähig.
	R 6	Mit und ohne Luft explosionsfähig.
	R 7	Kann Brand verursachen.
	R 8	Feuergefahr bei Berührung mit brennbaren Stoffen.
	R 9	Explosionsgefahr bei Mischung mit brennbaren Stoffen.
	R 10	Entzündlich.
	R 11	Leichtentzündlich.
	R 12	Hochentzündlich.
	R 13	Hochentzündliches Flüssiggas
	R 14	Reagiert heftig mit Wasser.
	R 15	Reagiert mit Wasser unter Bildung leichtentzündlicher Gase.
*	R 15.1	Reagiert mit Säure unter Bildung leichtentzündlicher Gase.
	R 16	Explosionsgefährlich in Mischung mit brandfördernden Stoffen.
	R 17	Selbstentzündlich an der Luft.
	R 18	Bei Gebrauch Bildung explosionsfähiger/leichtentzündlicher Dampf-Luftgemische möglich.
	R 19	Kann explosionsfähige Peroxide bilden.
	R 20	Gesundheitsschädlich beim Einatmen.
	R 21	Gesundheitsschädlich bei Berührung mit der Haut.
	R 22	Gesundheitsschädlich beim Verschlucken.
	R 23	Giftig beim Einatmen.
	R 24	Giftig bei Berührung mit der Haut.
	R 25	Giftig beim Verschlucken.
	R 26	Sehr giftig beim Einatmen.
	R 27	Sehr giftig bei Berührung mit der Haut.

	R 28	Sehr giftig beim Verschlucken.
	R 29	Entwickelt bei Berührung mit Wasser giftige Gase.
	R 30	Kann bei Gebrauch leicht entzündlich werden.
	R 31	Entwickelt bei Berührung mit Säure giftige Gase.
*	R 31.1	Entwickelt bei Berührung mit Alkalien giftige Gase.
	R 32	Entwickelt bei Berührung mit Säure sehr giftige Gase.
	R 33	Gefahr kumulativer Wirkungen.
	R 34	Verursacht Verätzungen.
	R 35	Verursacht schwere Verätzungen.
	R 36	Reizt die Augen.
	R 37	Reizt die Atmungsorgane.
	R 38	Reizt die Haut.
	R 39	Ernste Gefahr irreversiblen Schadens.
	R 40	Irreversibler Schaden möglich.
	R 41	Gefahr ernster Augenschäden.
	R 42	Sensibilisierung durch Einatmen möglich.
	R 43	Sensibilisierung durch Hautkontakt möglich.
	R 44	Explosionsgefahr bei Erhitzen unter Einschluß.
	R 45	Kann Krebs erzeugen.
*	R 45.1	Kann Krebs erzeugen (sehr stark gefährdend). [1]
*	R 45.2	Kann Krebs erzeugen (stark gefährdend). [1]
*	R 45.3	Kann Krebs erzeugen (gefährdend). [1]
	R 46	Kann vererbbare Schäden verursachen.
	R 47	Kann Mißbildungen verursachen.
	R 48	Gefahr ernster Gesundheitsschäden bei längerer Exposition.

– *Kombination der R-Sätze*

R 14/15	Reagiert heftig mit Wasser unter Bildung leichtentzündlicher Gase.
R 15/29	Reagiert mit Wasser unter Bildung giftiger und leichtentzündlicher Gase.
R 20/21	Gesundheitsschädlich beim Einatmen und bei Berührung mit der Haut.
R 20/22	Gesundheitsschädlich beim Einatmen und Verschlucken.
R 21/22	Gesundheitsschädlich bei Berührung mit der Haut und beim Verschlucken.
R 20/21/22	Gesundheitsschädlich beim Einatmen, Verschlucken und Berührung mit der Haut.
R 23/24	Giftig beim Einatmen und bei Berührung mit der Haut.
R 23/25	Giftig beim Einatmen und Verschlucken.
R 24/25	Giftig bei Berührung mit der Haut und beim Verschlucken.
R 23/24/25	Giftig beim Einatmen, Verschlucken und Berührung mit der Haut.
R 26/27	Sehr giftig beim Einatmen und bei Berührung mit der Haut.
R 26/28	Sehr giftig beim Einatmen und Verschlucken.
R 27/28	Sehr giftig bei Berührung mit der Haut und beim Verschlucken.
R 26/27/28	Sehr giftig beim Einatmen, Verschlucken und Berührung mit der Haut.
R 36/37	Reizt die Augen und die Atmungsorgane.
R 36/38	Reizt die Augen und die Haut.

1 Entspricht den in der Gefahrstoff-Verordnung der Bundesrepublik Deutschland festgelegten Gefährdungsklassen I, II und II.

	R 37/38	Reizt die Atmungsorgane und die Haut.
	R 36/37/38	Reizt die Augen, Atmungsorgane und die Haut.
	R 42/43	Sensibilisierung durch Einatmen und Hautkontakt möglich.

– *Sicherheitsratschläge (S-Sätze)*

	S 1	Unter Verschluß aufbewahren.
	S 2	Darf nicht in die Hände von Kindern gelangen.
	S 3	Kühl aufbewahren.
	S 4	Von Wohnplätzen fernhalten.
	S 5	Unter... aufbewahren.
*	S 5.1	Wasser
*	S 5.2	Petroleum
	S 6	Unter... aufbewahren.
*	S 6.1	Stickstoff
*	S 6.2	Argon
*	S 6.3	Kohlendioxid
	S 7	Behälter dicht geschlossen halten.
	S 8	Behälter trocken halten.
	S 9	Behälter an einem gut gelüfteten Ort aufbewahren.
	S 12	Behälter nicht gasdicht verschließen.
	S 13	Von Nahrungsmitteln, Getränken und Futtermitteln fernhalten.
	S 14	Von ... fernhalten.
*	S 14.1	Reduktionsmitteln, Schwermetallverbindungen, Säuren und Alkalien
*	S 14.2	oxidierenden und sauren Stoffen sowie Schwermetallverbindungen
*	S 14.3	Eisen
*	S 14.4	Wasser
*	S 14.5	Säuren
*	S 14.6	Laugen
*	S 14.7	Metallen
*	S 14.8	oxidierenden und sauren Stoffen
*	S 14.9	brennbaren organischen Substanzen
*	S 14.10	Säuren, Reduktionsmitteln und brennbaren Materialien
	S 15	Vor Hitze schützen.
	S 16	Von Zündquellen fernhalten – Nicht rauchen.
	S 17	Von brennbaren Stoffen fernhalten.
	S 18	Behälter mit Vorsicht öffnen und handhaben.
	S 20	Bei der Arbeit nicht essen und trinken.
	S 21	Bei der Arbeit nicht rauchen.
	S 22	Staub nicht einatmen.
	S 23	Gas/Rauch/Dampf/Aerosol nicht einatmen.
*	S 23.1	Gas nicht einatmen.
*	S 23.2	Dampf nicht einatmen.
*	S 23.3	Aerosol nicht einatmen.
*	S 23.4	Rauch nicht einatmen.
*	S 23.5	Dampf/Aerosol nicht einatmen.
	S 24	Berührung mit der Haut vermeiden.
	S 25	Berührung mit den Augen vermeiden.
	S 26	Bei Berührung mit den Augen gründlich mit Wasser abspülen und Arzt konsultieren.
	S 27	Beschmutzte, getränkte Kleidung sofort ausziehen.
	S 28	Bei Berührung mit der Haut sofort abwaschen mit viel...

*	S 28.1	Wasser.
*	S 28.2	Wasser und Seife.
*	S 28.3	Wasser und Seife, möglichst auch mit Polyethylenglycol 400.
*	S 28.4	Polyethylenglycol 300 und Ethanol (2:1) und anschließend mit Wasser und Seife.
*	S 28.5	Polyethylenglycol 400.
*	S 28.6	Polyethylenglycol 400 und anschließend Reinigung mit viel Wasser.
*	S 28.7	Wasser und saurer Seife.
	S 29	Nicht in die Kanalisation gelangen lassen.
	S 30	Niemals Wasser hinzugießen.
	S 33	Maßnahmen gegen elektrostatische Aufladungen treffen.
	S 34	Schlag und Reibung vermeiden.
	S 35	Abfälle und Behälter müssen in gesicherter Weise beseitigt werden.
*	S 35.1	Abfälle und Behälter dürfen erst nach Behandeln mit 2 %iger Natronlauge beseitigt werden.
	S 36	Bei der Arbeit geeignete Schutzkleidung tragen.
	S 37	Geeignete Schutzhandschuhe tragen.
	S 38	Bei unzureichender Belüftung Atemschutzgerät anlegen.
	S 39	Schutzbrille/Gesichtsschutz tragen.
	S 40	Fußboden und verunreinigte Gegenstände mit... reinigen.
*	S 40.1	Wasser
	S 41	Explosions- und Brandgase nicht einatmen.
	S 42	Beim Räuchern/Versprühen geeignetes Atemschutzgerät anlegen (siehe Angaben auf dem Etikett).
	S 43	Zum Löschen ... verwenden.
*	S 43.1	Wasser
*	S 43.2	Wasser oder Pulverlöschmittel
*	S 43.3	Pulverlöschmittel, kein Wasser
*	S 43.4	Kohlendioxid, kein Wasser
*	S 43.5	Halone, kein Wasser
*	S 43.6	Sand, kein Wasser
*	S 43.7	Metallbrandpulver, kein Wasser
*	S 43.8	Sand, Kohlendioxid oder Pulverlöschmittel, kein Wasser
	S 44	Bei Unwohlsein ärztlichen Rat einholen (wenn möglich, das Etikett vorzeigen).
	S 45	Bei Unfall oder Unwohlsein sofort Arzt zuziehen (wenn möglich, das Etikett vorzeigen).
	S 46	Bei Verschlucken sofort ärztlichen Rat einholen und Verpackung oder Etikett vorzeigen.
	S 47	Nicht bei Temperaturen über ...°C aufbewahren. (siehe Angaben auf dem Etikett).
	S 48	Feucht halten mit...
*	S 48.1	Wasser.
	S 49	Nur im Originalbehälter aufbewahren.
	S 50	Nicht mischen mit...
*	S 50.1	Säuren.
*	S 50.2	Laugen.
*	S 50.3	Starken Säuren, starken Basen, Buntmetallen und deren Salzen.
	S 51	Nur in gut gelüfteten Bereichen verwenden.
	S 52	Nicht großflächig für Wohn- und Aufenthaltsräume zu verwenden.
	S 53	Exposition vermeiden. Vor Gebrauch besondere Anweisung einholen.

– *Kombination der S-Sätze*

	S 1/2	Unter Verschluß und für Kinder unzugänglich aufbewahren.
	S 3/7/9	Behälter dicht geschlossen halten und an einem kühlen, gut gelüfteten Ort aufbewahren.
	S 3/9/14	An einem kühlen, gut gelüfteten Ort, entfernt von... aufbewahren.
*	S 3/9/14.1	Reduktionsmitteln, Schwermetallverbindungen, Säuren und Alkalien
*	S 3/9/14.2	oxidierenden und sauren Stoffen sowie von Schwermetall-verbindungen
*	S 3/9/14.3	Eisen
*	S 3/9/14.4	Wasser und Laugen
*	S 3/9/14.5	Säuren
*	S 3/9/14.6	Laugen
*	S 3/9/14.7	Metallen
*	S 3/9/14.8	oxidierenden und sauren Stoffen
	S 3/9/14/49	Nur im Originalbehälter an einem kühlen, gut gelüfteten Ort, entfernt von ... aufbewahren.
*	S 3/9/14.1/49	Reduktionsmitteln, Schwermetallverbindungen, Säuren und Alkalien
*	S 3/9/14.2/49	oxidierenden und sauren Stoffen sowie von Schwermetall-verbindungen
*	S 3/9/14.3/49	Eisen
*	S 3/9/14.4/49	Wasser und Laugen
*	S 3/9/14.5/49	Säuren
*	S 3/9/14.6/49	Laugen
*	S 3/9/14.7/49	Metallen
*	S 3/9/14.8/49	oxidierenden und sauren Stoffen
	S 3/9/49	Nur im Originalbehälter an einem kühlen, gut gelüfteten Ort aufbewahren.
	S 3/14	An einem kühlen, von ... entfernten Ort aufbewahren.
*	S 3/14.1	Reduktionsmitteln, Schwermetallverbindungen, Säuren und Alkalien
*	S 3/14.2	oxidierenden und sauren Stoffen sowie von Schwermetall-verbindungen
*	S 3/14.3	Eisen
*	S 3/14.4	Wasser und Laugen
*	S 3/14.5	Säuren
*	S 3/14.6	Laugen
*	S 3/14.7	Metallen
*	S 3/14.8	oxidierenden und sauren Stoffen
	S 7/8	Behälter trocken und dicht geschlossen halten.
	S 7/9	Behälter dicht geschlossen an einem gut gelüfteten Ort aufbewahren.
	S 20/21	Bei der Arbeit nicht essen, trinken, rauchen.
	S 24/25	Berührung mit den Augen und der Haut vermeiden.
	S 36/37	Bei der Arbeit geeignete Schutzhandschuhe und Schutzkleidung tragen.
	S 36/37/39	Bei der Arbeit geeignete Schutzkleidung, Schutzhandschuhe und Schutzbrille/Gesichtsschutz tragen.
	S 36/39	Bei der Arbeit geeignete Schutzkleidung und Schutzbrille/Gesichtsschutz tragen.
	S 37/39	Bei der Arbeit geeignete Schutzhandschuhe und Schutzbrille/Gesichtsschutz tragen.
	S 47/49	Nur im Originalbehälter bei einer Temperatur von nicht über ...°C (siehe Angaben auf dem Etikett) aufbewahren.

Gefahrenbezeichnung

Gefahrensymbol

Artikelnummer

6007. 2500 93

CH_3OH
M = 32,04 g/mol
1 l = 0,79 kg

Garantieschein

Gehalt (GC)	min.	99,8	%
Abdampfrückstand	max.	0,0005	%
Wasser	max.	0,02	%
Acidität	max.	0,0005	meq/g
Alkalität	max.	0,0002	meq/g
gradient grade			
bei 235 nm	max.	2	mAU
bei 254 nm	max.	1	mAU
Fluoreszenz			
bei 254 nm	max.	1	ppb
bei 365 nm	max.	1	ppb
UV Durchlässigkeit			
bei 220 nm	min.	50	%
bei 235 nm	min.	80	%
bei 260 nm	min.	98	%

E. Merck

7910600705/01-8639567

Leichtentzündlich. Highly flammable. Facilement inflammable. Licht ontvlambaar. Let antændelig. Mycket brandfarligt. Fácilmente inflamable. Δίαν Εύφλεκτο.

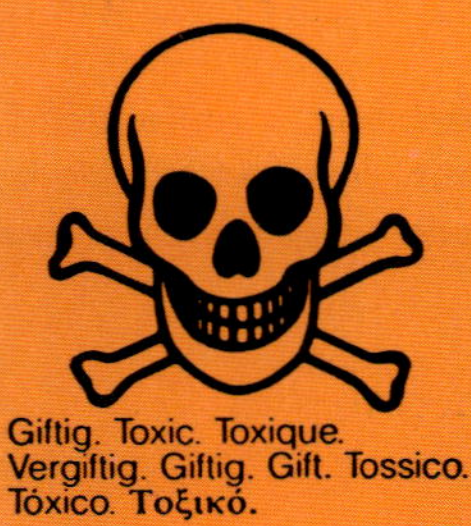

Giftig. Toxic. Toxique.
Vergiftig. Giftig. Gift. Tossico.
Tóxico. Τοξικό.

R: 11-23/25
S: 2-7-16-24
VbF B, UN-No. 1230
3.2 (IMDG-Code)
WGK 1

LiChrosolv®

Methanol Gradient
für die Chromatographie. Filtriert durc

Methanol Gradient
for chromatography. Filtered throug

Méthanol Gradient
pour la chromatographie. Filtrè sur fi

MERCK

E. Merck, D-6100 Darmstadt, F.R

Leichtentzündlich. Giftig beim Einatmen und nicht in die Hände von Kindern gelangen. B geschlossen halten. Von Zündquellen fernha rauchen. Berührung mit der Haut vermeider

Highly flammable. Toxic by inhalation and if out of reach of children. Keep container tigh away from sources of ignition — No smokin skin.

Très inflammable. Toxique par inhalation et i hors de la portée des enfants. Conserver le fermé. Conserver à l'écart de toute source d fumer. Eviter le contact avec la peau.

Daten betr. Sicherheit und Transport

Gefahrenhinweise und Sicherheitsratschläge

Abb. 2: Das den gesetzlichen Vorschriften entsprechende Etikett enthält bereits die grundlegenden Informationen zum sicheren Umgang mit gefährlichen Chemikalien.

Chargennummer | **Inhaltsangabe**

1234567 | 2.5 l

Produkt	Hinweise
Methanol Gradient grade voor chromatographie	Licht ontvlambaar. Vergiftig bij inademing en opname door de mond. Buiten bereik van kinderen bewaren. In goed gesloten verpakking bewaren. Verwijderd houden van ontstekings-bronnen — Niet roken. Aanraking met de huid vermijden.
Methanol Gradient grade for chromatographie	Meget brandfarlig. Giftig ved indånding og ved indtagelse. Opbevares utilgængeligt for børn. Emballagen skal holdes tæt lukket. Holdes væk fra antændelseskilder — Rygning forbudt. Undgå kontakt med huden.
Metanol Gradient grade för kromatografi (E. Merck AB, Stockholm)	Mycket brandfarligt. Giftigt vid inandning och förtäring. Förvaras oåtkomligt för barn. Förvaras väl tillsluten. Förvaras åtskilt från antändningskällor — Rökning förbjuden. Undvik kontakt med huden.
Metanolo Gradient grade per cromatografia	Facilmente infiammabile. Tossico per inalazione e ingestione. Conservare fuori della portata dei bambini. Tenere il recipiente ben chiuso. Conservare lontano da fiamme e scintille — Non fumare. Evitare il contatto con la pelle.
Metanol Gradient grade para cromatografia	Fácilmente inflamable. Tóxico por inhalación y por ingestión. Manténgase fuera del alcance de los niños. Manténgase el recipiente bien cerrado. Protéjase lejos de fuentes de ignición — No fumar. Evítese el contacto con la piel.
Metanol Gradient grade para cromatografia	Muito inflamável. Tóxico por inalação e ingestão. Conservar fora do alcance das crianças. Conservar o recipiente bem fechado. Conservar afastado de qualquer fonte de ignição — Não fumar. Evitar o contacto com a pele.
Μεθανόλη Gradient grade διά τήν χρωματογραφία	Λίαν εύφλεκτο Τοξικό όταν εισπνέεται και σε περίπωση καταπόσεως. Μακρυά από παιδιά. Το δοχείο διατηρείται ερμητικά κλεισμένο. Μακρυά από πηγές αναφλέξεως — Απαγορεύεται το κάπνισμα. Αποφεύγετε επαφή με το δέρμα.

G/7/23085/0001 HK1

ilter
er
m
en. Darf
t
Keep
Keep
tact with
nserver
n
Ne pas

1.2 Zusätzliche Informationsquellen

Um das Gefahrenpotential in Labor und Lager in den Griff zu bekommen und für die hierzu nötigen Sicherheits-Unterweisungen praxisnahe Unterstützungen an die Hand zu geben, wird hier eine Übersicht leicht zugänglicher Informationsmittel vorgestellt. Die darin gesammelte Erfahrung sollte jedem Praktiker an seinem Arbeitsplatz geläufig oder zumindest als direkte Informationsquelle zugänglich sein. Auch der Merck-Katalog enthält für etwa 10.000 Chemikalien eine ganze Reihe von fundamentalen Daten zu den Themen Sicherheit und Umweltschutz, z.B.:

- R-/S-Sätze und Gefahrensymbole
- Gefahrklassen brennbarer Flüssigkeiten
- Flammpunkte und Dampfdrucke
- Wassergefährdungs-Klassen (WGK)
- Maximale Arbeitsplatz-Konzentrationen (MAK-Werte)
- Toxizitäts-Daten
- Entsorgung von Laborabfällen.

1.2.1 Wandtafel "Sicherheit mit MERCK"

Diese Wandtafel ist übersichtlich in einzelne Informationsfelder aufgeteilt und eignet sich deshalb auch für didaktische Sicherheitsunterweisungen. Im praktischen Hochformat (65 x 125 cm) läßt sie sich leicht auf schmalen Freiflächen anbringen. Es sei darauf hingewiesen, daß durchscheinende Türen im Laborbereich aus Gründen der Sicherheit nicht dafür benutzt werden dürfen. Anschließend eine kurze Beschreibung der dargestellten Themen: Sie werden in anderen Kapiteln dieses Buches noch ausführlicher behandelt. Die Wandtafel kann mit formlosem Schreiben kostenlos bei Firma Merck angefordert werden.

Abb. 3: Die Wandtafel ermöglicht einen schnellen Überblick über gefährliche Chemikalien und die Hilfsmittel für deren sichere Handhabung.

Sicherheits-Etikett und allgemeine Hinweise

Am Beispiel der Flußsäure werden die gesetzlichen Sicherheitskennzeichnungen erklärt:

- Gefahrensymbole mit Gefahrenbezeichnungen
- Gefahrenhinweise (R-Sätze)
- Sicherheitsratschläge (S-Sätze)

Außer einer kurzgefaßten Darstellung der im Labor einzuhaltenden allgemeinen Vorsichtsmaßnahmen wird in diesem Feld eine Einschränkung für die Verwendung von Laborchemikalien deutlich gemacht:

Reagenzien sind für Anwendungen am Menschen nicht zugelassen (siehe "Anwendungs-Einschränkungen", Seite 9).

Entsorgung von Laborabfällen

Zur gefahrlosen Beseitigung von Chemikalien sind die gesetzlichen und betrieblichen Vorschriften einzuhalten. In einer Reihe von Fällen sind spezielle Vorbehandlungen durchzuführen. Detaillierte Vorschriften finden Sie im Kapitel "Entsorgung von Laborabfällen", Seite 171.

Laborchemikalien, die als Rückstände oder nicht mehr verwendungsfähige Reste anfallen, sind in der Regel Sonderabfälle. Die Beseitigung von Sonderabfällen ist in der Bundesrepublik Deutschland durch das Abfallgesetz des Bundes, die Länderabfallgesetze und die dazu ergangenen einschlägigen Verordnungen, im Ausland durch entsprechende nationale und regionale Gesetze, geregelt.

Um eine ordnungsgemäße Entsorgung sicherzustellen, empfehlen wir, frühzeitig mit dem zuständigen Beseitiger die anstehenden Fragen der Klassifizierung, Sammlung und Verpackung abzustimmen.

Gefahrensymbole und ihre Bedeutung

Der zweite Block zeigt eine übersichtliche Darstellung der Gefahrensymbole mit einer kurzen Beschreibung der symbolisierten Gefahr, mit typischen Beispielen und Empfehlungen zur besonderen Vorsicht.

Gefährliche Chemikalien

In diesem Teil der Wandtafel sind die 250 wichtigsten Chemikalien in alphabetischer Reihenfolge mit Gefahrensymbolen sowie R- und S-Codes aufgeführt. Die Auswahl wurde nach praxisbezogenen Gesichtspunkten getroffen, d.h. es sind nur eindeutig gefährliche und vielbenützte Chemikalien enthalten.

Um die im Gefahrenfall erforderlichen Maßnahmen sofort "griffbereit" anzubieten, sind die im EG-Bereich gültigen Gefahrenhinweise und Sicherheitsratschläge (R- bzw. S-Sätze) direkt darunter in 2 übersichtlichen Blöcken zusammengefaßt.

Sicherheitsprodukte

Zur Verbesserung der Arbeitssicherheit in Labor und Lager sind auf dem Plakat einige Hilfsmittel dieser Art abgebildet:

- Chemizorb® für verschüttete Flüssigkeiten, chemisch inert gegen Säuren, Laugen und Lösungsmittel.
- Adapter mit S 40-Gewinde zur kontaminationsfreien Entnahme von Chemikalien aus Merck-Originalflaschen.
- Hahn zur sicheren Entnahme von Säuren, Laugen und Lösungsmitteln aus Fässern mit ¾" Innengewinde.

- Schlüssel zum Öffnen von Fässern mit 2" und 3⁄4" Schraubstopfen aus funkenfreier Spezial-Legierung.
- Spritze für Aluminiumalkyle zur sicheren Entnahme selbstentzündlicher Chemikalien.
- Perex®-Test und Perex-Kit zur sicheren Bestimmung bzw. quantitativen Vernichtung von Peroxiden in organischen Lösungsmitteln.
- Scriptosure® Etiketten-Sets zur vorschriftsmäßigen Etikettierung von Laborstandflaschen.

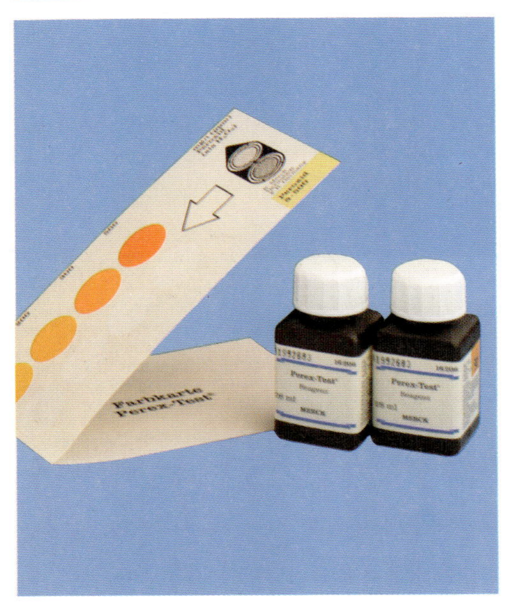

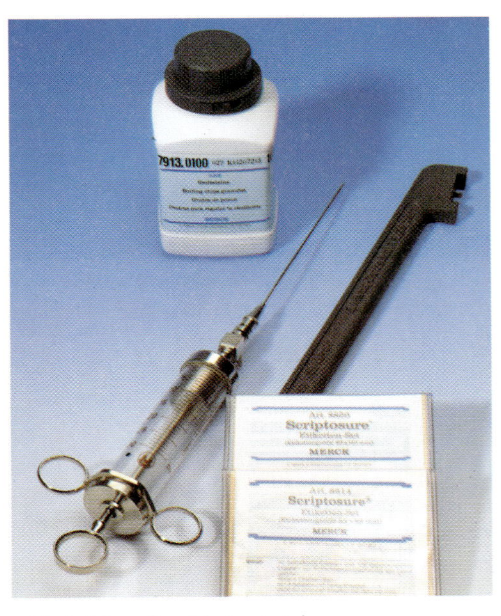

Abb. 4: Sicherheitsprodukte ergänzen in willkommener Weise sicherheitsbewußtes Arbeiten im Labor.

1.2.2 Sicherheitsdaten auf Disketten

- **MERCK PC-Liste**

Für die mehr als 10.000 Produkte des Merck-Sortiments existiert eine Gefahren-Datei auf Disketten, die die relevanten Daten auf einen Blick auf dem Bildschirm zeigt, z.B.:

- R-Sätze: Gefahrenhinweise
- S-Sätze: Sicherheitsratschläge
- Gefahrensymbol: als Kennbuchstabe (z.B. T = toxic = giftig)
- CARN: **C**hemical **A**bstracts **R**egistry **N**umber
- VbF-Klasse: **V**erordnung **b**rennbare **F**lüssigkeiten
- WGK: **W**asser**G**efährdungs**K**lasse
- GGVS/GGVE: **G**efahr**G**ut-**V**erordnung **S**traße bzw. **E**isenbahn
- Pack-Kategorie: Hinweise zum Zusammenpacken von Gefahrgut
- Entsorgung: Hinweise zur Desaktivierung von Labormengen

- **MERCK-Schuchardt MS-SAFE**

Für die 4.000 Produkte des MERCK-Schuchardt Sortiments liegt eine analoge Sicherheits-Datenbank vor, die, außer den R- und S-Sätzen, den VbF- sowie WGK-Angaben und Entsorgungshinweisen, noch folgende Daten enthält:

- Flammpunkt: Literaturwerte unter Angabe des Druckes
- Explosionsgrenze: Literaturwerte in Vol% "von ... bis ..."
- Zündtemperatur: Literaturwerte in °C
- Thermische Zersetzung: Literaturwerte in °C
- MAK-Wert: **M**aximale **A**rbeitsplatz-**K**onzentration
- RTECS: **R**egistry of **T**oxic **E**ffects of **C**hemical **S**ubstances

Alle Daten sind menü-gesteuert recherchierbar über die Artikelbezeichnung (z.B. Acetonitril), wobei auch Bezeichnungs-Fragmente ausreichen, über die Artikelnummer oder über die international gültige, nomenklatur-unabhängige CAS-Nummer (CARN).

Ihrem Inhalt entsprechend sind die Dateien sowohl für den Chemiker, den Sicherheitsbeauftragten als auch für den Händler (Pack-Kategorien) nutzbar. Zur Auswertung ist ein IBM-kompatibler Personalcomputer mit Festplatte und Betriebssystem MS-DOS erforderlich. Die Disketten können bei MERCK bzw. Schuchardt gegen eine Schutzgebühr angefordert werden. Sie können in folgenden Formaten geliefert werden: 5¼" 360 kB, 5¼" 1.2 MB und 3½" 720 kB.

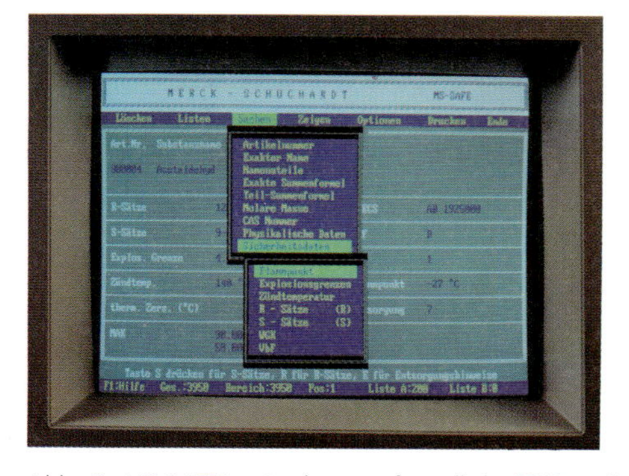

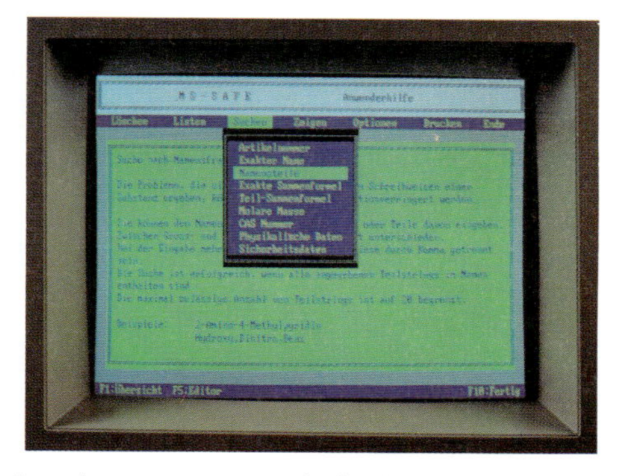

Abb. 5: MS-SAFE ist eine benutzerfreundliche PC-Datenbank für den sicheren Umgang mit Schuchardt-Produkten.

```
30  ACETONITRIL GRADIENT GRADE
    FUER DIE CHROMATOGRAPHIE
    LICHROSOLV

CARN / EG-Nr.     : 75-05-8     608-001-00-3     spez. Gew.  : 1 L = 0.78 KG
R-Sätze           : 11-23/24/25                  GGVS/GGVE   : 3/11 B
S-Sätze           : 16-27-44                     Packkateg.  : B
VbF-Klasse        : B                            UN Nummer   :    1648
Wass.-Gef.-Kl.    : 2                            Entsorgung  : 1
Gefahrensymbole   : F,T                          Lagerung    :
Summenformel      : C2H3N

Best.-Nr.    Packung        DM          Staffel    DM
  30.1000    1,000 L      75.50 /P.      6 x     68.00 /P.
  30.2500    2,500 L     154.00 /P.      4 x    138.50 /P.
```

```
,Bild  blättern ESC Ende
```

```
R-Sätze :
       11 = Leichtentzündlich.
 23/24/25 = Giftig beim Einatmen, Verschlucken und bei Berührung
            mit der Haut.

S-Sätze :
       16 = Von Zündquellen fernhalten - nicht rauchen.
       27 = Beschmutzte, getränkte Kleidung sofort ausziehen.
       44 = Bei Unwohlsein ärztlichen Rat einholen
            (wenn möglich, dieses Etikett vorzeigen).

Entsorgung :
 1 = Organische halogenfreie Lösungsmittel: Sammelbehälter A.
     Kleine Mengen halogenfreier Lösungsmittel können auch gemeinsam
     mit halogenhaltigen gesammelt und als solche entsorgt werden.
     Vor Abgabe an das Entsorgungsunternehmen unbedingt mit
     PEREX-TEST (Art. 16206) auf Peroxid-Freiheit prüfen.

Folgende Laborabfälle sollten jeweils in einem Behälter gesammelt werden.

A : Organische Lösungsmittel und Lösungen organischer Stoffe, die keine
```

```
, Bild  Blättern ESC zurück
```

```
Folgende Laborabfäl
A : Organische Lösu
    Halogene entha
B : Organische Lös
    enthalten. Ach
C : Feste organis
    Kunststoffbeu
    Herstellers.
D : Salzlösungen
E : Giftige anor
    Lösungen in
    lich sichtb
F : Giftige bre
    Gebinden mi
G : Quecksilbe
H : Regenerier
    gesammelt
I : Anorganis

, Bild  Blätte
```

```
VbF-Klasse :
B = Flüssigk
    brennba

Pack - Kategorie :
Gefährliche Güter dürfen zum Transport nur
gepackt werden, wenn sie der gleichen GGVS - Klasse und
der gleichen Packkategorie zugeordnet sind.
Gefahrgüter der Klassen 3, 6.1 oder 8, denen keine oder die
Packkategorie X zugeordnet ist oder die anderen Gefahren-
klassen zugeordnet sind, müssen einzeln gepackt werden.
Stoffe, die nicht der GGVS unterliegen, dürfen grundsätz-
lich nicht mit Gefahrgütern zusammengepackt werden.

Wassergefährdungsklasse :
WGK 2 = Wassergefährdender Stoff

Gefahrensymbole :
F = Leicht entzündlich
T = Giftig

, Bild  Blättern ESC zurück
```

Abb. 6: Die unkomplizierte Menü-Führung der Merck PC-Liste eröffnet einen schnellen Zugriff zu relevanten Sicherheitsdaten am Bildschirm.

1.2.3 Sicherheitsdatenblätter

Standardisierte Sicherheitsdatenblätter

Zwar enthalten schon die Etiketten von Chemikalien und Reagenzien wichtige Hinweise zum sicheren Umgang, doch nicht alle für die Sicherheit wesentlichen Daten können dort untergebracht werden. Sicherheitsdatenblätter bringen zusätzliche Informationen und damit noch mehr Sicherheit beim Umgang mit gefährlichen Chemikalien. Sie können bereits mit der Bestellung von Chemikalien beim Hersteller angefordert werden. Sicherheitsdatenblätter können als Basis für Betriebsanweisungen benutzt werden. Eine typische *Betriebsanweisung* für Laboratorien finden Sie auf Seite 85.

Das Formular wurde vor mehreren Jahren vom Verband der Chemischen Industrie eingeführt, um die sicherheits-relevanten Daten zu standardisieren. Zu diesem Zweck ist das Informationsblatt in neun verschiedene Kapitel unterteilt:

- physikalische und sicherheitstechnische Angaben
- Informationen über Transport
- Angaben zu offiziellen Vorschriften wie z.B. WGK, MAK etc.
- Schutzmaßnahmen bei Lagerung und Handhabung
- Maßnahmen bei Unfällen und Bränden
- Angaben zur Toxikologie
- Angaben zur Ökologie

Die darin gemachten Aussagen können sich nach dem Stand der Kenntnis verändern, weshalb das Formular auch einen allgemeinen Hinweis enthält:

"Die Angaben stützen sich auf den heutigen Stand der Kenntnisse und dienen dazu, das Produkt im Hinblick auf die zu treffenden Sicherheitsvorkehrungen zu beschreiben. Sie stellen keine Zusicherung von Eigenschaften des beschriebenen Produkts dar".

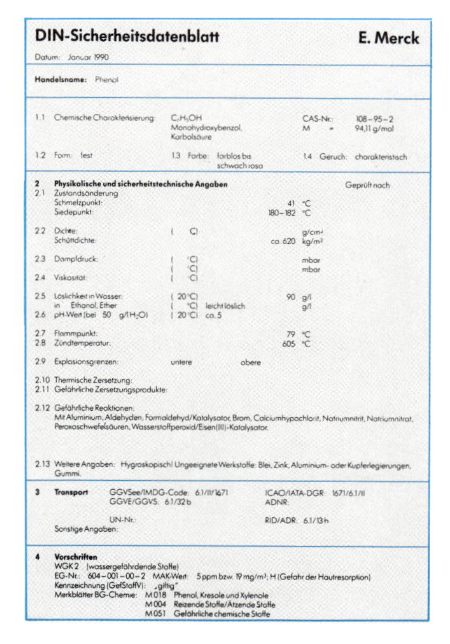

DIN-Sicherheitsdatenblatt **E. Merck**

Datum: Januar 1990

Handelsname: Phenol

1.1 Chemische Charakterisierung: C_6H_5OH Monohydroxybenzol, Karbolsäure — CAS-Nr.: 108–95–2; M = 94,11 g/mol

1.2 Form: fest — 1.3 Farbe: farblos bis schwach rosa — 1.4 Geruch: charakteristisch

2 Physikalische und sicherheitstechnische Angaben — Geprüft nach

2.1 Zustandsänderung
Schmelzpunkt: 41 °C
Siedepunkt: 180–182 °C

2.2 Dichte: (°C) g/cm³
Schüttdichte: ca. 620 kg/m³

2.3 Dampfdruck: (°C) mbar
(°C) mbar

2.4 Viskosität: (°C)

2.5 Löslichkeit in Wasser: (20 °C) 90 g/l
in Ethanol, Ether (°C) leicht löslich g/l

2.6 pH-Wert (bei 50 g/l H_2O) (20 °C) ca. 5

2.7 Flammpunkt: 79 °C
2.8 Zündtemperatur: 605 °C

2.9 Explosionsgrenzen: untere obere

2.10 Thermische Zersetzung:
2.11 Gefährliche Zersetzungsprodukte:

2.12 Gefährliche Reaktionen:
Mit Aluminium, Aldehyden, Formaldehyd/Katalysator, Brom, Calciumhypochlorit, Natriumnitrit, Natriumnitrat, Peroxoschwefelsäuren, Wasserstoffperoxid/Eisen(III)-Katalysator.

2.13 Weitere Angaben: Hygroskopisch! Ungeeignete Werkstoffe: Blei, Zink, Aluminium- oder Kupferlegierungen, Gummi.

3 Transport GGVSee/IMDG-Code: 6.1/II/1671 — ICAO/IATA-DGR: 1671/6.1/II
GGVE/GGVS: 6.1/32 b — ADNR:
UN-Nr.: — RID/ADR: 6.1/13 b
Sonstige Angaben:

4 Vorschriften
WGK 2 (wassergefährdende Stoffe)
EG-Nr.: 604–001–00–2 MAK-Wert: 5 ppm bzw. 19 mg/m³, H (Gefahr der Hautresorption)
Kennzeichnung (GefStoffV): „giftig"
Merkblätter BG-Chemie: M 018 Phenol, Kresole und Xylenole
M 004 Reizende Stoffe/Ätzende Stoffe
M 051 Gefährliche chemische Stoffe

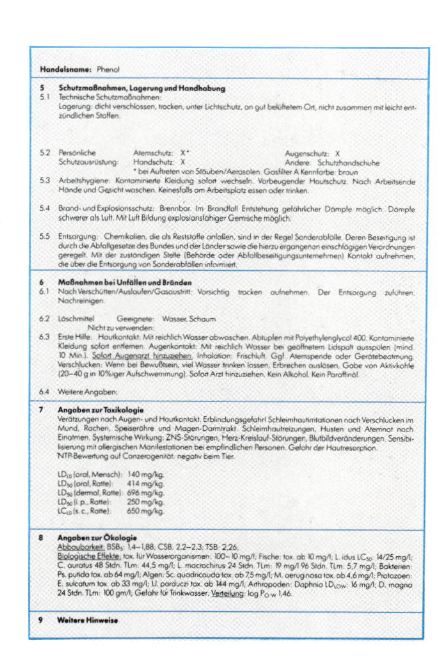

Handelsname: Phenol

5 Schutzmaßnahmen, Lagerung und Handhabung

5.1 Technische Schutzmaßnahmen:
Lagerung: dicht verschlossen, trocken, unter Lichtschutz, an gut belüftetem Ort, nicht zusammen mit leicht entzündlichen Stoffen.

5.2 Persönliche Schutzausrüstung: Atemschutz: X* — Augenschutz: X
Handschutz: X — Andere: Schutzhandschuhe
* bei Auftreten von Stäuben/Aerosolen. Gasfilter A Kennfarbe: braun

5.3 Arbeitshygiene: Kontaminierte Kleidung sofort wechseln. Vorbeugender Hautschutz. Nach Arbeitsende Hände und Gesicht waschen. Keinesfalls am Arbeitsplatz essen oder trinken.

5.4 Brand- und Explosionsschutz: Brennbar. Im Brandfall Entstehung gefährlicher Dämpfe möglich. Dämpfe schwerer als Luft. Mit Luft Bildung explosionsfähiger Gemische möglich.

5.5 Entsorgung: Chemikalien, die als Reststoffe anfallen, sind in der Regel Sonderabfälle. Deren Beseitigung ist durch die Abfallgesetze des Bundes und der Länder sowie die hierzu ergangenen einschlägigen Verordnungen geregelt. Mit der zuständigen Stelle (Behörde oder Abfallbeseitigungsunternehmen) Kontakt aufnehmen, die über die Entsorgung von Sonderabfällen informiert.

6 Maßnahmen bei Unfällen und Bränden

6.1 Nach Verschütten/Auslaufen/Gasaustritt: Vorsichtig trocken aufnehmen. Der Entsorgung zuführen. Nachreinigen.

6.2 Löschmittel Geeignete: Wasser, Schaum
Nicht zu verwenden:

6.3 Erste Hilfe: Hautkontakt: Mit reichlich Wasser abwaschen. Abtupfen mit Polyethylenglycol 400. Kontaminierte Kleidung sofort entfernen. Augenkontakt: Mit reichlich Wasser bei geöffnetem Lidspalt ausspülen (mind. 10 Min.). Sofort Augenarzt hinzuziehen. Inhalation: Frischluft. Ggf. Atemspende oder Gerätebeatmung. Verschlucken: Wenn bei Bewußtsein, viel Wasser trinken lassen, Erbrechen auslösen, Gabe von Aktivkohle (20–40 g in 10%iger Aufschwemmung). Sofort Arzt hinzuziehen. Kein Alkohol. Kein Paraffinöl.

6.4 Weitere Angaben:

7 Angaben zur Toxikologie
Verätzungen nach Augen- und Hautkontakt. Erblindungsgefahr! Schleimhautirritationen nach Verschlucken im Mund, Rachen, Speiseröhre und Magen-Darmtrakt. Schleimhautreizungen, Husten und Atemnot nach Einatmen. Systemische Wirkung: ZNS-Störungen, Herz-Kreislauf-Störungen, Blutbildveränderungen. Sensibilisierung mit allergischen Manifestationen bei empfindlichen Personen. Gefahr der Hautresorption.
NTP-Bewertung auf Canzerogenität: negativ beim Tier.

LD_{L0} (oral, Mensch): 140 mg/kg.
LD_{50} (oral, Ratte): 414 mg/kg.
LD_{50} (dermal, Ratte): 696 mg/kg.
LD_{50} (i. p., Ratte): 250 mg/kg.
LC_{L0} (s. c., Ratte): 650 mg/kg.

8 Angaben zur Ökologie
Abbaubarkeit: BSB_5: 1,4–1,88; CSB: 2,2–2,3; TSB: 2,26.
Biologische Effekte: tox. für Wasserorganismen: 100–10 mg/l; Fische: tox. ab 10 mg/l; L. idus LC_{50}: 14/25 mg/l; C. auratus 48 Stdn. TLm: 44,5 mg/l; L. macrochirus 24 Stdn. TLm: 19 mg/l 96 Stdn. TLm: 5,7 mg/l; Bakterien: Ps. putida tox. ab 64 mg/l; Algen: Sc. quadricauda tox. ab 7,5 mg/l; M. aeruginosa tox. ab 4,6 mg/l; Protozoen: E. sulcatum tox. ab 33 mg/l; U. parduczi tox. ab 144 mg/l; Arthropoden: Daphnia LD_{LOW}: 16 mg/l; D. magna 24 Stdn. TLm: 100 gm/l; Gefahr für Trinkwasser: Verteilung: log $P_{O\,w}$ 1,46.

9 Weitere Hinweise

Abb. 7: Das Sicherheitsdatenblatt enthält in Kurzform alle Informationen, die beim Umgang mit Chemikalien zum Schutz von Gesundheit und Umwelt erforderlich sind.

Buch: "Sicherheitsdatenblätter für Lösungsmittel"

Um dem Informations-Bedarf bei häufig verwendeten gefährlichen Chemikalien nachzukommen, hat die Firma Merck die DIN-Sicherheitsdatenblätter für Lösungsmittel, für Säuren und für Salze, Laugen und Ätzalkalien in Buchform zusammengefaßt. Sie können formlos bei Merck angefordert werden.

Die Broschüre "Lösungsmittel" enthält eine Sammlung aktualisierter DIN-Sicherheitsdatenblätter für etwa 60 gebräuchliche Lösungsmittel. Der Umgang mit organischen Lösungsmitteln erfordert eine Reihe besonderer Vorsichtsmaßnahmen: sie sind häufig gesundheits- und umweltschädlich, leicht entzündlich, ihre Dämpfe im Gemisch mit Luft sind zum Teil explosiv, beim Ausgießen führen sie leicht zu elektrostatischen Aufladungen mit Entzündungsgefahr. Viele Ether haben die unangenehme Eigenschaft zur Bildung von hochexplosiven Etherperoxiden; deshalb sind sie meist mit stabilisierenden Zusätzen wie z.B. 2,6-Di-tert-butyl-4-methylphenol (= Butylhydroxytoluol = BHT) versetzt.

Die Broschüre enthält außerdem eine Zusammenstellung von Behandlungszentren für Vergiftungen in der Bundesrepublik, eine Übersicht über Sicherheits-Produkte sowie eine Tabelle mit physikalischen Eigenschaften von Lösungsmitteln für die Chromatographie.

Buch: "Sicherheitsdatenblätter für Säuren"

Bei unsachgemäßem Umgang verursachen Säuren meist schwere Verätzungen, Flußsäure sogar Wunden, die nicht oder nur sehr schwer heilen. Deshalb sind für den sicheren Umgang mit Säuren besondere Vorsichtsmaßnahmen einzuhalten.

Die in dieser Broschüre zusammengefaßten aktualisierten DIN-Sicherheitsdatenblätter von etwa 50 gängigen Mineral- und organischen Säuren bieten einen Anhaltspunkt, Gefahren in Labor und Lager im Umgang mit diesen Chemikalien zu reduzieren und Gesundheitsgefahren abzuwenden.

Die Information wird durch einige praktische Tabellen abgerundet: Dichten wichtiger Säuren, handelsübliche Konzentrationen, Mischungsformeln etc.

Buch: "Sicherheitsdatenblätter für Salze, Laugen, Ätzalkalien"

Anorganische Salze haben im Vergleich zu den organischen Lösungsmitteln den Vorteil, daß sie im allgemeinen nicht brennbar sind und als Festsubstanzen kaum flüchtig sind. Dadurch wird ihre Lagerhaltung gegenüber den organischen Lösungsmitteln oder den Mineralsäuren erleichtert.

Andererseits ist jedoch allgemein bekannt, daß sich unter den anorganischen Salzen eine Reihe äußerst toxisch wirkender Verbindungen befinden wie z.B. Cyanide oder Quecksilber-Verbindungen. Beim Umgang mit diesen Gefahrstoffen sind besondere Vorsichtsmaßnahmen und Aufbewahrungsvorschriften einzuhalten.

In dieser Broschüre sind – von Ammoniak-Lösung bis Zirkon – für Reagenzien mit gefährlichen Eigenschaften weit über 100 Sicherheitsdatenblätter zusammengefaßt, die zur gefahrlosen Anwendung dieser Verbindungen beitragen sollen.

Zusätzlich zu diesen in alphabetischer Reihenfolge aufgeführten DIN-Sicherheitsdatenblättern enthält die Broschüre noch einige Tabellen:

- eine alphabetische Liste der Substanzen mit Gefahrensymbolen sowie Gefahrenhinweisen und Sicherheitsratschlägen
- unverträgliche Chemikalien
- Behandlungszentren für Vergiftungen.

Abb. 8: Sammlungen von Sicherheitsdatenblättern von oft gebrauchten Chemikalien gibt es auch in gebundener Form.

1.2.4 Taschen-Nachschlagewerke

Tabellen für das Labor

In diesem kleinen Nachschlagewerk im Taschenkalender-Format sind neben allgemeinen Informationen eine Vielzahl von Tabellen und Angaben zur Sicherheit enthalten. Es kann bei Fa. Merck formlos angefordert werden. Fast 100 Seiten konzentrierter Information beginnen mit "Allgemeinen Vorsichtsmaßnahmen" zum sicheren Arbeiten im chemischen Labor. Weitere Themen sind:

- Behandlungszentren für Vergiftungen
- chemische und physikalische Eigenschaften von Elementen und anorganischen Verbindungen
- Lösungen in wässerigen Systemen
- Indikatoren und Puffer
- Organische Lösungsmittel
- Physikalische Bestimmungsmethoden von Elementen
- Maße und Gewichte.

Sicherheit im Labor

Im Taschen-Format werden Kurzinformationen zum Thema "Sicheres Verhalten im Labor" auf über 100 Seiten zusammengefaßt. Die Broschüre wird auf Anfrage kostenlos von Firma Merck zur Verfügung gestellt. Folgende Themen werden darin abgehandelt:

- MAK-Werte
- R- und S-Sätze
- Brennbare Flüssigkeiten und Gefahrklassen
- Sichere Laborarbeit
- Lagerung und Aufbewahrung
- Unverträgliche Chemikalien
- Umweltgerechte und gefahrlose Entsorgung
- Sicherheit mit Merck
- Behandlungszentren für Vergiftungen.

Abb. 9: Diese Nachschlagewerke im Taschenformat fassen wichtige Informationen zusammen.

1.2.5 MAK-Werte von Laborchemikalien

Definition: Der MAK-Wert ist die höchstzulässige Konzentration eines Gefahrstoffes als Gas, Dampf oder Schwebstoff in der Luft am Arbeitsplatz, die nach dem gegenwärtigen Stand der Kenntnis auch bei wiederholter und langfristiger (in der Regel täglich 8stündiger Exposition), jedoch bei Einhaltung einer durchschnittlichen Wochenarbeitszeit von 40 Stunden im allgemeinen die Gesundheit der Beschäftigten nicht beeinträchtigt und diese nicht unangemessen belästigt. Die MAK-Werte (= **M**aximale **A**rbeitsplatz-**K**onzentration) dienen dem Schutz der Gesundheit am Arbeitsplatz. Sie sind keine physikalischen Stoffkonstanten, sondern Werte, die von der Senatskommission zur Prüfung gesundheitsschädlicher Arbeitsstoffe der Deutschen Forschungsgemeinschaft (DFG) aufgrund gesicherter toxikologischer und arbeitsmedizinischer Erfahrungen erstellt und laufend neu bearbeitet werden. Die vollständige Liste wird mit allen Änderungen jährlich in gebundener Form von der DFG herausgegeben. Die ausführliche Begründung für die Festlegung der MAK-Werte wird mit der zugehörigen Literaturübersicht in einer Lose-Blatt-Sammlung in Jahresabständen ergänzt. Eine Übersicht finden Sie im Kapitel "Druckschriften mit Anschriften", Seite 200.

Physiologische Wirkungen

- *Hautresorption:* Stoffe, die leicht die Haut durchdringen, können häufig ohne Warnsymptome (!) lebensgefährliche Vergiftungen verursachen.
- *Sensibilisierung:* Je nach persönlicher Disposition können bestimmte Stoffe unterschiedlich schnell und stark allergische Erscheinungen auslösen.
- *Gase und atembare Stäube* entfalten ihre gefährliche Wirkung, wenn sie über die Atemluft in die Lungen gelangen (siehe auch "Umgang mit Laborgasen", Seite 57).
- *MAK-Werte und Schwangerschaft:* Maximale Arbeitsplatzkonzentrationen werden für gesunde Personen im erwerbsfähigen Alter aufgestellt. Die vorbehaltslose Übernahme dieser Werte auf den Zustand der Schwangerschaft ist nicht möglich, weil ihre Einhaltung den sicheren Schutz des ungeborenen Kindes vor fruchtschädigenden Wirkungen durch Chemikalien nicht in jedem Fall gewährleistet. Deshalb werden die betreffenden Substanzen gemäß dem erkennbaren Risiko in die Gruppen A, B, C und D unterteilt und entsprechend bezeichnet. Ausführlichere Hinweise stehen im Kapitel "Schwangerschaft und Chemikalien", Seite 141.
- *Organische Peroxide* üben je nach Substanz eine sehr unterschiedliche entzündliche oder ätzende Wirkung auf die Haut und die Schleimhäute aus. Manche führen noch in starker Verdünnung und kleinsten Mengen zu tiefgreifenden Haut- oder Corneal-Nekrosen mit Verlust des Auges. Die Einatmung der Dämpfe ruft unterschiedlich starke Reizerscheinungen an den Atemwegen hervor. Die Gefahr einer resorptiven Wirkung ist in der Praxis gering. Sensibilisierungen sind beobachtet worden.

Die nachstehende Liste enthält die aktuellen MAK-Werte von Chemikalien, die oft im Labor gebraucht werden. Die Präparate sind alphabetisch nach der IUPAC-Nomenklatur geordnet: so steht z.B. CH_3Cl unter Chlormethan, nicht unter Methylchlorid. Die vollständige Liste der MAK-Werte wird jährlich in einer aktualisierten Auflage von der VCH-Verlagsgesellschaft, Weinheim herausgegeben. Krebserzeugende Gefahrstoffe gemäß der Gefahrstoffverordnung sind in diesem Buch im Kapitel "Spezielle toxische Wirkungen", Seite 134, zusammengestellt.

Tabelle 2: **MAK-Werte gebräuchlicher Chemikalien**

Erklärungen:

H = Gefahr der Hautresorption
S = Gefahr der Sensibilisierung
ml/m^3 = ppm

A, B, C, D = Gruppen der Fruchtschädigung, siehe Seite 142

Krebserzeugende Stoffe, siehe Seite 134
Organische Peroxide, siehe Seite 29
Präventiver Arbeitsschutz, siehe Seite 137
Schwangerschaft, siehe Seite 141

Bezeichnung	**Formel**	**Bemerkungen**		**MAK-Wert** [ml/m^3]	[mg/m^3]	**Dampfdruck 20°C** [mbar]
Acetaldehyd	CH_3CHO	→ Präventiver Arbeitsschutz		50	90	
Acetamid	CH_3CONH_2	→ Präventiver Arbeitsschutz		–	–	
Aceton	CH_3COCH_3	–		1000	2400	240
Acetonitril	CH_3CN	–		40	70	
Acrolein	$CH_2{=}CHCHO$	–		0,1	0,25	
Acrylamid	$CH_2{=}CHCONH_2$	→ Krebserzeugende Stoffe	H	–	–	
Acrylnitril	$CH_2{=}CHCN$	→ Krebserzeugende Stoffe	H	–	–	116
Alkali-Chromate		→ Krebserzeugende Stoffe		–	–	
Allylalkohol	$CH_2{=}CHCH_2OH$	–	H	2	5	24
1-Allyloxy-2,3-epoxypropan	$CH_2{=}CHCH_2OCH_2CH{-}CH_2$ (O)	–	S	10	45	
Ameisensäure	$HCOOH$	–		5	9	
2-Aminopyridin	N, NH_2	–		0,5	2	
Ammoniak (Gas)	NH_3	→ Schwangerschaft	C	50	35	
Ammoniumamidosulfonat [1]	$H_2NSO_3NH_4$	–			15	
Amylacetat	$CH_3COOC_5H_{11}$	–		100	525	
Anilin	$-NH_2$	→ Schwangerschaft → Präv. Arbeitsschutz	D H	2	8	
o-Anisidin (2-Methoxyanilin)	$-NH_2$, OCH_3	–	H	0,1	0,5	
p-Anisidin (4-Methoxyanilin)	CH_3O- $-NH_2$	–	H	0,1	0,5	
Antimon(III)-oxid	Sb_2O_3	→ Krebserzeugende Stoffe		–	–	
Arsen-Verbindungen		→ Krebserzeugende Stoffe		–	–	
Asbest (Feinstaub)		→ Krebserzeugende Stoffe		–	–	
p-Benzochinon	O= =O	–		0,1	0,4	
Benzol		→ Krebserzeugende Stoffe	H	–	–	101

1 Ammoniumsulfamat

Bezeichnung	Formel	Bemerkungen		MAK-Wert [ml/m³]	[mg/m³]	Dampfdruck 20°C [mbar]
Benzotrichlorid	$-CCl_3$	→ Präventiver Arbeitsschutz		–	–	
Benzoylperoxid	$-C(=O)-O-O-C(=O)-$	→ Organische Peroxide			5	
Benzylchlorid	$-CH_2Cl$	→ Schwangerschaft → Präv. Arbeitsschutz	D	1	5	
Benzylidenchlorid	$-CHCl_2$	→ Präventiver Arbeitsschutz		–	–	
Beryllium und seine Verbindungen		→ Krebserzeugende Stoffe		–	–	
Biphenyl		–		0,2	1	
Bis-2-chlorethylether	$ClC_2H_4OC_2H_4Cl$	–	H	10	60	
Bortrifluorid (Gas)	BF_3	–		1	3	
di-Bortrioxid	B_2O_3	–			15	
Brom	Br_2	–		0,1	0,7	230
Bromethan (Ethylbromid)	C_2H_5Br	–		200	890	507
Brommethan (Gas) (Methylbromid)	CH_3Br	→ Präventiver Arbeitsschutz	H	5	20	
Bromwasserstoff (Gas)	HBr			5	17	
1,3-Butadien (Gas)	$CH_2=CHCH=CH_2$	→ Krebserzeugende Stoffe		–	–	
Butan (Gas)	$CH_3(CH_2)_2CH_3$	–		1000	2350	
Butanole	C_4H_9OH	alle Isomeren		100	300	4 – 40
Butanthiol	C_4H_9SH	–		0,5	1,5	
Butylacetat	$CH_3COOC_4H_9$	alle Isomeren		200	950	12 – 21
Butylamine	$C_4H_9NH_2$	alle Isomeren	H	5	15	
1-Butyl-2,3-epoxy-propylether	$C_4H_9OCH_2CH-CH_2$ (O)	→ Präventiver Arbeitsschutz	H S	–	–	
tert-Butylhydroperoxid	$(CH_3)_3COOH$	→ Organische Peroxide				
4-tert-Butylphenol	$HO-$ $-C(CH_3)_3$	–	H	0,08	0,5	
Campher		–		2	13	
ε-Caprolactam	NH, O	→ Schwangerschaft	C		25	
Chlor (Gas)	Cl_2	→ Schwangerschaft	C	0,5	1,5	
Chlorbenzol	$-Cl$	→ Schwangerschaft	C	50	230	12
Chlorethan (Gas) (Ethylchlorid)	C_2H_5Cl	→ Präventiver Arbeitsschutz		–	–	

Bezeichnung	Formel	Bemerkungen		MAK-Wert [ml/m³]	[mg/m³]	Dampfdruck 20°C [mbar]
2-Chlorethanol	$ClCH_2CH_2OH$	→ Schwangerschaft	C H	1	3	7
Chlorethylen (Gas) (Vinylchlorid)	$CH_2{=}CHCl$	→ Krebserzeugende Stoffe		–	–	
Chlormethan (Gas) (Methylchlorid)	CH_3Cl	→ Schwangerschaft → Präv. Arbeitsschutz	B	50	105	
1-Chlor-4-nitrobenzol	$Cl-C_6H_4-NO_2$	–	H		1	
Chloroform	$CHCl_3$	→ Schwangerschaft → Präv. Arbeitsschutz	B	10	50	210
3-Chlor-1-propen	$CH_2{=}CHCH_2Cl$	→ Präventiver Arbeitsschutz		1	3	393
Chlorwasserstoff (Gas)	HCl	→ Schwangerschaft	C	5	7	
Chromhexacarbonyl	$Cr(CO)_6$	→ Präventiver Arbeitsschutz		–	–	
Chrom(VI)-Verbindungen		→ Krebserzeugende Stoffe		–	–	
Cobalt und seine Verbindungen		→ Krebserzeugende Stoffe	S	–	–	
Crotonaldehyd	$CH_3CH{=}CHCHO$	→ Präventiver Arbeitsschutz	H	–	–	25
Cumol	$C_6H_5-CH(CH_3)_2$	–	H	50	245	5
Cumolhydroperoxid	$C_6H_5-C(CH_3)_2-OOH$	→ Organische Peroxide				
Cyclohexan	C_6H_{12}	–		300	1050	104
Cyclohexanol	$C_6H_{11}-OH$	–		50	200	
Cyclohexanon	$C_6H_{10}{=}O$	→ Schwangerschaft	C	50	200	5
Cyclohexylamin	$C_6H_{11}-NH_2$	–		10	40	
Cyclopentadien	C_5H_6	–		75	200	
4,4′-Diaminodiphenyl-methan	$H_2N-C_6H_4-CH_2-C_6H_4-NH_2$	→ Krebserzeugende Stoffe	H S	–	–	
1,2-Dibromethan	$BrCH_2CH_2Br$	→ Krebserzeugende Stoffe	H	–	–	15
Di-tert-butylperoxid	$(CH_3)_3COOC(CH_3)_3$	→ Organische Peroxide				
1,2-Dichlorbenzol	$C_6H_4Cl_2$ (1,2-Cl)	→ Schwangerschaft	C H	50	300	
1,4-Dichlorbenzol	$Cl-C_6H_4-Cl$	→ Schwangerschaft	C	75	450	

Bezeichnung	Formel	Bemerkungen		MAK-Wert [ml/m³]	[mg/m³]	Dampfdruck 20°C [mbar]
1,4-Dichlor-2-buten	$ClCH_2CH{=}CHCH_2Cl$	→ Krebserzeugende Stoffe		–	–	
Dichlordifluormethan (Gas)	Cl_2CF_2	→ Schwangerschaft	C	1000	5000	
1,1-Dichlorethan	Cl_2CHCH_3	→ Schwangerschaft	D	100	400	240
1,2-Dichlorethan	$ClCH_2CH_2Cl$	→ Krebserzeugende Stoffe		–	–	87
1,2-Dichlorethylen	$ClCH{=}CHCl$	–		200	790	220
Dichlorfluormethan (Gas)	Cl_2CHF	–		10	45	
Dichlormethan (Methylenchlorid)	CH_2Cl_2	→ Schwangerschaft → Präv. Arbeitsschutz	D	100	360	475
1,2-Dichlorpropan	$ClCH_2CHClCH_3$	–		75	350	56
Dicyan (Gas)	$(CN)_2$	–	H	10	22	
Diethylamin	$(C_2H_5)_2NH$	–		10	30	260
2-Diethylaminoethanol	$(C_2H_5)_2NCH_2CH_2OH$	–	H	10	50	
Diethylether	$C_2H_5OC_2H_5$	→ Schwangerschaft	D	400	1200	587
Diethylsulfat	$(C_2H_5)_2SO_4$	→ Krebserzeugende Stoffe		–	–	
Diisobutylketon	$[(CH_3)_2CHCH_2]_2CO$	–		50	290	
Diisopropylether	$[(CH_3)_2CH]_2O$	–		500	2100	180
N,N-Dimethylacetamid	$CH_3CON(CH_3)_2$	→ Schwangerschaft	C H	10	35	
Dimethylamin (Gas)	$(CH_3)_2NH$	–		10	18	
N,N-Dimethylanilin	$-N(CH_3)_2$	→ Präventiver Arbeitsschutz	H	5	25	
Dimethylaniline (Xylidine)	CH_3, $-NH_2$, H_3C	alle Isomeren außer 2,4-Dimethylanilin	H	5	25	
2,4-Dimethylanilin (2,4-Xylidin)	H_3C-, $-NH_2$, CH_3	→ Präventiver Arbeitsschutz	H	5	25	
N,N-Dimethylcarbamoyl-chlorid	$(CH_3)_2NCOCl$	→ Krebserzeugende Stoffe		–	–	
N,N-Dimethylformamid	$HCON(CH_3)_2$	→ Schwangerschaft	B H	20	60	
N,N-Dimethylhydrazin	$H_2NN(CH_3)_2$	→ Krebserzeugende Stoffe	S H	–	–	
N,N'-Dimethylhydrazin	$CH_3NHNHCH_3$	→ Krebserzeugende Stoffe	S H	–	–	
Dimethylsulfat	$(CH_3)_2SO_4$	→ Krebserzeugende Stoffe	H	–	–	
Dinitrobenzole	O_2N, $-NO_2$	→ Präventiver Arbeitsschutz	H	–	–	
Dinitrotoluole	NO_2, $-CH_3$, O_2N	→ Krebserzeugende Stoffe	H	–	–	

Bezeichnung	Formel	Bemerkungen		MAK-Wert [ml/m³]	[mg/m³]	Dampfdruck 20°C [mbar]
1,4-Dioxan	(Strukturformel)	→ Schwangerschaft → Präv. Arbeitsschutz	D H	50	180	41
Diphenylether (Dampf)	(Strukturformel)	–		1	7	
Diphenylmethan-4,4'-diisocyanat	O=C=N–C₆H₄–CH₂–C₆H₄–N=C=O		S	0,01	0,1	
Eisenpentacarbonyl	$Fe(CO)_5$	–		0,1	0,8	
Epichlorhydrin	$CH_2–CHCH_2Cl$ (Epoxid, O)	→ Krebserzeugende Stoffe	H	–	–	
2,3-Epoxy-1-propanol	$CH_2–CHCH_2OH$ (Epoxid, O)	–		50	150	
Essigsäure	CH_3COOH	–		10	25	
Essigsäureanhydrid	$(CH_3CO)_2O$	–		5	20	
Ethanol	C_2H_5OH	→ Schwangerschaft	D	1000	1900	59
Ethanolamin	$H_2NCH_2CH_2OH$	–		3	8	
Ethanthiol	C_2H_5SH	–		0,5	1	
(2-Ethoxyethyl)-acetat	$C_2H_5OCH_2CH_2OCOCH_3$	→ Schwangerschaft	B H	20	110	
Ethylacetat	$CH_3COOC_2H_5$	–		400	1400	97
Ethylacrylat	$CH_2{=}CHCOOC_2H_5$	→ Schwangerschaft	D S	5	20	39
Ethylamin (Gas)	$C_2H_5NH_2$	–		10	18	
Ethylbenzol	$C_6H_5–C_2H_5$ (Strukturformel)	–	H	100	440	9
Ethylendiamin	$H_2NCH_2CH_2NH_2$	→ Schwangerschaft	D	10	25	
Ethylenglycolmono-ethylether	$C_2H_5OCH_2CH_2OH$	→ Schwangerschaft	B H	20	75	
Ethylenglycolmono-butylether	$C_4H_9OCH_2CH_2OH$	→ Schwangerschaft	C H	20	100	
Ethylenglycolmono-methylether	$CH_3OCH_2CH_2OH$	→ Schwangerschaft	B H	5	15	
Ethylenoxid (Gas)	$CH_2–CH_2$ (Epoxid, O)	→ Krebserzeugende Stoffe	H	–	–	
Ethylformiat	$HCOOC_2H_5$	→ Schwangerschaft	D	100	300	256
Ethylmethylketon	$CH_3COC_2H_5$	→ Schwangerschaft	D	200	590	105
Fluoressigsäure Natriumsalz	FCH_2COONa	–	H		0,05	
Fluorwasserstoff (Gas)	HF	–		3	2	
Formaldehyd	CH_2O	→ Präventiver Arbeitsschutz	S	0,5	0,6	
Formaldehyddimethyl-acetal (Dimethoxymethan)	$CH_2(OCH_3)_2$	–		1000	3100	440

Bezeichnung	**Formel**	**Bemerkungen**		**MAK-Wert** [ml/m^3]	[mg/m^3]	**Dampfdruck 20°C** [mbar]
Furfurol	O CHO	–	H	5	20	
Furfurylalkohol	O CH_2OH	–		50	200	
Glutardialdehyd	$OCH(CH_2)_3CHO$	–	S	0,2	0,8	
Heptan	$CH_3(CH_2)_5CH_3$	alle Isomeren		500	2000	48
Hexamethylendiisocyanat	$O{=}C{=}N(CH_2)_6N{=}C{=}O$	–	S	0,01	0,07	
Hexamethylphosphor-säuretriamid (HMPT)	$[(CH_3)_2N]_3PO$	→ Krebserzeugende Stoffe		–	–	
n-Hexan	$CH_3(CH_2)_4CH_3$	–		50	180	160
2-Hexanon	$CH_3(CH_2)_3COCH_3$	–		5	21	
Hydrazin	H_2NNH_2	→ Krebserzeugende Stoffe	H S	–	–	13
Hydrochinon	HO–C₆H₄–OH	–			2	
4-Hydroxy-4-methyl-2-pentanon	$CH_3C(OH)(CH_3)CH_2COCH_3$	–		50	240	
Iodmethan (Methyliodid)	CH_3I	→ Präventiver Arbeitschutz		–	–	438
Isoamylalkohol	$(CH_3)_2CHCH_2CH_2OH$	–		100	360	
Isobutanol		→ Butanole				
Isobutylmethylketon (Methylisobutylketon)	$(CH_3)_2CHCH_2COCH_3$	–		100	400	8
Isophoron	H_3C, H_3C, CH_3, O	–		5	28	
Isopropylacetat	$CH_3COOCH(CH_3)_2$	–		200	840	33
Isopropylamin	$(CH_3)_2CHNH_2$	–		5	12	
Keten	$CH_2{=}C{=}O$	–		0,5	0,9	
Kohlendioxid (Gas)	CO_2	–		5000	9000	
Kohlenmonoxid (Gas)	CO	→ Schwangerschaft	B	30	33	
Kresole	HO, CH_3	alle Isomeren	H	5	22	
Maleinsäureanhydrid	O O O	–	S	0,2	0,8	
Mesityloxid	$(CH_3)_2C{=}CHCOCH_3$	–		25	100	
Methanol	CH_3OH	→ Schwangerschaft	D H	200	260	128
4-Methoxy-1,3-phenylendiamin (2,4-Diaminoanisol)	H_2N, H_3CO, NH_2	→ Krebserzeugende Stoffe		–	–	
2-Methoxyethylacetat	$CH_3COOCH_2CH_2OCH_3$	→ Schwangerschaft	B H	5	25	9
Methylacetat	CH_3COOCH_3	→ Schwangerschaft	D	200	610	220
Methylacrylat	$CH_2{=}CHCOOCH_3$	–	S	5	18	89

Bezeichnung	Formel	Bemerkungen		MAK-Wert $[ml/m^3]$	MAK-Wert $[mg/m^3]$	Dampfdruck 20°C [mbar]
Methylamin (Gas)	CH_3NH_2	–		10	12	
N-Methylanilin	$-NHCH_3$	–	H	0,5	2	
Methylcyclohexan	$-CH_3$	–		500	2000	48
Methylcyclohexanole	H_3C, $-OH$	→ alle Isomeren		50	235	
2-Methylcyclohexanon	$=O$, CH_3	–	H	50	230	
2-Methyl-4,6-dinitrophenol (4,6-Dinitro-o-kresol)	NO_2, O_2N-, $-OH$, CH_3	–	H		0,2	
Methylformiat	$HCOOCH_3$	→ Schwangerschaft	D	100	250	640
Methylmercaptan (Gas)	CH_3SH	–		0,5	1	
Methylmethacrylat	$CH_2{=}C(CH_3)COOCH_3$	→ Schwangerschaft	C S	50	210	47
4-Methyl-2-pentanol	$(CH_3)_2CHCH_2CH(OH)CH_3$	–	H	25	100	7
4-Methyl-1,3-phenylendiamin (2,4-Toluylendiamin)	H_2N, H_3C-, $-NH_2$	→ Krebserzeugende Stoffe		–	–	
Methylpropylketon	$CH_3(CH_2)_2COCH_3$	–		200	700	16
1-Methyl-2-pyrrolidon (Dampf)	N, O, CH_3	→ Schwangerschaft	D	100	400	
Methylstyrole	H_3C, $-CH{=}CH_2$	alle Isomeren		100	480	
α-Methylstyrol	$-C{=}CH_2$, CH_3	–		100	480	3
Morpholin	O, NH	–	H	20	70	10
Naphthalin		–		10	50	
Nickel [1]		→ Krebserzeugende Stoffe		–	–	
Nickeltetracarbonyl	$Ni(CO)_4$	→ Krebserzeugende Stoffe	H	–	–	428
Nicotin		–	H	0,07	0,5	
4-Nitroanilin	H_2N-, $-NO_2$	–	H	1	6	
Nitrobenzol	$-NO_2$	–	H	1	5	
Nitroethan	$C_2H_5NO_2$	–		100	310	
Nitromethan	CH_3NO_2	–		100	250	
2-Nitro-1,4-phenylendiamin	H_2N-, $-NH_2$, NO_2	→ Präventiver Arbeitsschutz	H	–	–	
1-Nitropropan	$CH_3CH_2CH_2NO_2$	–		25	90	

1 als Metall (Feinstaub), Nickelsulfid, Nickeloxid und Nickelcarbonat

Bezeichnung	**Formel**	**Bemerkungen**		**MAK-Wert** [ml/m³]	[mg/m³]	**Dampfdruck 20°C** [mbar]
2-Nitropropan	$(CH_3)_2CHNO_2$	→ Krebserzeugende Stoffe		–	–	17
N-Nitrosamine		→ Krebserzeugende Stoffe		–	–	
Nitrotoluole	O_2N, CH_3	alle Isomeren	H	5	30	
Octane	$CH_3(CH_2)_6CH_3$	alle Isomeren		500	2350	15
Osmium(VIII)-oxid	OsO_4	–		0,0002	0,002	
Pentachlorethan	Cl_2CHCCl_3	–		5	40	
Pentachlorphenol	Cl, Cl, Cl, OH, Cl, Cl	→ Krebserzeugende Stoffe	H	–	–	
Pentane	$CH_3(CH_2)_3CH_3$	alle Isomeren		1000	2950	573
Phenol	OH	–	H	5	19	
1,4-Phenylendiamin	H_2N, NH_2	–	S H		0,1	
Phenylhydrazin	$NHNH_2$	→ Präventiver Arbeitsschutz	S H	5	22	
N-Phenyl-2-naphthylamin	NHC_6H_5	→ Präventiver Arbeitsschutz		–	–	
Phosgen (Gas)	$COCl_2$	–		0,1	0,4	
Phosphorpentachlorid	PCl_5	–			1	
Phosphortrichlorid	PCl_3	–		0,5	3	127
Phosphorylchlorid	$POCl_3$	–		0,2	1	36
Phthalsäureanhydrid	O, O, O	–	S		5	
Pikrinsäure (2,4,6-Trinitrophenol)	O_2N, NO_2, OH, NO_2	–	H		0,1	
Propan (Gas)	$CH_3CH_2CH_3$	–		1000	1800	
2-Propanol (Isopropanol)	$CH_3CH(OH)CH_3$	→ Schwangerschaft	D	400	980	40
2-Propin-1-ol (Propargylalkohol)	$CH{\equiv}CCH_2OH$	–	H	2	5	
Propionsäure	CH_3CH_2COOH	–		10	30	
Propylacetat	$CH_3COOC_3H_7$	–		200	840	33
1,2-Propylenoxid (1,2-Epoxypropan)	CH_3CHCH_2 (O)	→ Krebserzeugende Stoffe		–	–	
Pyridin	N	–		5	15	20
Quecksilber	Hg	–		0,01	0,1	
Quecksilber-Verbindungen organische, (als Hg berechnet)		–	S H		0,01	

Bezeichnung	Formel	Bemerkungen		MAK-Wert		Dampfdruck
				[ml/m^3]	[mg/m^3]	20°C [mbar]
Salpetersäure	HNO_3	–		2	5	
Salzsäure (Gas) (Chlorwasserstoff)	HCl	→ Schwangerschaft	C	5	7	
Schwefeldioxid (Gas)	SO_2	–		2	5	
Schwefelhexafluorid (Gas)	SF_6	–		1000	6000	
Schwefelkohlenstoff	CS_2	→ Schwangerschaft	B H	10	30	400
Schwefelsäure	H_2SO_4	–			1	
Schwefelwasserstoff (Gas)	H_2S	–		10	15	
Selen-Verbindungen		–			0,1	
Stickstoffdioxid (Gas)	NO_2	–		5	9	
Styrol	$-CH=CH_2$	→ Schwangerschaft	C	20	85	6
1,1,2,2-Tetrabromethan	$Br_2CHCHBr_2$	–		1	14	
1,1,2,2-Tetrachlorethan	$Cl_2CHCHCl_2$	→ Präventiver Arbeitsschutz	H	1	7	7
Tetrachlorethylen	$Cl_2C=CCl_2$	→ Präv. Arbeitsschutz	C	50	345	19
Tetrachlorkohlenstoff (Tetrachlormethan)	CCl_4	→ Schwangerschaft → Präv. Arbeitsschutz	D H	10	65	120
Tetraethylorthosilicat	$Si(OC_2H_5)_4$	–		20	170	
Tetrahydrofuran (THF)	O	→ Schwangerschaft	C	200	590	200
o-Tolidin (3,3′-Dimethylbenzidin)	H_2N, NH_2, H_3C, CH_3	→ Krebserzeugende Stoffe		–	–	
o-Toluidin	NH_2, CH_3	→ Krebserzeugende Stoffe	H	–	–	
Toluol	$-CH_3$	→ Schwangerschaft	B	100	380	29
Toluylen-2,4-diisocyanat	$O=C=N-$, $-CH_3$, $N=C=O$	–	S	0,01	0,07	
Trichlorbenzole	Cl, Cl, Cl	→ Schwangerschaft alle Isomeren	D	5	40	
1,1,1-Trichlorethan	Cl_3CCH_3	→ Schwangerschaft	C	200	1080	133
Trichlorethylen	$Cl_2C=CHCl$	→ Schwangerschaft → Präv. Arbeitsschutz	C	50	270	77
1,2,3-Trichlorpropan	$ClCH_2CHClCH_2Cl$	–		50	300	3
1,1,2-Trichlortrifluorethan	$CFCl_2CF_2Cl$	–		500	3800	360
Triethylamin	$(C_2H_5)_3N$	–		10	40	72
Xylole	H_3C, $-CH_3$	→ Schwangerschaft	D	100	440	7 – 9
Zinn-Verbindungen, organische (als Sn berechnet)		–	H		0,1	

1.2.6 Merkblätter zur Unfallverhütung

Von der Berufsgenossenschaft der chemischen Industrie und anderen öffentlichen Einrichtungen wurden allgemeingültige Empfehlungen zum persönlichen und technischen Schutz ausgearbeitet und in *Merkblättern* zusammengefaßt. Sie können zur Ergänzung der Information in den nun folgenden Kapiteln herangezogen werden.

- Atemschutz-Merkblatt (1)
- Augenschutz-Merkblatt (1)
- Schutzhandschuh-Merkblatt (1)
- Schutzkleidungs-Merkblatt (1)
- Erste Hilfe bei Verbrennungen – Merkblatt für Ersthelfer (1)
- Feuerlöscher/Feuerlöschanlagen (1)
- Richtlinien für Laboratorien (1)
- Richtlinien für die Vermeidung von Zündgefahren infolge elektrostatischer Aufladungen (1)
- Schutzmaßnahmen beim Umgang mit krebserzeugenden Arbeitsstoffen (2)
- Verordnung über gefährliche Stoffe (Gefahrstoffverordnung) (3)
- Verordnung über brennbare Flüssigkeiten (1)
- ZH1-Verzeichnis: Richtlinien, Sicherheitsregeln, Grundsätze, Merkblätter und andere berufsgenossenschaftliche Schriften für Arbeitssicherheit und Arbeitsmedizin (1)

Diese Informationsblätter können über die untenstehenden Adressen angefordert werden.

(1) Carl Heymanns Verlag KG
Luxemburger Straße 449
D-5000 Köln 41

(2) Jedermann-Verlag
Dr. Otto Pfeffer OHG
Postfach 10 31 40
D-6900 Heidelberg 1

(3) Deutscher Bundes-Verlag GmbH
Postfach 12 03 80
D-5300 Bonn 1

Eine Zusammenfassung von Merkblättern der Berufsgenossenschaft der chemischen Industrie über gefährliche Chemikalien finden Sie im Kapitel "Weitere gefährliche Chemikalien", Seite 133.

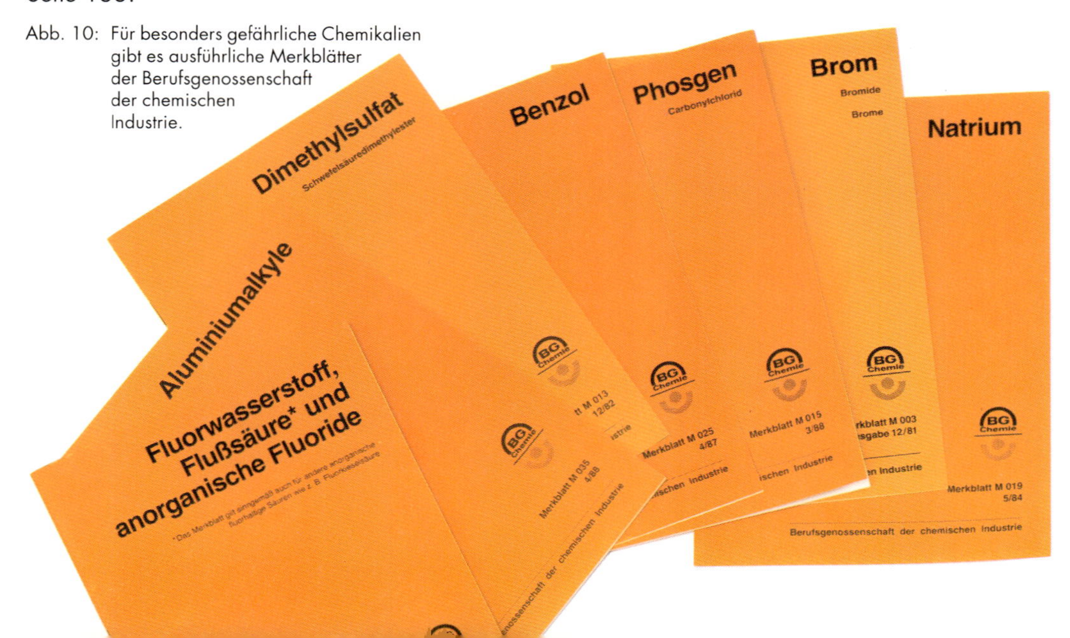

Abb. 10: Für besonders gefährliche Chemikalien gibt es ausführliche Merkblätter der Berufsgenossenschaft der chemischen Industrie.

1.2.7 Video-Filme zum Thema Sicherheit

Sicherheitsbelehrungen – ein notwendiges Übel im Chemie-Unterricht an Schulen und Hochschulen, in der Berufsausbildung? Als "Trockenkurs" dargeboten, empfinden Schüler, Studenten und Auszubildende diese Informationen als wenig "lebensnah". Bewegte Bilder hingegen sind dazu geeignet, anschauliche Modell-Experimente jederzeit vorzuführen und mit ihrer Hilfe "begründete Rezepte" für sicheres Arbeiten zu liefern.

Abb. 11: Video-Filme vermitteln in lebendiger Weise Sicherheitsmaßnahmen für Situationen, wie sie im Labor-Alltag häufig vorkommen.

■ **"Das Sicherheitsnetz von Merck"**

In diesem Video-Film wird das Thema Sicherheit im weitesten Sinne unter vier Aspekten dargestellt:

- Qualitäts-Sicherung
- Sicherheits-Produkte
- sichere Verpackung
- Sicherheit durch Information.

Der Film beginnt mit dem Aspekt "Qualität = Sicherheit", d.h. es wird auf die Bedeutung zuverlässiger, garantierter Qualität hingewiesen, ein Prinzip, das bei Merck schon seit über 100 Jahren eingehalten wird. Sicherheit beinhaltet aber auch den Aspekt unsichtbarer Gefahren, wie z.B. die Prüfung auf krebserzeugende Verunreinigungen.

Der Film bringt ebenfalls zum Ausdruck, was ein verantwortungsvoller Hersteller sonst noch "im Verborgenen" leistet, um die Sicherheit auch bei Verpackung, Transport und Handhabung zu garantieren. So werden Sicherheits-Produkte vorgestellt wie z.B. ein selbstsichernder Hahn, der gegen Säuren, Laugen und Lösungsmittel resistent ist, eine Spezialspritze für selbstentzündliche Chemikalien wie Aluminiumalkyle, das Perex®-System zur Bestimmung bzw. restlosen Vernichtung von *Etherperoxiden*.

Unter dem Punkt "sichere Verpackung" wird eine Flußsäure-Flasche gezeigt, deren Ausgieß-Garnitur den letzten Tropfen sicher in die Flasche zurückführt oder das neue Verschluß-System mit S 40-Gewinde, das in einer druckausgleichenden Version bei Überdruck entgast und trotzdem bei Kopflage flüssigkeitsdicht abschließt. Im Teil "Sicherheit durch Information" wird auf die Sicherheits-Wandtafel, auf die "Tabellen für das Labor" sowie das Sicherheits-Kapitel im Merck-Katalog hingewiesen.

■ **"Jeder Fehler ist einer zu viel!"**

Mit dem Untertitel "Sicheres Arbeiten im Labor" geht dieser Film von Gefahrensituationen in der täglichen Praxis aus und macht deutlich, daß auch Profis Fehler machen können. Sicheres Arbeiten kann aber eingeübt werden, indem man sich "sichere Gewohnheiten" zulegt. Folgende Themen werden präsentiert:

- Gefahrenquellen beim Arbeiten im Labor
- Informationsmöglichkeiten über Sicherheit
- Schutzmaßnahmen bei der Arbeit
- persönliche Schutzausrüstung
- Umgang mit brennbaren, gesundheitsgefährdenden und explosiven Stoffen
- Gefahren beim Umgang mit Druckgasflaschen und Peroxiden
- Brandbekämpfung und Verhalten bei Unfällen
- sachgerechtes Entsorgen von Chemikalien.

Der Film ist so angelegt, daß Lehrende und Ausbilder je nach Bedarf auch Einzelsequenzen einsetzen und durch Experimente "aus dem Kasten" anschaulich ergänzen können.

Diese beiden Video-Filme im VHS-Format eignen sich als Ergänzung zu Sicherheitsbelehrungen. Sie können bei Fa. Merck ("Sicherheitsnetz") und bei Fa. Bayer ("Jeder Fehler") bestellt werden.

■ **Filme der Berufsgenossenschaft**

Weitere audiovisuelle Medien zur Arbeitssicherheit können bei der Berufsgenossenschaft der chemischen Industrie ausgeliehen werden: siehe Anhang "Druckschriften mit Anschriften", Seite 200.

2. Allgemeine Vorsichtsmaßnahmen

Besondere Gefahren bei der täglichen Laborpraxis resultieren einerseits aus der *Handhabung von Chemikalien* mit gefährlichen Eigenschaften, andererseits aus *Laborarbeiten,* die die tägliche Arbeit vom Experimentator fordert. Die Ursachen für mögliche Gefahren beruhen also auf nicht vermeidbaren Substanzeigenschaften, wie

- Brennbarkeit von Lösungsmitteln
- Giftigkeit von Gasen

oder auf vermeidbarem menschlichem Versagen, etwa durch unsachgemäße Handhabungen im Labor, z. B. bei

- Arbeiten im Vakuum
- Arbeiten unter Druck.

Gründliche Informationen und Vorbereitungen über die zu ergreifenden allgemeinen Vorsichtsmaßnahmen vor dem Experiment tragen direkt zur Sicherheit bei. So können beim Zusammenwirken von Chemie und Mensch gefährliche Situationen meisterhaft beherrscht werden.

2.1 Besondere Gefahren im Labor

Der Umgang mit Lösungsmitteln und Gasen, aber auch mit gängigen Chemikalien, birgt oft potentielle Gefahren, die allerdings bei ausreichender Vorbereitung und Kenntnis der Eigenschaften leicht zu meistern sind. Hierzu gehört die Feuergefährlichkeit und elektrostatische Aufladung organischer Lösungsmittel, die Explosionsgefährlichkeit von brennbaren Gasen und Etherperoxiden etc. Explosionsgefährliche Feststoffe werden, aus Gründen der sicheren Lagerung und des Transports, für den Laborbereich nur in phlegmatisiertem Zustand in den Handel gebracht.

2.1.1 Brennbare Lösungsmittel

■ **Der Flammpunkt und seine Bedeutung**

Definition: Der Flammpunkt ist die Temperatur bei Normaldruck, bei der die Lösungsmitteldämpfe mit der umgebenden Luft ein durch Fremdzündung entflammbares Gemisch bilden. Allgemein gilt: je niedriger der Siedepunkt, um so tiefer liegt auch der Flammpunkt. Wie der Siedepunkt, so ist auch der Flammpunkt vom Druck abhängig: je stärker die Verdunstung bei Normaltemperatur, um so größer ist auch die Feuergefährlichkeit des betreffenden Lösungsmittels.

In der Bundesrepublik Deutschland unterliegen die brennbaren organischen Lösungsmittel den Vorschriften

- Verordnung über brennbare Flüssigkeiten (VbF)
- Technische Regeln für brennbare Flüssigkeiten (TRbF)

Sie sehen nachfolgende Einteilung nach dem Flammpunkt vor (Bezug siehe "Druckschriften mit Anschriften", Seite 200).

- *Gefahrklasse A*

  Flüssigkeiten, die einen Flammpunkt bis 100 °C haben und hinsichtlich der Wasserlöslichkeit nicht die Eigenschaften der Gefahrklasse B aufweisen, und zwar

  Gefahrklasse A I: Flüssigkeiten mit einem Flammpunkt *unter 21 °C*

  Gefahrklasse A II: Flüssigkeiten mit einem Flammpunkt *von 21 – 55 °C*

  Gefahrklasse A III: Flüssigkeiten mit einem Flammpunkt *von 55 – 100 °C.*

  Brennbare Flüssigkeiten der Gefahrklasse A III, die auf ihren Flammpunkt oder darüber erwärmt sind, stehen den brennbaren Flüssigkeiten der Gefahrklasse A I gleich.

- *Gefahrklasse B*

  Flüssigkeiten mit einem Flammpunkt *unter 21 °C*, die sich bei 15 °C in Wasser vollständig lösen (oder deren brennbare flüssige Bestandteile sich bei 15 °C in Wasser vollständig lösen).

  Gebräuchliche Lösungsmittel sind mit ihren Gefahrklassen in nachstehender Tabelle zusammengestellt.

Beschränkungen für die Vorratshaltung

Aus Gründen der Sicherheit sind in den "Richtlinien für Laboratorien" Beschränkungen für die Bereithaltung brennbarer Flüssigkeiten vorgeschrieben.

- *Höchstens 1 Liter*

  Am *Arbeitsplatz* dürfen brennbare Flüssigkeiten der Gefahrklassen A I und B für den Handgebrauch nur in Gefäßen von höchstens 1 l Fassungsvermögen aufbewahrt werden. Die Anzahl der Gefäße ist auf das unbedingt nötige Maß zu beschränken.

- *Bis 5 bzw. 10 Liter*

  In *Laboratorien*, in denen ständig größere Mengen brennbarer Flüssigkeiten benötigt werden, ist das Abstellen in nicht bruchsicheren Behältern bis zu 5 l bzw. bruchsicheren Behältern bis zu 10 l an geschützter Stelle zulässig. Für die Aufbewahrung empfiehlt es sich, Schränke nach DIN 12925 (T1) oder Räume zu benutzen, die mit Absaugung und Auffangwanne versehen sind. Die Anzahl und das Fassungsvermögen der Behälter ist auf das unbedingt nötige Maß zu beschränken.

- *Über 5 bzw. 10 Liter*

  Die Lagerung von darüber hinausgehenden Mengen brennbarer Flüssigkeiten ist gemäß der "Verordnung über brennbare Flüssigkeiten" in separaten Räumen vorzusehen.

- *Spülflüssigkeiten*

  Leicht entzündliche Spülflüssigkeiten für den Handgebrauch, wie z.B. Aceton, 2-Propanol (Isopropylalkohol), dürfen nicht in Gefäßen aus dünnwandigem Glas aufbewahrt werden. Geeignet sind Spritzflaschen aus Kunststoff.

Tabelle 3: **Wichtige Lösungsmittel und ihre Flammpunkte**

Lösungsmittel	Flamm-punkt [°C]	Gefahr-klasse	Gefahrenkennzeichnung Symbole	R-/S-Sätze
Aceton	– 20	B	F	R: 11 S: 9 – 16 – 23.2 – 33
Acetonitril	+ 5	B	T F	R: 11 – 23/24/25 S: 16 – 27 – 44
Anilin	+ 76	A III	T	R: 23/24/25 – 33 – 40 S: 28.1 – 36/37 – 44
Benzol	– 10	A I	T F	R: 45.2 – 11 – 23/24/25 – 48 S: 53 – 16 – 29 – 44
1-Butanol	+ 30	A II	X_n	R: 10 – 20 S: 16
2-Butanol	+ 24	A II	X_n	R: 10 – 20 S: 16
tert-Butanol	+ 11	B	X_n F	R: 11 – 20 S: 9 – 16
n-Butylacetat	+ 22	A II		R: 10
tert-Butylmethylether	– 28	A I	F	R: 11 S: 9 – 16 – 29 – 43.3
Chlorbenzol	+ 29	A II	X_n	R: 10 – 20 S: 24/25
Chloroform	nicht entflammbar	–	X_n	R: 47 – 20/22 – 38 – 40 – 48 S: 53 – 36/37
Cyclohexan	– 26	A I	F	R: 11 S: 9 – 16 – 33
Decahydronaphthalin (cis und trans) (Decalin)	+ 55	A II	X_n	R: 10 – 20 S: 24/25
Dichlormethan (Methylenchlorid)	nicht entflammbar	–	X_n	R: 20 – 40 S: 24
Diethylcarbonat	+ 30	A II		R: 10
Diethylenglycoldibutylether	+ 254*	–	–	–
Diethylenglycoldietylether	+ 82	–	–	–
Diethylenglycoldimetylether	+ 53	–		R: 10
Diethylether	– 40	A I	F+	R: 12 – 19 S: 9 – 16 – 29 – 33
Diisopropylether	– 23	A I	F	R: 11 – 19 S: 9 – 16 – 33
N,N-Dimethylformamid	+ 60	–	X_n	R: 47 – 20/21 – 36 S: 53 – 26 – 28.1 – 36
Dimethylsulfoxid (DMSO)	+ 95	–		S: 24/25
1,4-Dioxan	+ 12	B	X_n F	R: 11 – 36/37 – 40 S: 16 – 36/37
Essigsäure 100%	+ 40	–	C	R: 10 – 35 S: 2 – 23.2 – 26
Essigsäureanhydrid	+ 49	A II	C	R: 10 – 34 S: 26
Ethanol 100% und 96%	+ 12	B	F	R: 11 S: 7 – 16

* Siedepunkt

Achtung: Die Angabe "R: 10 – 20" bedeutet nicht "10 bis 20" sondern "10 und 20"

Lösungsmittel	Flammpunkt [°C]	Gefahrklasse	Gefahrenkennzeichnung Symbole	R-/S-Sätze
Ethylacetat	– 4	A I	F	R: 11 S: 16 – 23.2 – 29 – 33
Ethylenglycol	+ 111	–	X_n	R: 22 S: 2
Ethylenglycolmonoethylether	+ 44	–	X_n	R: 47 – 10 – 36 S: 53 – 24
Ethylenglycolmonomethylether	+ 46	–	X_n	R: 47 – 10 – 20/21/22 – 37 S: 53 – 24/25
Ethylformiat	– 34	A I	F	R: 11 S: 9 – 16 – 33
Ethylmethylketon	– 1	A I	F, X_i	R: 11 – 36/37 S: 9 – 16 – 25 – 33
Formamid	+ 155	–	X_n	R: 47 – 36/38 S: 53 – 26
Glycerin	+ 160	–	–	
n-Hexan	– 23	A I	X_n, F	R: 11 – 20 – 48 S: 9 – 16 – 24/25 – 29 – 51
Isobutanol	+ 28	A II	X_n	R: 10 – 20 S: 16
Isobutylmethylketon (Methylisobutylketon)	+ 16	A I	F	R: 11 S: 9 – 16 – 23.2 – 33
Methanol	+ 11	B	T, F	R: 11 – 23/25 S: 2 – 7 – 16 – 24
Methylacetat	– 10	A I	F	R: 11 S: 16 – 23.2 – 29 – 33
Nitrobenzol	+ 90	A III	T+	R: 26/27/28- 33 S: 28.3 – 36/37 – 45
n-Pentan	– 40	A I	F	R: 11 S: 9 – 16 – 29 – 33
1-Propanol	+ 15	B	F	R: 11 S: 7 – 16
2-Propanol (Isopropanol)	+ 12	B	F	R: 11 S: 7 – 16
Pyridin	+ 17	B	X_n, F	R: 11 – 20/21/22 S: 26 – 28.1
Schwefelkohlenstoff	– 30	A I	T+, F+	R: 47 – 12 – 26 S: 53 – 27 – 29 – 33 – 43.3 – 45
Tetrachlorkohlenstoff	nicht entflammbar	–	T+	R: 26/27 – 40 S: 2 – 38 – 45
Tetrahydrofuran (THF)	– 20	B	X_i, F	R: 11 – 19 – 36/37 S: 16 – 29 – 33
Tetrahydronaphthalin (Tetralin)	+ 78	A III	X_i	R: 36/38
Toluol	+ 6	A I	X_n, F	R: 47 – 11 – 20 S: 53 – 16 – 25 – 29 – 33
Trichlorethylen	nicht entflammbar	–	X_n	R: 40 S: 23.2 – 36/37
Xylol (Isomerengemisch)	+ 25	A II	X_n	R: 10 – 20/21 – 38 S: 25

Achtung: Die Angabe "R: 10 – 20" bedeutet nicht "10 bis 20" sondern "10 und 20"

Vorsichtsmaßnahmen

Beim Umgang mit diesen Lösungsmitteln ist stets für gute Lüftung zu sorgen (eventuell ist Atemschutz zu tragen). Selbstverständlich sind jegliche Zündquellen fernzuhalten (also keine offenen Flammen, keine funkenreißenden Werkzeuge!)
Achtung: Die meisten Laborgeräte haben keinen ex-Schutz!

Wegen der Feuergefahr dürfen besonders leicht brennbare Flüssigkeiten nicht für Spülzwecke verwendet werden. Erhöhte Explosionsgefahr besteht, wenn diese Flüssigkeiten in Ausgüsse, Waschbecken oder Kanäle gelangen. Zur Entsorgung geschlossene Sammelbehälter benutzen, wie im Kapitel "Sammlung von Laborabfällen", Seite 174 beschrieben.

Auf die Gefahren durch elektrostatische Aufladung, z.B. beim Umfüllen brennbarer Lösungsmittel, wird besonders hingewiesen (siehe Seite 54).

2.1.2 Peroxide in Lösungsmitteln

Die Gefährlichkeit von *Etherperoxiden* ist allgemein bekannt. Dennoch wird sie oft unterschätzt, so daß es beim Abdestillieren von Ethern gelegentlich zu Explosionen kommt. Ist die Präsenz von Peroxiden im Destillationsgemisch nicht eindeutig geklärt, so muß die Destillation aus Sicherheitsgründen abgebrochen werden, wenn noch mindestens ein Viertel des Volumens im Destillations-Kolben vorhanden ist. Peroxid-Explosionen von hoher Brisanz können auch erfolgen, wenn Behälter mit peroxidhaltigen Flüssigkeiten erschüttert werden oder wenn beim Öffnen einer Flasche die im Flaschenhals vorhandenen Peroxide durch die verursachte Reibung gezündet werden. Diese Gefahren treten außer bei Ethern auch bei anderen Flüssigkeiten auf, die zur Peroxidbildung neigen, z.B. bei ungesättigten Kohlenwasserstoffen, Aldehyden, Ketonen und Tetralin.

Bestimmung von Peroxiden

Zur Vermeidung von Unfällen mit peroxid-gefährdeten Lösungsmitteln müssen diese regelmäßig auf Peroxide geprüft werden, auf alle Fälle aber kurz vor ihrer Verwendung. Die Entfernung von evtl. vorhandenen Peroxiden ist aus Gründen der Arbeitssicherheit von großer Bedeutung. Voraussetzung für eine möglichst quantitative, gleichzeitig aber auch möglichst wirtschaftliche, Entfernung der Peroxide ist die zuverlässige Information über den im Einzelfall vorliegenden Gehalt an Peroxiden. Die bislang in der Literatur beschriebenen Methoden weisen den Nachteil auf, daß sie nur eingeschränkt einsetzbar sind, z.B. durch Bildung von 2 Phasen bei wässerigen Reagenzien oder weil sie keine Erfassung der polymeren Peroxide oder nur qualitative Aussagen erlauben.

Dies gilt zum Teil für die klassischen Methoden durch Ausschütteln der zu prüfenden Lösungsmittel mit schwefelsaurer Titan(IV)-sulfat-Lösung. Eine andere Methode besteht darin, daß man ca. 10 ml des zu prüfenden Ethers mit ca. 5 ml einer 5 %igen Kaliumiodid-Lösung, die mit einem Tropfen verdünnter Schwefelsäure angesäuert wurde, unterschichtet. Etwa noch vorhandene Peroxide geben sich durch Iod-Ausscheidung zu erkennen. Die Empfindlichkeit dieser Reaktion wird durch Zugabe einer Spatelspitze löslicher Stärke vergrößert. Diese Methoden sollten allerdings nur als qualitative Vortests benutzt werden.

– *Mit Perex-Test®*

Mit diesem fertigen Reagenziensatz steht ein zuverlässiges Nachweissystem für Peroxide zur Verfügung, welches folgende Forderungen erfüllt:

- Nachweis von Peroxiden sowohl in wässerigem als auch organischem Milieu.
- Peroxidbestimmung in organischen Lösungsmitteln in *einer* Phase.
- Erfassung von Hydroperoxiden *und* polymeren Peroxiden.
- Quantitative Bestimmung möglich.

VORSCHRIFT 1

1. Überprüfen, ob die zu untersuchende Substanz Schwierigkeiten bereitet (siehe: Wichtige Hinweise).
2. In das dem Prüfer zugewandte innere Glas 2 ml zu prüfende Substanz füllen, in das andere Glas 3 ml.
3. In das innere Glas 1 ml Perex-Test®-Reagenz zugeben, kurz schütteln.
4. Beide Gläser in den schwarzen Komparatorblock stellen und Farbskala darunterschieben. Das innere Glas, das die Probe enthält, befindet sich auf der Seite der weißen Farbpunkte.
5. Wert 1: Nach 3 Minuten die beiden Prüfgefäße mit dem Komparator auf der Farbskala hin und her bewegen, bis in der Aufsicht die Farbe in beiden Gläsern möglichst gut übereinstimmt.
6. Gläser schließen, 25 Minuten warten.
7. Wert 2: Gläser öffnen, Farbvergleich wiederholen.
8. Auswertung

   a) Wert 1 entspricht der Konzentration an Wasserstoffperoxid bzw. Etherperoxiden (gemessen in mg H_2O_2/l).

   b) Wert 2 beinhaltet Wert 1 sowie rd. den halben Wert der Konzentration an *polymeren Peroxiden* (gemessen in mg H_2O_2/l).
   (Wert 2 – Wert 1) x 2 = Konzentration an polymeren Peroxiden.

   c) Peroxid-Gesamtkonzentration: a) + b).

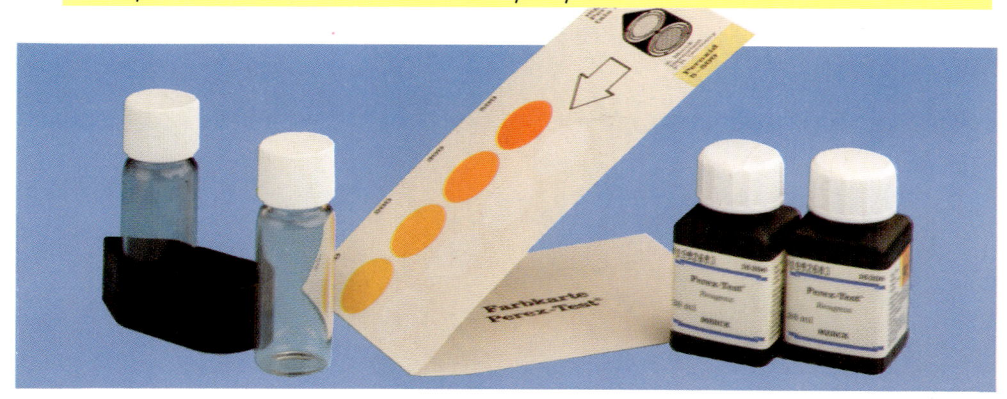

Abb. 12: Der Perex-Test® ermöglicht in einfacher und zuverlässiger Weise die quantitative Bestimmung von Peroxiden in wässerigem Milieu und organischen Lösungsmitteln.

Wichtige Hinweise

- Bei wässerigen Lösungen stören Fluorid und Phosphat.
- Für die Ermittlung eines korrekten Farbwertes ist eine einheitliche Phase erforderlich. Ist dies nicht der Fall, so kann sie durch Zugabe von Methanol erreicht werden. Zur Messung darf nur eine Teilmenge von 3 ml verwendet werden. Die gemessenen Werte müssen dann, der Verdünnung entsprechend, multipliziert werden.
- Prüfung auf Vollständigkeit der Peroxid-Vernichtung.

Wenn die zu prüfende Substanz mit Perex-Kit® (siehe unten) behandelt worden ist, muß wie folgt vorgegangen werden:

- 10 ml der mit Perex-Kit® behandelten Lösung vorlegen.
- Eine Spatelspitze Ionenaustauscher II (schwach basisch) zugeben, umschütteln, absitzen lassen und die überstehende Lösung (Prüflösung) abgießen. Es darf kein Ionenaustauscher in die Prüflösung gelangen!
- Prüfen wie in Vorschrift 1 beschrieben.

- *Mit Merckoquant® Peroxid-Test*

Trotz einfacher Handhabung erlauben diese Teststäbchen sowohl den qualitativen Nachweis als auch die halb-quantitative Bestimmung von Peroxiden durch Vergleich an einer aufgedruckten Farbskala.

Mit den Teststäbchen lassen sich anorganische und organische Verbindungen nachweisen, die eine Peroxid- oder Hydroperoxidgruppe enthalten. Der Test ist daher zur Routine-Kontrolle einfacher Ether wie *Diethylether*, *Tetrahydrofuran* und *Dioxan* gut geeignet. Polymere Peroxide, die sich unter Umständen auch in einfachen Ethern bilden können, werden allerdings nicht oder nur mit verminderter Empfindlichkeit angezeigt. In diesen Fällen sollte mit Perex-Test® gemessen werden (siehe oben).

Eine ausführliche Gebrauchsanweisung, die jeder Packung beiliegt, beschreibt die Anwendung bei wässerigen Lösungen sowie bei leichtflüchtigen und schwerflüchtigen Ethern, die mit Wasser mischbar oder nicht mischbar sind. Es können noch 0,5 ml/l (ppm) H_2O_2 in wässeriger Lösung oder in organischen Lösungsmitteln nachgewiesen werden. Ausführlichere Hinweise stehen auch im Handbuch Merckoquant®-Tests der Firma Merck.

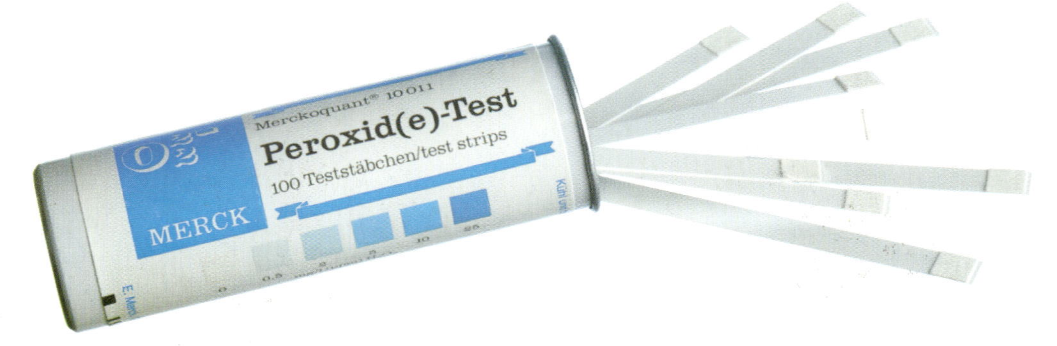

Abb. 13: Mit den Peroxid-Teststäbchen lassen sich Peroxide einfacher Ether schnell qualitativ und halb-quantitativ bestimmen.

Entfernung von Peroxiden

In den Praktikumsbüchern der organischen Chemie gibt es zahlreiche Vorschläge, wie Peroxide in organischen Lösungsmitteln zerstört werden können. Jedoch haben alle bisher vorgeschlagenen Methoden den Nachteil, daß sie nur in Teilbereichen einsetzbar sind, z.B. nur zur Entfernung von Hydroperoxiden (nicht von polymeren Peroxiden) oder nur in Lösungsmitteln, die mit Wasser nicht mischbar sind.

– *Mit Perex-Kit®*

Mit Perex-Kit® steht ein Reagenz zur Peroxid-Vernichtung zur Verfügung, das die oben beschriebenen Nachteile überwindet. Perex-Test® gibt mit praktisch allen gebräuchlichen Lösungsmitteln homogene Phasen. Die in Einzelfällen auftretenden heterogenen Gemische lassen sich aber sehr leicht homogenisieren (siehe Vorschrift 2 "Störungen und ihre Beseitigung"). Hydroperoxide werden praktisch augenblicklich zerstört, polymere Peroxide innerhalb von max. 30 Minuten.

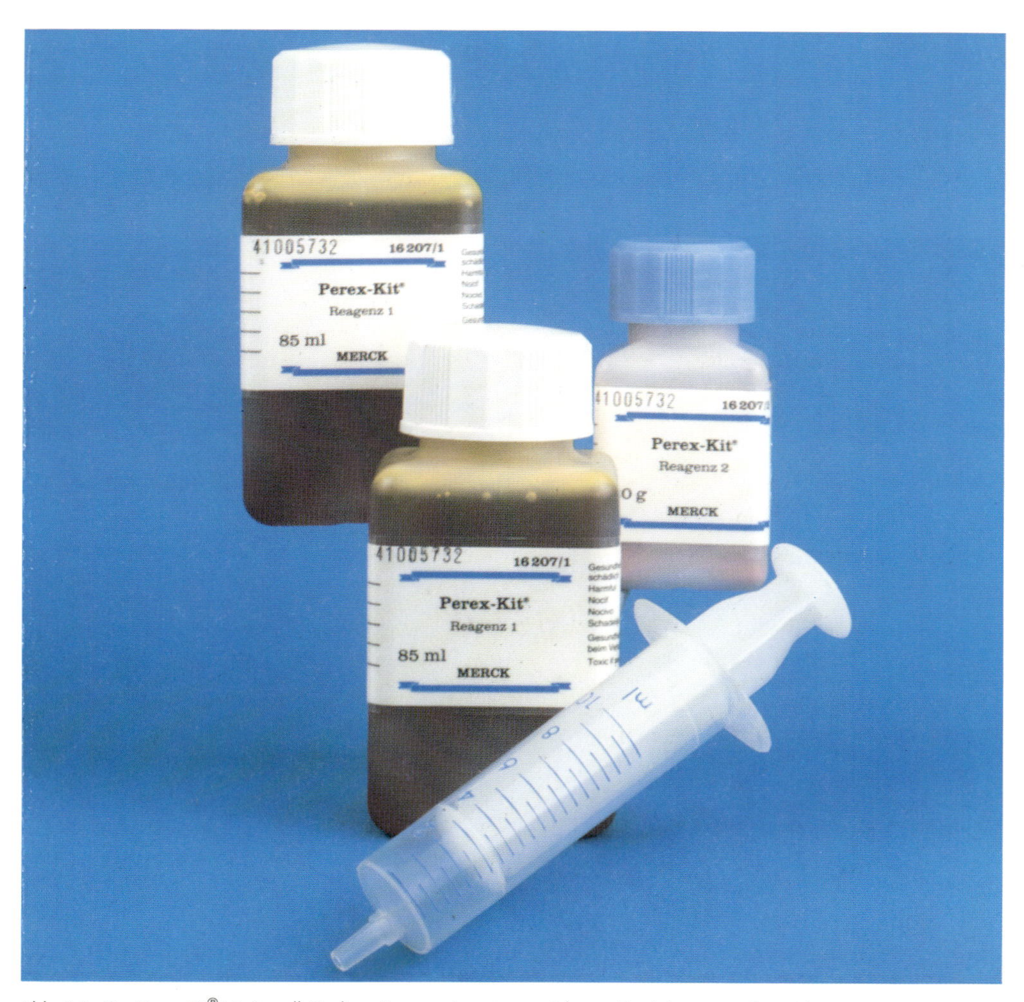

Abb. 14: Der Perex-Kit® ist ein vollständiger Reagenziensatz zur sicheren Vernichtung von Peroxiden.

Peroxid-Gehalt bekannt (bestimmt z.B. mit Perex-Test®, siehe Vorschrift 1)

VORSCHRIFT 2

1. Dosierung

   Pro 100 mg Peroxid (als H_2O_2 gemessen) sind erforderlich:
   Reagenz 1: 4 ml
   Reagenz 2: 2 gestrichen gefüllte Micro-Dosierlöffel (entspricht ca. 0,4 g)

   Beispiel: 500 ml Lösung mit 200 mg H_2O_2/l. Diese Lösung enthält 100 mg Peroxid.
   Zur Vernichtung sind einzusetzen:
   Reagenz 1: 4 ml
   Reagenz 2: 2 Micro-Dosierlöffel.

2. Peroxid-Vernichtung

   Erforderliche Apparatur: Mehrhalskolben mit Rührer, Rückflußkühler, Heizung, evtl. Tropftrichter. Inert-Begasung vorsehen.

   – Reagenz 1 und 2 vorlegen: Mengen wie in 1 berechnet.
   – Das zu behandelnde Lösungsmittel zutropfen (durch die Zutropfgeschwindigkeit ist die Stärke der exothermen Reaktion steuerbar). Zum frühestmöglichen Zeitpunkt rühren.
   – Nach beendeter Zugabe unter Rühren zum Rückfluß erhitzen (mind. 15 Minuten; bei Konzentration an polymeren Peroxiden von ≥300 mg/l mind. 30 Minuten). Abkühlen unter Inertgas.

3. Prüfung auf Vollständigkeit der Peroxid-Vernichtung mit Perex-Test®: wie in Vorschrift 1 beschrieben

4. Isolierung der peroxidfreien Substanz

   Erforderlich: Destillations-Apparatur (Auslegung bzw. Trennschärfe ist vom Verwendungszweck der Substanz abhängig).

   Für die meisten Anwendungen genügt eine normale Destillation (Reaktionsprodukte im Vorlauf bzw. Destillationsrückstand).

   Sonderfälle

   – 1,4-Dioxan: Dioxan-Peroxide bilden Formaldehyd (dies kann sich im Kühler als Paraformaldehyd abscheiden). 1,4-Dioxan nach Destillation mit KOH behandeln und Destillation wiederholen.
   – Dibenzylether: Trennung von Reaktionsprodukten und Reagenzien schwierig (ähnliche Siedepunkte).

Wichtige Hinweise

– Reaktionsdauer

  Zur schnelleren Durchführung der Vernichtung kann bei Peroxid-Gehalten unter 500 mg H_2O_2/l das zu behandelnde Lösungsmittel vorgelegt werden.

– Farbe des Ansatzes

  Bei richtiger Dosierung wechselt sie immer wie folgt:
  braungelb → gelb → grün → blau → farblos.
  Es muß stets ein Überschuß an Reagenz 2 (Bodenkörper) vorliegen.

  Achtung: Die Vernichtung der Peroxide kann schon vollständig sein, bevor die Lösung farblos wird.

– Störungen und ihre Beseitigung

  – Trübung nach dem Zugeben der Reagenzien (verursacht durch Tröpfchenbildung; zu erwarten bei hoher Reagenz-Konzentration wegen hohem Peroxid-Gehalt): entweder kräftiger rühren oder dem Ansatz einen Alkohol mit deutlich höherem Siedepunkt als dem der behandelten Substanz zusetzen.

  – Trübblaue Lösung gegen Ende der Reaktion (Lösung ist unwirksam); zu erwarten:

    a) bei Vorliegen basischer Substanzen im Ansatz: Zugabe von konzentrierter Salzsäure

    b) bei zu niedrig bestimmter Peroxid-Konzentration: Zugabe von zusätzlichem Reagenz 1 + 2

Peroxid-Konzentration unbekannt bzw. nicht bestimmbar

VORSCHRIFT 3

1. Dosierung

   Zu empfehlen sind Vorversuche im kleinen Maßstab: 250 ml zu behandelnde Substanz vorlegen, dann zugeben:
   Reagenz 1: 2, 4, 6 ... ml
   Reagenz 2: 1, 2, 3 ... Micro-Dosierlöffel
   Apparatur: wie in Vorschrift 2 beschrieben.

2. Peroxid-Vernichtung

   Apparatur: wie in Vorschrift 2 beschrieben.
   Methode: wie in Vorschrift 2 beschrieben.
   Prüfung auf Vollständigkeit: wie in Vorschrift 1 beschrieben.

3. Isolierung der peroxidfreien Substanz

   Wie in Vorschrift 2 beschrieben.

– *Mit Eisen(II)-sulfat*

VORSCHRIFT 4

Peroxid-haltige Lösungsmittel werden vor ihrer weiteren Verwendung mit einer frisch hergestellten Eisen(II)-sulfat-Lösung geschüttelt:

Pro Liter Ether 10 g Eisen(II)-sulfat, gelöst in etwa 40 ml verdünnter Schwefelsäure: 10 g Eisen(II)-sulfat reichen für etwa 600 mg H_2O_2. Diese Prozedur wird so oft wiederholt, bis kein Peroxid mehr im Lösungsmittel nachgewiesen werden kann.

Wichtige Hinweise

- Die Reaktion ist stark exotherm.
- Bei Mengen über 500 mg H_2O_2/l empfiehlt sich die Kühlung des Ethers.
- Bei hohem Peroxid-Gehalt ist es besser, umgekehrt den Ether in kleinen Anteilen zu der schwefelsauren Eisen(II)-sulfat-Lösung zu geben.

– *Mit Aluminiumoxid*

VORSCHRIFT 5

Die Peroxid-Befreiung geschieht durch einfaches "Filtrieren" des entsprechenden Lösungsmittels über eine Glassäule mit Aluminiumoxid. Aktive Aluminiumoxide sind nämlich nicht nur in der Lage Flüssigkeiten zu trocknen, sondern sie entfernen aus ihnen auch andere polare Verunreinigungen. Als saure Verbindungen werden die Hydroperoxide an der Oberfläche des basischen Aluminiumoxids "salzartig" adsorbiert. Die Kapazität des Aluminiumoxids zur Entfernung von Peroxiden hängt außer vom Gehalt an Peroxiden auch vom Wassergehalt des zu trocknenden Lösungsmittels ab. Als Richtwert gilt, daß mit 30 g Aluminiumoxid (in einer Säule von 20 mm Durchmesser) bei trockenem Lösungsmittel

- 250 ml Diethylether
- 100 ml Diisopropylether
- 25 ml 1,4–Dioxan

von Peroxid befreit werden können. Wegen der Explosionsgefahr der aufgenommenen Peroxide darf das eingesetzte Aluminiumoxid nach Gebrauch nicht regeneriert werden!

– *Mit Natrium-Blei-Legierung*

VORSCHRIFT 6

Genau wie beim Trocknen mit Natrium-Draht werden auch beim Einsatz von Natrium-Blei-Legierung gleichzeitig die Peroxide entfernt. Weitere Hinweise siehe Kapitel "Sicheres Trocknen", Seite 99.

– *Mit Molekularsieb*

VORSCHRIFT 7

Nach D. R. Burfield[1] ist es möglich, Tetrahydrofuran und andere aliphatische Ether (wie Diethylether und Diisopropylether) mit Hilfe von Molekularsieb 0,4 nm mit Feuchtigkeits-Indikator von Hydroperoxiden zu befreien. Allerdings werden die reaktionsträgen Dialkylperoxide nicht eliminiert. Die Methode funktioniert sowohl statisch bei Raumtemperatur als auch durch Kochen unter Rückfluß in Stickstoff-Atmosphäre. Gleichzeitig werden auch die überlegenen Trocknungseigenschaften des Molekularsiebes ausgenutzt.

TBME ist ein peroxid-freier Ether

tert-Butylmethylether (TBME) bleibt aufgrund seines quaternären C-Atoms – geschützt vor starker UV-Strahlung – immer peroxidfrei. Wegen seiner vergleichbaren Eigenschaften kann er in vielen Fällen anstelle von Diethylether eingesetzt werden.

Tabelle 4: **Eigenschaften von tert-Butylmethylether**

Parameter	**Diethylether**	**tert-Butylmethylether**
Schmelzpunkt [°C]	– 116,2	– 108,6
Siedepunkt [°C]	34,2	55,2
Brechungsindex n 20°/D	1,353	1,369
Viskosität / 20 °C [mPa·s]	0,24	0,27
Dipolmoment / 20 °C [Debye]	1,15	1,32
Mischbarkeit mit Wasser 25 °C [g/100g]	6,4	5,1
Wasseraufnahme / 20 °C [g/100g]	1,2	1,5
Verdampfungs-Enthalpie / Kp [KJ/kg]	392	342
Dampfdruck / 20 °C [mbar]	587	417
Flammpunkt [°C]	– 40	– 28
Zündfähiges Gemisch [Vol %]	1,7 – 3,6	1,6 – 8,4
VbF-Klasse	A I	A I
Polaritätsindex	2,9	2,9

UV-Durchlässigkeit (Diethylether)

Wellenlänge [nm]	220	230	250	280	ab 300
Durchlässigkeit [%]	30	50	75	95	98

UV-Durchlässigkeit (tert-Butylmethylether)

Wellenlänge [nm]	230	240	250	270	ab 280
Durchlässigkeit [%]	45	60	75	95	98

1 D. R. Burfield, J. Org. Chem. *47*, 3821 (1982)

■ **Sicheres Aufbewahren von Ethern**

Als saure Verbindungen werden die Hydroperoxide durch Alkalien salzartig umgesetzt. So bleibt z.B. Diethylether beim Trocknen über Natrium-Draht peroxidfrei. Hierbei müssen allerdings folgende Nachteile in Kauf genommen werden: die nicht unproblematische Prozedur mit der Natrium-Presse und die nicht ungefährliche Desaktivierung der verbrauchten Natrium-Reste im Lösungsmittel. Problemloser in dieser Hinsicht ist die Verwendung von Natrium-Blei-Legierung (siehe Seite 99).

2.1.3 Elektrostatische Aufladungen

Elektrostatische Aufladungen treten auf, wenn in strömenden Flüssigkeiten oder Gasen Ladungen getrennt werden. Dabei können erhebliche Spannungen auftreten. Die durch Entladung entstehenden Funken können explosive Dampf-Luft-Gemische durch Zündung zur Verpuffung oder zur Explosion bringen. Substanzen, bei denen diese Gefahr auftreten kann, sind auf dem Etikett durch den Sicherheitsratschlag S 33 gekennzeichnet:

S 33 Maßnahmen gegen elektrostatische Aufladungen treffen.

■ **Gefahrenquellen**

Mit elektrostatischen Aufladungen ist zu rechnen:

- beim Befüllen nicht leitfähiger Behälter (z.B. aus Kunststoff) mit nicht leitfähigen Flüssigkeiten wie Aceton, Cyclohexan, Diethylether, Schwefelkohlenstoff, Toluol.
- beim schnellen Ausströmen von Gasen wie Acetylen, Kohlendioxid, Wasserstoff, die Feststoffteilchen, wie Rost oder Flüssigkeitströpfchen, enthalten.
- bei Personen, die beim Gehen gegen die Erde isoliert sind, z.B. durch Schuhe oder Fußböden aus nicht leitfähigem Material (Isolatoren).

■ **Vorsichtsmaßnahmen**

Beim Umfüllen aufladbarer Flüssigkeiten können diese Gefahren durch folgende Maßnahmen vermieden werden:

- Langsam und nicht in freiem Fall ausgießen.
- Nur Gefäße und Geräte miteinander kombinieren, die entweder leitfähig oder nicht leitfähig sind: also keine Metalltrichter auf Glas- oder Kunststoff-Gefäßen verwenden!
- Leitfähige Gefäße und Geräte untereinander leitfähig verbinden und erden.
- Nur Trichter verwenden, die bis dicht auf den Boden des Gefäßes reichen, um das Verspritzen und Zerstäuben der einlaufenden Flüssigkeit zu verhindern.
- Für die Entnahme aus Fässern mit 3/4"–Öffnung steht ein Hahn zur Verfügung, der zur Erdung mit einer Antistatik-Vorrichtung ausgerüstet ist (siehe "Sicherheits-Hahn", Seite 96).

Weitere wichtige Hinweise sind in den Richtlinien über elektrostatische Aufladungen zusammengefaßt (Bezug siehe "Druckschriften mit Anschriften", Seite 200).

2.1.4 Explosionsgefährliche Chemikalien

Stoffgruppen und Kennzeichnung

Explosionsgefährliche Stoffe und Gemische sowie brandfördernde Substanzen müssen im Labor mit besonderer Aufmerksamkeit und Sorgfalt gehandhabt werden. Um mögliche Gefahren in Labor und Lager von vornherein auszuschließen, werden sie vom Hersteller durch entsprechende Symbole auf dem Etikett gekennzeichnet:

Abb. 15: Zum Symbol gehört immer die entsprechende Gefahrenbezeichnung.

Sie tragen zusätzlich entsprechend ihren Eigenschaften folgende gesetzlich vorgeschriebenen Gefahrenhinweise:

R 2	Durch Schlag, Reibung, Feuer und andere Zündquellen explosionsgefährlich.
R 3	Durch Schlag, Reibung, Feuer und andere Zündquellen besonders explosionsgefährlich.
R 8	Feuergefährlich bei Berührung mit brennbaren Stoffen.
R 9	Explosionsgefahr bei Mischung mit brennbaren Stoffen.
R 11	Leichtentzündlich.

In der folgenden Zusammenstellung sind die häufiger im Labor verwendeten explosionsgefährlichen Chemikalien aufgeführt:

- Acetylen-Salze und Derivate des Acetylens
- Chlorstickstoff
- Diazonium-Salze
- 1-Hydroxybenzotriazol
- Knallsäure-Salze (Fulminate)
- Nitroso- und Nitroverbindungen, organische
- Peroxide, organische
- Percarbonsäuren
- Salpetersäureester
- Silber- und Gold-Salze
- Stickstoffwasserstoffsäure und ihre Salze (Azide)

Mischungen oxidierender Substanzen (z.B. Nitrate, Chromate, Chlorate, Perchlorate, rauchende Salpetersäure, Nitriersäure, konzentrierte Perchlorsäure und Wasserstoffperoxid-Lösungen mit über 30% Gehalt an H_2O_2) mit brennbaren oder reduzierenden Stoffen, können ebenfalls explosionsgefährlich sein. Rauchende Salpetersäure reagiert z.B. explosionsartig mit Aceton, Alkohol, Diethylether, Terpentinöl. Derartige Mischungen dürfen nur zum direkten Verbrauch hergestellt werden. Reste sind sofort ordnungsgemäß durch geeignete chemische Umsetzungen zu desaktivieren.

Phlegmatisierte Reagenzien

Definition: Unter Phlegmatisierung versteht man die Herabsetzung der Empfindlichkeit eines Explosivstoffes gegen z.B. Schlag, Reibung, Stoß und Erschütterung durch Anteigen dieser Substanz mit Wasser oder anderen inerten Verdünnungsmitteln.

Zur Gewährleistung der Sicherheit bei Transport, Lagerung und Umgang werden explosionsgefährliche Chemikalien schon vom Hersteller in verdünnter Form in den Handel gebracht.

Als Beispiele seien die wichtigen Indikatoren 2,4- und 2,5-Dinitrophenol genannt. Daher ist auch hier eine geeignete Verdünnung erforderlich, die sogenannte "Phlegmatisierung".

Nachstehend eine Liste von Reagenzien aus dem Lieferprogramm der Firma Merck, die aus Sicherheitsgründen nur in phlegmatisierter Form geliefert werden. Selbstverständlich dürfen diese Substanzen vor ihrem Einsatz im vorgesehenen Labor-Experiment auf keinen Fall, z.B. im Trockenschrank, getrocknet werden. Auf die Bedeutung und Herkunft der erweiterten Zahlen-Codes in dieser Tabelle wird im Abschnitt "Standardisierte Sicherheit – das Etikett", Seite 10 näher eingegangen.

Tabelle 5: **Phlegmatisierte Reagenzien und ihre Gefahrenkennzeichnung**

Bezeichnung	**Gefahrenkennzeichnung**	
	Symbole	**R- / S-Sätze**
Ammoniumdichromat (mit 0,5 – 3% Wasser)	E, T	R: 45.3[1] – 1 – 8 – 36/37/38 – 43 S: 53 – 28.1
α,α'-Azoisobutyronitril	E, X_n	R: 2 – 22 – 36/38 S: 35 – 36
Benzoylperoxid (mit 25% Wasser)	E, X_i	R: 3 – 36/37/38 S: 3/7/9 – 14.9 – 27 – 37/39
tert-Butylhydroperoxid (70%ige Lösung in Wasser)	O, C	R: 11 – 22 – 34 S: 3/7/9 – 14.11 – 26 – 36/37
tert-Butylhydroperoxid (80%ige Lösung in Di-tert-butylperoxid)	O, C	R: 11 – 22 – 34 S: 3/7/9 – 14.11 – 26 – 36/39
3-Chlorperbenzoesäure (mit 35% Wasser und 10% 3-Chlorbenzoesäure)	keine Gefahrenkennzeichnung	
Cumolhydroperoxid (80%ige Lösung in Cumol)	O, C	R: 11 – 35 S: 3/7/9 – 14.11 – 27 – 37/39
2,4-Dinitrophenol (α-Dinitrophenol) (mit 0,5 ml H_2O/g)	T	R: 1 – 23/24/25 – 33 S: 28.1 – 37 – 44
2,5-Dinitrophenol (γ-Dinitrophenol) (mit 0,5 ml H_2O/g)	T	R: 1 – 23/24/25 – 33 S: 28.1 – 37 – 44
2,4-Dinitrophenylhydrazin (mit 0,5 ml H_2O/g)	X_n	R: 1 – 22 – 36/38 S: 25
Pikrinsäure (mit 0,5 ml H_2O/g)	T	R: 1 – 23/24/25 S: 28.1 – 44

1 in atembarer Form

Explosionsgefährliche Gase

Zur Explosivität von Gasen und ihren Explosionsgrenzen siehe untenstehendes Kapitel "Umgang mit Laborgasen".

Sicherheitsmaßnahmen

Wegen der begrenzten Bedeutung explosiver Stoffe für die präparative Chemie im Labormaßstab würde es zu weit führen, an dieser Stelle im Detail auf die bei Herstellung, Lagerung und Transport einzuhaltenden Sicherheitsmaßnahmen einzugehen. Nur soviel sei hier erwähnt, daß hochsensible Stoffe (das sind solche, die bereits bei mäßigem Reiben in der Reibschale detonieren, wie z.B. Knallquecksilber, Blei- und Silberazid, Bleisalze der Pikrinsäure) nur in Mengen von max. 1 – 2 g an allseitig abgeschirmten Arbeitsplätzen gehandhabt werden dürfen. Dabei ist darauf zu achten, daß Überhitzung, Schlag, Reibung, Flammennähe, Funkenbildung und gefährlicher Einschluß peinlichst zu vermeiden sind.

Auch muß hier auf die explosiven Reaktionen von Edelmetall-Verbindungen hingewiesen werden, wie erst kürzlich von W. Hasenpusch beschrieben. Zur Vollständigkeit muß ergänzt werden, daß organische Peroxide zusätzlich zu ihren explosiven Eigenschaften eine stark ätzende Wirkung haben, die am Auge zur Erblindung und auf der Haut zu irreversiblen Schädigungen (Nekrosen) führen kann.

Explosionsgefährliche Substanzen dürfen nicht in Glasgefäßen mit ungefetteten Schliffen aufbewahrt werden, da bereits die Zerreibung von Kristallen im Schliff ausreicht, um eine gefährliche Detonation auszulösen. Diese Stoffe sind unter ständiger Kontrolle aufzubewahren, um eine Aufhebung der Phlegmatisierung (z.B. durch Austrocknung) zu vermeiden. Selbstverständlich sind beim Umgang die entsprechenden persönlichen und technischen Schutzmaßnahmen (Schutzbrille oder/und Gesichtsschutzschild, dicke Lederhandschuhe und splittersichere Schutzscheibe) vorzubereiten.

Ausführlichere Hinweise auf Sicherheitsmaßnahmen findet man in der Literatur:

- W. Hasenpusch, Explosive Reaktionen mit Edelmetall-Verbindungen
  Chemiker-Zeitung *111*, *57* (1987)
- Houben-Weyl, Methoden der organischen Chemie
  im Band "Allgemeine Laboratoriumspraxis"
- Ullmanns Encyklopädie der technischen Chemie
  unter dem Begriff "Sprengstoffe"
- ZH1-Verzeichnis der gewerblichen Berufsgenossenschaften
  unter "Explosionsschutz" und "Explosivstoffe"
- Roth-Weller, Gefährliche chemische Reaktionen
  ecomed Verlagsgesellschaft, Landsberg/Lech
- Sprenstoffgesetz und Spreng-Verordnungen

2.1.5 Umgang mit Laborgasen

Allgemeine Hinweise

Laborgase werden in zwei unterschiedlich großen Druckbehältern geliefert:
in handlichen halblitergroßen Lecture Bottles und in Stahlzylindern von 7 – 10 Liter Größe.
Der Umgang mit Druckgasen erfordert eine gründliche Kenntnis der möglichen Gefahren:

- Feuer- und Explosionsgefahr
- Giftigkeit
- unkontrolliertes Ausströmen durch falsche oder defekte Armaturen, etc.

Deshalb sollte die Handhabung von Druckgasen nur geschultem Personal vorbehalten bleiben. Die Arbeit darf erst nach eingehender Beschäftigung mit den Substanzeigenschaften und Gefahrenquellen begonnen werden.

Vor dem Handhaben von Druckgasen sind unbedingt die Gefahrenhinweise und Sicherheitsratschläge auf dem Etikett zu beachten. Beim Einleiten von Gasen in Flüssigkeiten müssen Vorrichtungen eingebaut werden, die bei Druckabfall ein Zurücksteigen der Flüssigkeit in die Leitung oder in das Entnahmegefäß verhindern; hierzu eignen sich ausreichend bemessene Sicherheitsflaschen.

Die Entnahme von Gasen aus Druckgasflaschen darf nur über zugelassene Entnahme-Ventile erfolgen; die Ventile sind vorsichtig zu öffnen. Stahlflaschen mit brennbaren Gasen sind am Ventil mit Linksgewinde ausgerüstet, alle übrigen haben Rechtsgewinde.

Die Ventile der Lecture Bottles richten sich nach der Korrosivität der Gase: Flaschen mit nichtkorrosiven Gasen sind mit einem Handrad ausgestattet, Flaschen mit korrosiven Gasen sind mit einer Schraube versehen, die sich nur mit einem mitgelieferten Schraubenschlüssel öffnen läßt.

Abb. 16: Lecture Bottles sind handliche Druckgasflaschen, die im Labor leicht transportiert und bequem gehandhabt werden können.

13 Sicherheitsregeln für den Umgang mit Druckgasen

1. Für die Lagerung nur gut gelüftete, trockene und feuerbeständige Plätze wählen.
2. Vor Einwirkung von Wärme (auch direkter Sonneneinstrahlung) schützen.
3. Druckgasbehälter nicht werfen und gegen Umfallen (z.B. durch Anketten) sichern.
4. Leere Gasbehälter deutlich gekennzeichnet und getrennt von den gefüllten aufbewahren. Für die Kennzeichnung eignen sich Scriptosure®-Etiketten (nähere Informationen siehe Seite 211).
5. Im Labor nur Gase aufbewahren, die gerade zur Arbeit benötigt werden.
6. Gasentnahme nur mit Reduzierventil durchführen. Bei Gasen mit Eigendruck (bis etwa 6 bar bei 20 °C) auch mit Nadelventil.
7. Flaschenventil nach Gebrauch stets schließen und Entnahmeventil zur Entspannung öffnen, damit die gesamte Entnahme-Einrichtung nicht unter Druck steht.
8. Bei korrosiven Gasen Entnahme-Einrichtung nach Gebrauch sofort reinigen.
9. Nach Gebrauch und zum Transport Schutzkappen aufschrauben. Lecture Bottles haben keine Schutzkappen.
10. Ventile zur Entnahme oxidierender Gase (z.B. Sauerstoff) frei von Öl, Fett und Glycerin halten.
11. Giftige und korrosive Gase nur im Abzug handhaben.
12. Um das Eindringen von Fremdstoffen in die Druckflasche zu vermeiden (Korrosion!), Gasflaschen nicht unter einen Restdruck von 2 bar entleeren.
13. Schwere Druckgasflaschen prinzipiell nur mit Spezialkarre transportieren.

Gasentnahme aus Druckgasflaschen

Zur gefahrlosen Gasentnahme nur geeignete Armaturen (Druckminderer und Nadelventile mit oder ohne Manometer) verwenden. Auf dem Etikett (z.B. bei den Laborgasen der Firma Schuchardt) werden bei jedem einzelnen Gas die vorgeschriebenen Armaturen angegeben. Bei stark oxidierenden Gasen, wie Sauerstoff oder Distickstoffoxid, müssen die Armaturen frei von Öl, Fett und Glycerin gehalten werden.

Gebrauchte Entnahme-Einrichtungen dürfen niemals ohne vorherige Reinigung für Gase verwendet werden, die mit dem ersten Gas reagieren können. Nach Gebrauch muß das Flaschenventil unbedingt wieder geschlossen werden. Das Entnahmeventil muß geöffnet werden, damit die Armatur nicht unnötig lange unter Druck steht.

Entnahme-Einrichtung in geschlossenem Zustand auf die Austrittsöffnung aufschrauben und danach erst das Flaschenventil soweit öffnen wie erforderlich. Dann Entnahmeventil oder Druckminderer langsam zur gewünschten Entnahme öffnen. Treten beim Öffnen ernstliche Schwierigkeiten auf, so sollte man unverzüglich beim Lieferanten zurückfragen.

Zum Beschleunigen der Verdampfung von verflüssigten Gasen dürfen Druckgasflaschen nur in einem kontrolliert beheizten Bad bis max. 50 °C bzw. mit feuchten, heißen Tüchern oder durch Berieselung erwärmt werden.

Arbeiten mit giftigen Gasen

Diese Arbeiten sollten grundsätzlich nur in einem gut funktionierenden Abzug durchgeführt werden. Für jedes gesundheitsschädliche Gas ist ein MAK-Wert festgelegt. Dieser gibt die höchstzulässige Konzentration (in ml/m^3 bzw. mg/m^3) eines Gases in der Luft am Arbeitsplatz an, die, nach dem gegenwärtigen Stand der Kenntnis, auch bei wiederholter und langfristiger Einwirkung, im allgemeinen die Gesundheit der Beschäftigten nicht beeinträchtigt. Er wird durch die Kommission zur Prüfung gesundheitsschädlicher Arbeitsstoffe der Deutschen Forschungsgemeinschaft (DFG) festgelegt und erforderlichenfalls korrigiert.

Eine Liste der MAK-Werte häufig benutzter Gase finden Sie im Kapitel "MAK-Werte gebräuchlicher Chemikalien" ab Seite 30.

Explosivität brennbarer Gase

Definition: Unter *Explosionsgrenze* oder *Zündbereich* versteht man die obere und untere Konzentration eines Gases in Luft, innerhalb derer dieses Gemisch durch Erhitzen oder Funken zur Zündung gebracht werden kann.

Brennbare Gase bilden mit Luft explosible Gemische, die innerhalb des sogenannten "Zündbereichs in Luft" zünd- bzw. explosionsfähig sind. Nach erfolgter Zündung durch eine fremde Zündquelle pflanzt sich die Verbrennung in einem zündfähigen Gemisch selbständig fort, ohne daß hierzu ein weiterer Luftzutritt erforderlich ist. Die Konzentration zündfähiger Gemische wird in "Volumenprozent" des Gases mit der umgebenden Luft ausgedrückt: die Werte einiger gängiger Gase finden Sie in nachstehender Tabelle. Eine Monographie "Sicherheitstechnische Kennzahlen brennbarer Gase und Dämpfe" ist im Anhang "Druckschriften mit Anschriften" Seite 200 angegeben.

Tabelle 6: **Gebräuchliche Gase und ihre Explosionsgrenzen**

Bezeichnung	**Zündbereich in Luft** [Vol.-%]	**Zündtemp.** [°C]	**Gefahrenkennzeichnung Symbole**	**R-/S-Sätze**
Acetylen	1,5 – 82	335	F	R: 5 – 6 – 12 S: 9 – 16 – 33
Ammoniak	15 – 28	630	T	R: 10 -23 S: 7/9 – 16 – 38
1,3-Butadien	1,1 – 12,5	415	F, T	R: 45.3 – 13 S: 53 – 9 – 16 – 33 – 44
Butan	1,5 – 8,5	365	F	R: 13 S: 9 – 16 – 33
1-Buten	1,6 – 10	440	F	R: 13 S: 9 – 16 – 33
cis-2-Buten	1,8 – 9,7	325	F	R: 13 S: 9 – 16 – 33
trans-2-Buten	1,8 – 9,7	325	F	R: 13 S: 9 – 16 – 33
Chlorethylen (Vinylchlorid)	3,8 – 22	472	F, T	R: 45.2 – 13 S: 53 – 9 – 16 – 44
Chlormethan	7,1 – 18,5	625	F, X_n	R: 47 – 13 – 20 – 40 – 48 S: 53 – 9 – 16 – 33
Chlortrifluorethylen	8,4 – 38,7		F, X_n	R: 13 – 20 S: 3 – 7

Bezeichnung	**Zündbereich in Luft** [Vol.-%]	**Zündtemp.** [°C]	**Gefahrenkennzeichnung Symbole**		**R-/S-Sätze**
Cyclopropan	2,4 – 10,4	497	F		R: 13 S: 9 – 16 – 33
Deuterium	6,6 – 79,6	570	F		R: 12 S: 7/9
Dicyan	6 – 32		F	T	R: 11 – 23 S: 23.1 – 44
1,1-Difluorethan	3,7 – 18		F		R: 13 S: 3 – 7
Dimethylamin	2,8 – 14,4	167	F	X_i	R: 13 – 36/37 S: 16 – 26 – 29
Dimethylether	3,4 – 26	235	F		R: 13 S: 9 – 16 – 33
Ethan	3 – 12,5	510	F		R: 12 S: 9 – 16 – 33
Ethylamin	3 – 12,8	375	F	X_i	R: 13 – 36/37 S: 16 – 26 – 29
Ethylen	2,7 – 34	425	F		R: 13 S: 9 – 16 – 33
Ethylenoxid	2,6 – 99	440	F	T	R: 45.3 – 46 – 13 – 23 – 36/37/38 S: 53 – 3/7/9 – 16 – 33 – 44
Isobutan	1,8 – 8,5	460	F		R: 13 S: 9 – 16 – 33
Isobuten	1,8 – 8,8	465	F		R: 13 S: 9 – 16 – 33
Kohlenmonoxid	12,5 – 74	605	F	T	R: 47 – 12 – 23 S: 53 – 7 – 16
Methan	5 – 15	595	F		R: 12 S: 9 – 16 – 33
Methylamin	5 – 20,7	430	F	X_i	R: 13 – 36/37 S: 16 – 26 – 29
Methylmercaptan	3,8 – 22		F	X_n	R: 13 – 20 S: 16 – 25
Methylvinylether	2,6 – 39	210	F		R: 13 S: 9 – 16 – 33
Propan	2,1 – 9,5	470	F		R: 13 S: 9 – 16 – 33
Propen	2 – 11,7	455	F		R: 13 S: 9 – 16 – 33
Sauerstoff	–	–	O		R: 8 S: 17
Schwefelwasserstoff	4,3 – 45	270	F	T+	R: 13 – 26 S: 7/9 – 25 – 45
Trimethylamin	2 – 11,6	190	F	X_i	R: 13 – 36/37 S: 16 – 26 – 29
Wasserstoff	4 – 75,6	585	F		R: 12 S: 7/9

Auf die Gefahr elektrostatischer Aufladung beim schnellen Ausströmen von Gasen wird besonders hingewiesen: siehe Kapitel "Elektrostatische Aufladungen", Seite 54.

Beim Arbeiten mit Acetylen ist zu beachten, daß es mit zahlreichen Schwermetallen Acetylide zu bilden vermag, die sehr leicht explodieren können. Acetylen darf deshalb nicht mit Kupfer oder Kupfer-Legierungen mit mehr als 70 % Cu in Berührung kommen. Apparateteile, die bei chemischen Reaktionen mit Acetylen in Berührung kommen, dürfen auch nicht aus Legierungen mit geringerem Kupfergehalt bestehen.

Bekämpfung von Gasbränden

Brände von verflüssigten und verdichteten Gasen, die aus Druckgasflaschen austreten und deren Ventile nicht mehr zu schließen sind, werden mit einem Pulverlöscher (dessen Geräteventil voll aufdrehen!) gelöscht. Zum Ablöschen von Ventilbränden haben sich auch brandsichere Hauben bewährt, die, über einen Schlauch an eine Kohlensäureflasche angeschlossen, beim Brand über den Flaschenkopf gestülpt werden und so die Flamme ersticken.

Acetylen-Flaschen dürfen nur aus geschützter Stellung mit Wasser gekühlt werden. Bei sehr warmen Flaschen (durch verdampfendes Wasser erkennbar!) ist die Umgebung wegen Explosionsgefahr unverzüglich zu räumen. Siehe hierzu "Merkblatt zur Verhütung von Acetylenflaschen-Explosionen" (siehe unten).

Gas-Vergiftungen

Vergiftungen können z.B. durch unkontrolliertes Ausströmen von Kohlenmonoxid, Chlor- oder Bromdämpfen, nitrosen Gasen, Phosgen, Schwefelwasserstoff, Schwefeldioxid verursacht werden. Durch Öffnen von Türen und Fenstern, gegebenenfalls unter Selbstschutz, sofort für frische Luft sorgen. Bei brennbaren Gasen kein offenes Licht benutzen, keine elektrischen Schalter, Stecker oder Klingeln betätigen (Explosionsgefahr durch Funkenbildung!). Hinweise auf Erste Hilfe bei Gasvergiftungen stehen im Kapitel "Vergiftungen", Seite 192.

Merkblätter für den Umgang mit Gasen

Die Berufsgenossenschaft der chemischen Industrie hat hierzu eine Reihe von Merkblättern herausgegeben, die im Detail auf die besonderen Gefahren und die für den Gesundheitsschutz zu treffenden Maßnahmen eingehen. Sie sind im ZH1-Verzeichnis zusammengestellt und können über die untenstehende Anschrift angefordert werden:

- Erstickende Gase und Dämpfe
- Verhütung von Acetylenflaschen-Explosionen
- Ammoniak
- Chlor
- Phosgen

Carl Heymanns Verlag KG
Luxemburger Str. 449
D-5000 Köln 41

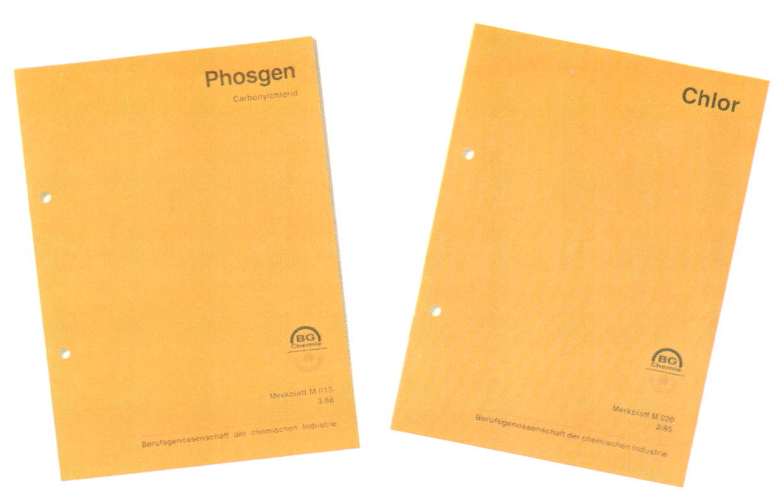

Abb. 17: Zum Umgang mit gefährlichen Gasen gibt es ausführliche Informationsschriften der Berufsgenossenschaft der chemischen Industrie

Gasflaschen-Recycling

Entleerte Gasflaschen werden im Rahmen der Abfall-Bewältigung und der Sicherheit üblicherweise vom Lieferanten zurückgenommen. Die Rücksendung der Stahlflaschen sollte aus Gründen der Sicherheit unter Berücksichtigung der folgenden Bedingungen erfolgen:

- innerhalb der TÜV-Prüffrist gemäß der Druckgas-Verordnung
- in eindeutig funktionsfähigem Zustand
- einschließlich Flaschenventil und Schutzkappe.

2.1.6 Löschmittel für Brände im Labor

Für eine wirksame Brandbekämpfung im Labor ist die richtige Wahl des Löschmittels von entscheidender Bedeutung. Sie hängt von der Art und den Eigenschaften der brennenden Stoffe ab.

- In Laboratorien müssen zur Brandbekämpfung tragbare Feuerlöschgeräte vorhanden sein. Außerdem kann die Bereitstellung von Feuerlöschdecken nach DIN 14155 "Löschdecken", Löschsand, Spezial-Löschmitteln und -Gegenständen zum Abdecken erforderlich sein.
- In den meisten Fällen reichen zur Brandbekämpfung im Labor Kohlendioxid-Löscher aus. Sie hinterlassen keine Rückstände und verursachen daher keine Verschmutzung des Raumes, keine Schäden an empfindlichen Gräten, sie sind chemisch nahezu indifferent und auch bei elektrischen Anlagen verwendbar. Nach dem Löschen sofort ausgiebig lüften, da sonst Erstickungsgefahr durch CO_2 besteht.
- Brände von Alkalimetallen, Metallalkylen, Lithiumaluminiumhydrid, Silanen und ähnlichen Stoffen dürfen unter keinen Umständen mit Wasser, Naß- oder Halon-Löschern bekämpft werden. Ein geeignetes Löschmittel ist z.B. bei Natrium-Bränden trockener Sand oder *Metallbrandpulver*.
- Für brennbare Flüssigkeiten sind Kohlendioxid- oder Pulver-Löscher, für unter Spannung stehende elektrische Anlagen vorzugsweise Kohlendioxid einzusetzen.
- Zur Bekämpfung von Bränden mit Druckgasen siehe Kapitel "Umgang mit Laborgasen", Seite 57.

2.2 Gefährliche Laborarbeiten

Die tägliche Laborpraxis erfordert eine Reihe von Griffen, Kniffen und Erfahrungen, wie z.B. den fachgerechten Aufbau von Apparaturen, das Fetten von Schliffen etc. Ihre Vermittlung wird bereits von zahlreichen Lehrbüchern der anorganischen und organischen Chemie in ausführlicher Weise wahrgenommen. Hier soll lediglich versucht werden, zur Ergänzung einige besondere Aspekte herauszustellen und an wichtige Details zu erinnern, die oft schnell vergessen werden oder in großen Abhandlungen leicht untergehen. Dabei erhebt dieses Kapitel keinesfalls den Anspruch, die Thematik der sicheren Laborpraxis lückenlos und erschöpfend abzuhandeln, wohl aber versucht es, Wesentliches klar und einprägsam darzustellen.

2.2.1 Glasbehandlung ohne Schnittverletzungen

Vorsichtsmaßnahmen

Glas ist ein hervorragendes Labormaterial, da es fast gegen alle Chemikalien (Ausnahme: Flußsäure!) resistent ist. Aber die häufigsten Unfälle im Labor sind Schnittverletzungen, die durch unsachgemäßen Umgang mit Glas verursacht werden. Deshalb sollten beim Bearbeiten von Glas grundsätzlich *Lederhandschuhe* getragen werden.

Besondere Gefahrenquellen sind abbrechende Glasstäbe und die Glas-Oliven an Wasserkühlern. So passieren viele Unfälle beim Aufbringen von Wasser- und Gasschläuchen auf Glas-Oliven: diese werden deshalb vorteilhaft vorher mit einem Tropfen Paraffin oder Glycerin "geölt". Außerdem müssen die Schläuche mit Schlauchbindern gegen etwaiges Abrutschen gesichert werden. Oft auch backen die Schläuche mit der Zeit auf den Oliven derart fest, daß sie nur mit Gewalt entfernt werden können; dabei kann die Olive leicht abbrechen. In diesen Fällen schneidet man den Schlauch einfach mit einer Schere vorsichtig hinter der Olive ab; den verbleibenden Rest kann man dann durch Aufschlitzen mit einem scharfen Messer leicht entfernen. Optimale Sicherheit in dieser Hinsicht gewähren Schlauchverbindungen mit schraubbaren Oliven, wie sie der moderne Laborfachhandel anbietet.

Um festsitzende Glaskapillaren mit Schliffen gefahrlos lockern zu können, werden sie vor dem Einsatz im oberen Teil leicht abgebogen: sie lassen sich dann wie ein Schlüssel leicht im Schliff drehen und problemlos abnehmen.

Schliff-Fette

Um Glas-Schliffe an Mehrhalskolben, Glashähnen, Exsikkator-Deckeln etc. vor hartnäckigem Festbacken zu bewahren, werden sie vorher mit besonders geeigneten Schliff-Fetten gefettet. Auch der oberflächliche Angriff des Glases durch Laugen wird dadurch verhindert. Diese Fette müssen chemisch inert, thermisch resistent und hochviskos sein, damit sie auch bei höheren Temperaturen und beim Anlegen von Vakuum dicht schließen und im Schliff verbleiben. Hierfür sind Silicon-Fette besonders geeignet: Es handelt sich um hochviskose Polysiloxane, die sich durch eine außergewöhnlich hohe chemische Beständigkeit auszeichnen. Sch!iff-Fette lassen sich mit üblichen Labor-Reinigern (z.B. Extran® MA 01) leicht entfernen. Die verschiedenen Sorten unterscheiden sich in bezug auf ihre Konsistenz.

- *Exsikkator-Fett*

  Diese herkömmliche Zubereitung aus Bienenwachs und Vaseline erfreut sich wegen ihres günstigen Preises noch großer Beliebtheit. Bei den meisten Laboranwendungen sollte man allerdings die unten beschriebenen Silicon-Fette verwenden, da diese den chemischen Belastungen besser gewachsen sind.

- *Silicon-Fett normal*

  Die Konsistenz dieser Normal-Qualität reicht für die meisten Fälle der Laborpraxis.

Abb. 18: Thermisch und chemisch resistente Schliff-Fette gibt es in verschiedenen Konsistenzen.

- *Silicon-Hochvakuumfett*

  Zwei Spezialtypen (mittel und schwer) sind für Arbeiten im Hochvakuum vorgesehen und dichten durch ihre höhere Viskosität auch noch bei Temperaturen über 200 °C zuverlässig ab. Sie sind verwendbar auch bei hohem Ölpumpen-Vakuum.

- *Poly(chlortrifluorethylen)-Fett*

  Dieses Spezialfett zeichnet sich durch eine ausgeprägte chemische Resistenz gegen starke Säuren (z.B. rauchende Salpetersäure, Schwefelsäure, Flußsäure) und Alkali aus; auch gegen Sauerstoff, Ozon, Halogene ist es stabil.

Hydrophobieren von Glasgeräten

Eine weitere Methode der Glasbehandlung sei an dieser Stelle eingefügt: das Hydrophobieren von Laborgeräten. Beim Hydrophobieren (Siliconisieren) von Glasgeräten, z.B. im biochemischen Labor, werden die behandelten Glasflächen wasserabweisend, so daß sie nicht mehr benetzt werden. Hierzu eignen sich die folgenden Verfahren:

- *Hydrophobieren mit Siliconöl*

  VORSCHRIFT 8

  Man stellt eine 5 %ige Lösung des Siliconöls in Aceton her und "kleidet" damit die zu siliconisierenden Gegenstände durch gleichmäßiges Drehen aus. Der Überschuß an Siliconisierungs-Lösung wird verworfen. Die so behandelten Glasgeräte werden etwa 1 Stunde im Trockenschrank bei 100 °C getrocknet und sind dann einsatzbereit. Für diese Methode eignet sich Siliconöl für Heizbäder.

- *Hydrophobieren mit Dichlordimethylsilan*

  VORSCHRIFT 9

  Hierzu verwendet man eine etwa 2 %ige Lösung von Dichlordimethylsilan in 1,1,1-Trichlorethan. Beim Silanisierungs-Prozeß wird Salzsäure frei, so daß die Prozedur in einem Abzug durchgeführt werden sollte. Nach dem Trocknen der behandelten Geräte in einem Trockenschrank sind die siliconisierten Flächen allerdings neutral.

2.2.2 Vorsicht beim Destillieren

Die Destillation ist eine der häufigsten Operationen im chemischen Labor. Sie erfordert eine Reihe von Vorsichtsmaßnahmen, besonders weil in den meisten Fällen brennbare Flüssigkeiten abdestilliert werden. Bei diesen Arbeiten sollten immer ausreichend Korkringe zur Hand sein, um schnell heiße Kolben sicher abstellen zu können.

Bei der Wasserzufuhr zu den Kühlern ist stets darauf zu achten, daß die Schläuche nicht abplatzen. Abspringende Wasserschläuche können in heiße Ölbäder fallen und dort zu plötzlichen Siedeverzügen mit heißen Ölspritzern (schwere Verbrühungen!) führen. Außerdem können unterbrochene Kühlungen gefährliche Brände und unvorhersehbare Explosionen verursachen. Schläuche müssen deshalb stets mit Schlauchbindern vor dem Abrutschen gesichert werden.

Siedeverzüge entstehen, wenn Flüssigkeiten über ihren Siedepunkt erhitzt werden, ohne daß ein gleichmäßiges Sieden einsetzt. Durch äußere Einwirkungen (Erschüttern, Rühren, Fremdkörper etc.) wird der Siedeverzug aufgehoben, wobei es plötzlich zu explosionsartigem, oft gefährlichem Sieden kommt. Um Siedeverzüge zu vermeiden, müssen Reaktionen in erhitzten Lösungsmitteln unter Rühren mittels KPG-Glasrührern oder Magnet-Rührern durchgeführt werden. Trotzdem empfiehlt es sich, zusätzlich Siedesteine zu verwenden, um Siedeverzüge auch dann zu verhindern, wenn z.B. Rührer klemmen oder bei Stromausfall plötzlich stehenbleiben. Werden Lösungen oder Lösungsmittel ohne Rührer zum Sieden erhitzt, so müssen *vor* Beginn des Arbeitsvorgangs Siedesteine ins Gefäß gegeben werden.

Siedesteine sind chemisch inerte, sulfatfreie säureunlösliche Alumosilikate. Sie erleichtern aufgrund ihrer porösen Struktur die Bildung von Dampfbläschen, wodurch ein kontinuierliches, ruhiges Sieden erreicht wird. Sie können auch im leichten Vakuum (Wasserstrahlpumpe) verwendet werden, jedoch nicht im Ölpumpen-Vakuum: hier wird der Einsatz von Glaskapillaren oder Magnetrührern empfohlen. Niemals darf man Siedesteine in siedend heiße Flüssigkeiten einwerfen, da dies unverzüglich zu heftigen Siedeverzügen führt. Siedesteinchen können nur einmal benutzt werden, da sie sich beim Abkühlen mit Flüssigkeit vollsaugen und damit ihre Funktion völlig einbüßen. Aus dem gleichen Grunde sollte man auch nach dem Unterbrechen von Destillationen immer frische Siedesteine zusetzen.

Noch ein Hinweis: Manche Lösungen zeigen beim Destillieren eine starke Neigung zu hartnäckigem *Schäumen*. Dies kann man bei wässerigen Lösungen einfach durch Zusatz von wenigen Tropfen Octanol bzw. Silicon-Entschäumer unterbinden. Auch das Einführen einer Siede-Kapillare in den Claisen-Aufsatz kann den erwünschten Erfolg erzielen: der so erzeugte Luftstrom bringt die Schaumblasen zum Zerplatzen.

Auch beim Eintragen von Aktivkohle – zum Entfärben oder Klären – in heiße Lösungen kann es zu heftigem Aufschäumen kommen, da Aktivkohle viel Luft enthält und dadurch in überhitzten Lösungen unvorhersehbare Siedeverzüge verursacht. Deshalb sollte man diese Lösungen vorher etwas abkühlen lassen.

2.2.3 Arbeiten im Abzug

Arbeiten, bei denen sehr giftige, giftige, gesundheitsschädliche, ätzende, reizende, krebserzeugende, fruchtschädigende, erbgutverändernde oder auf sonstige Weise für den Menschen schädliche Gase, Dämpfe oder Schwebstoffe auftreten können, dürfen nur in Abzügen ausgeführt werden.

Gase und Dämpfe werden, bei geschlossenem (!) Frontschieber, direkt in den Abzugskanal abgesaugt und verhindern damit eine unkontrollierte Kontamination der Laborluft. Übrigens, mit speziellen Prüfröhrchen, z.B. von Dräger oder Auer, läßt sich mit Hilfe einer einfachen Handpumpe die Laborluft leicht auf gesundheitsschädliche Komponenten überprüfen.

Außerdem können im Abzug unvorhersehbare Ereignisse (Siedeverzüge, heftige Reaktionen etc.) durch Schließen der Frontscheibe leichter unter Kontrolle gebracht werden als dies im offenen Labor geschehen kann. Damit erreicht man in den meisten Fällen das Eingrenzen der Gefahren, die überschaubare Bekämpfung von Unfallfolgen und nicht zuletzt die Verhinderung des Übergreifens auf den gesamten Laborbereich, z.B. in Form von Laborbränden oder von verspritzenden Chemikalien.

Beim Arbeiten mit leicht entzündlichen Stoffen, wie z.B. Schwefelkohlenstoff, oder bei Reaktionen, bei denen leicht entzündliche Gase entstehen, wie z.B. Wasserstoff (Knallgas!) bei Reduktionen mit Hydriden, sollten diese Dämpfe und Gase über einen Gummischlauch direkt in den Abluftkanal des Abzugs abgeleitet werden. Dies empfiehlt sich schon deshalb, weil laborübliche Elektromotoren (z.B. Rührer) oft nicht ex-geschützt sind. In diesen Fällen können sie aber auch durch funkenfreie Luftmotoren ersetzt werden.

2.2.4 Arbeiten im Vakuum

Viele Operationen, wie z.B. Destillation, Rektifikation, Sublimation, werden zur Vermeidung übermäßiger thermischer Belastung (Zersetzungen!) im Vakuum durchgeführt. Aber auch das Absaugen von Niederschlägen und Kristallisaten erfordert das Anlegen von Vakuum. Hierzu eignen sich je nach geforderter Leistung Wasserstrahl- bzw. Ölpumpen. Zum schonenden Abdestillieren größerer Lösungsmittelmengen benutzt man handelsübliche *Rotations-Verdampfer.*

Es muß darauf hingewiesen werden, daß bei Arbeiten im Vakuum wegen erhöhter Unfallgefahr durch Implosion größte Vorsicht geboten ist. Glasgeräte müssen deshalb vor dem Evakuieren auf eventuelle Schäden ("Sternchen") überprüft werden. Wegen dieser Gefahren müssen im Labor immer Schutzbrillen getragen werden. Auch dürfen aus diesem Grunde keine Glasgefäße mit flachem Boden (z.B. Standkolben) evakuiert werden. Schutz vor Implosions-Gefahren bieten z.B. Rundkolben mit Kunststoff-Ummantelung. Auch Kunststoff-Netze, die sich optimal der Form von Glasgefäßen anpassen, können als "Überzieher" über gefährdete Apparate-Teile einen möglichen Splitterflug verhindern. Für herkömmliche Exsikkatoren eignen sich besonders geformte Drahtkörbe oder ein Umwickeln mit selbstklebender, durchsichtiger Kunststoff-Folie; bei Exsikkatoren mit Kunststoff-Coating entfällt diese Sicherheitsmaßnahme, da der festhaftende Kunststoff-Mantel einen wirksamen Implosions- und Splitterschutz bietet. Gefährliche Operationen, besonders jede Vakuum-Destillation, sollte stets hinter einem durchsichtigen Schutzschild aus splittersicherem Material durchgeführt werden. Beim Abdestillieren werden zur Vermeidung von Siedeverzügen Glaskapillaren, evtl. mit Schutzgas-Zufuhr, oder Magnetrührer benutzt.

Vakuum-Pumpen und Rotations-Verdampfer

Bei Verwendung von Wasserstrahl-Pumpen ist auf jeden Fall zwischen Apparatur und Pumpe, auch beim Absaugen, zur Vorsicht eine *Sicherheitsflasche* zu schalten, um bei plötzlich abfallendem Wasserdruck ein Zurücksteigen von Wasser in die Apparatur zu vermeiden. Aus dem gleichen Grunde sollte auch das Manometer nicht direkt zwischengeschaltet werden, sondern in einem Nebenschluß liegen; es ist durch einen Hahn von der Apparatur zu trennen und nur zur Messung zu öffnen.

Siehe Abb. 19: "Sicherheits-Aufbau für das Einleiten von Gasen", Seite 69.

Um Ölpumpen vor aggressiven Dämpfen zu schützen und gleichzeitig die optimale Vakuum-Leistung zu erreichen und zu erhalten, muß vor die Ölpumpe eine Kühlfalle mit Aceton bzw. Ethanol/*Trockeneis* (– 78 °C) in einem *Dewar-Gefäß* geschaltet werden. Auch die hochevakuierten Dewar-Gefäße aus Glas müssen durch vorsichtige Handhabung vor Implosion geschützt werden; zu empfehlen ist die Verwendung von modernen, hochisolierten Metall-Dewars.

Nach Beendigung der Operation muß unbedingt zu schnelles Belüften der Apparatur verhindert werden, da einströmende Luft mit noch vorhandenen Dämpfen zu explosionsgefährlichen

Mischungen führen kann. Die Belüftung der Apparatur und des Manometers muß langsam erfolgen, da heftig zurücksteigendes Quecksilber leicht das Glas-Manometer zerschlagen kann.

Für das Eindampfen von Lösungsmitteln bleibt noch darauf hinzuweisen, daß bei unsachgemäßer Auswahl der Parameter (z.B. zu hohes Vakuum oder ungenügende Kühlmittel-Temperatur) erhebliche Mengen an Lösungsmitteln über die Wasserstrahlpumpe in das Abwasser gelangen können. Einen bedeutenden Beitrag zum *Umweltschutz* erreicht man durch Verwendung von Rotations-Verdampfern mit druckgeregelten Wasserstrahl- oder Teflon-Vakuum-Membranpumpen. Herkömmliche Wasserstrahl-Pumpen verbrauchen bis zu 1.000 l Trinkwasser pro Stunde; mit geregelten Wasserstrahl-Pumpen kann der Wasserverbrauch um 95 % erniedrigt werden. Teflon-Vakuum-Membranpumpen arbeiten völlig ohne Wasserverbrauch. Zur Vermeidung der Abgabe nicht kondensierter Lösungsmittel-Dämpfe an die Luft empfiehlt sich eine zusätzliche Kondensation (Kühler!) auf der Druckseite, d.h. hinter der Membran-Pumpe.

Druckgesteuerte Rotations-Verdampfer (mit Vakuum-Konstanthalter) bieten weiterhin folgende Vorteile: schonende Temperaturbelastung der Substanzproben (die optimale Wasserbad-Temperatur liegt bei 60 °C), keine Siedeverzüge, kein Schäumen und Verspritzen der Substanz.

Bei ungenügendem Kühleffekt am Rückflußkühler empfiehlt sich statt Wasserkühlung die Verwendung von tiefkühlenden Kryostaten mit umgewälzten Kühlflüssigkeiten (z.B. Gilotherm®).

2.2.5 Arbeiten unter Druck

Reaktionen unter Druck, z.B. Hydrierungen mit Wasserstoff, erfordern wegen erhöhter Explosionsgefahr und deren Folgen (Druckwelle, Brand etc.) große Erfahrung und besondere Sicherheitsvorkehrungen. Die für diese Reaktionsführung eingesetzten *Bombenrohr*-Öfen bzw. *Autoklaven* müssen in Spezialräumen ("Schießofen"-Raum, Autoklaven- bzw. Hydrier-Raum) untergebracht werden. Zur Einhaltung der Betriebssicherheit müssen Druck und Temperatur laufend kontrolliert werden. Der Sicherheits-Aspekt ist optimal gewährleistet, wenn Bombenrohr-Öfen in splittersicheren Schränken mit Panzerglas-Fenster und Autoklaven in Spezial-Kabinen mit Panzertüren sowie Fern-Kontrolle und -Bedienung untergebracht sind. Im allgemeinen gelten für die sichere Handhabung von Bombenrohren und Autoklaven die gleichen Vorsichtsmaßnahmen wie beim Umgang mit Druckgasen in Stahlflaschen.

Autoklaven aus hochlegierten Spezialstählen (V 2 A, V 4 A), evtl. mit Teflon-Auskleidung, sind für Drucke bis 350 bar und Temperaturen bis 350 °C ausgelegt. Die jeweils zugelassenen Betriebsdrucke und -temperaturen dürfen aus Sicherheitsgründen niemals überschritten werden. Um Spannungen im Material durch abrupte Temperatur-Differenzen zu vermeiden, dürfen heiße Autoklaven niemals lokal mit Wasser gekühlt werden. Von Vorteil ist, daß – im Gegensatz zu den Bombenrohren – bei Autoklaven der Innendruck über ein Manometer überwacht werden kann. Auch hier ist vor dem Öffnen der innen herrschende Druck erst über das Ventil langsam abzubauen. Ausführlichere Hinweise zum Umgang mit Druckgefäßen finden Sie in der Druckbehälter-Verordnung und den Technischen Regeln für Druckbehälter (TRB).

Wenn der Einsatz von Autoklaven nicht möglich ist, können auch Bombenrohre aus Spezialglas (auch Einschmelzrohr bzw. *Schießrohr* genannt) verwendet werden: sie können Drucken bis max. 30 bar und Temperaturen bis 400 °C ausgesetzt werden. Sofort nach dem Zuschmelzen müssen sie in ein Stahl-Schutzrohr gesteckt werden. Um Körperschäden durch evtl. Explosionen zu vermeiden, müssen die aus dem Bombenrohr-Ofen herausragenden Teile gegen die Wand gerichtet sein. Erst nach dem Erkalten dürfen die Bombenrohre mit dem Schutzrohr dem Ofen entnommen und geöffnet werden, wobei das Glas mit einer spitzen Gebläseflamme punktförmig erhitzt wird: hierbei wird evtl. vorhandener Überdruck durch die erweichte Stelle "abgeblasen". Ungeöffnete Bombenrohre dürfen niemals aus der Schutzhülse entfernt und transportiert werden, da sie unter erheblichem Druck stehen können. Am besten überläßt man das fachgerechte Zuschmelzen und Öffnen der Bombenrohre einem erfahrenen Glasbläser.

2.2.6 Einleiten, Trocknung und Reinigung von Gasen

Einleiten von Gasen

Schutzgase, wie z.B. Argon und Stickstoff, werden üblicherweise über Blasenzähler als Strömungskontrolle in die Reaktionsgefäße eingeleitet. Die Gasentnahme aus Druckgas-Zylindern erfolgt über Druckminderventile mit Manometer über zwischengeschaltete *Sicherheitsflaschen.*

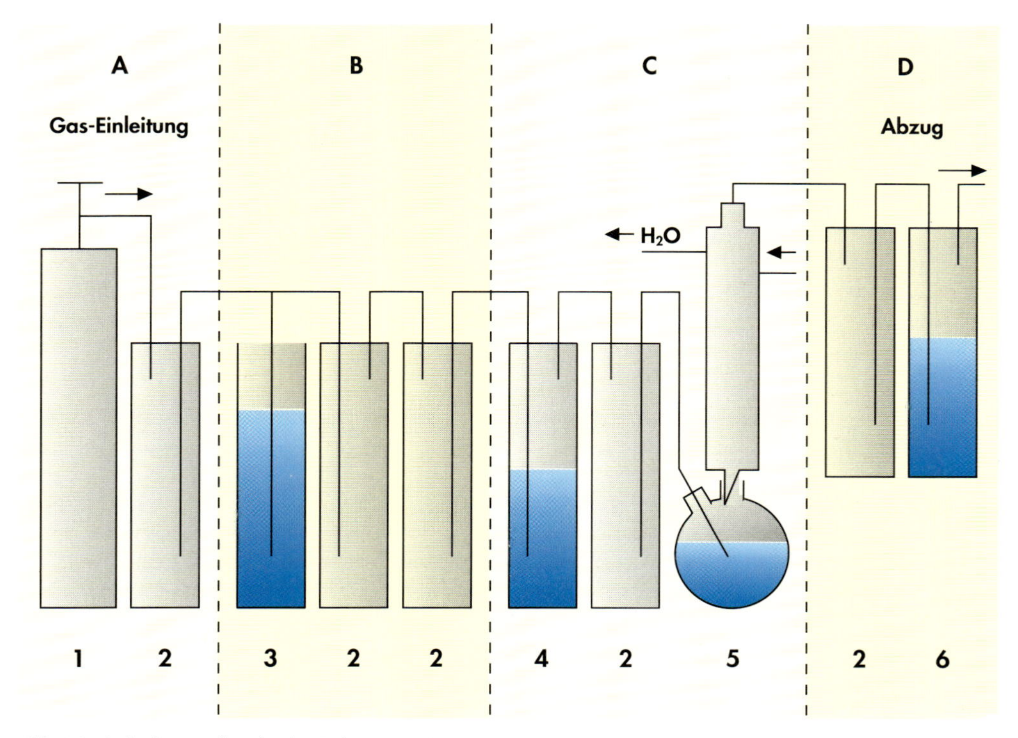

Abb. 19: Sicherheits-Aufbau für das Einleiten von Gasen.
Achtung: Auf richtigen Anschluß achten: "kurz mit kurz – lang mit lang"

1. Druckgasflasche
2. Sicherheitswaschflasche (Leergefäß: als Puffer beim Zurücksteigen der Flüssigkeit aus dem Nachbargefäß)
3. Tauchung (Überdruckventil; Ausführung als Flüssigkeitssperre)
4. Gas-Reinigung bzw. -Trocknung
5. Reaktionsgefäß mit Einleitungsrohr
6. Restgaswäsche

A + C = Einfacher Standardaufbau für die Einleitung inerter Gase
B = Weiterer Aufbauteil zur Verhinderung der Verstopfung des Einleitungsrohrs durch reaktionsbedingte Niederschläge
D = Weiterer Aufbauteil bei Anwendung aggressiver Reaktionsgase Entsorgung der Restgasmengen durch chemische Umsetzung

Beim Einleiten von Gasen in Reaktionsapparaturen sollte stets eine Sicherheitswaschflasche vorgeschaltet werden, die so bemessen sein muß, daß bei unvorhersehbarem Zurücksteigen (z.B. bei Druckabfall) der gesamte Reaktionsansatz gefahrlos aufgenommen werden kann.

In analoger Weise muß auch eine Sicherheitswaschflasche vor die Druckgasflasche geschaltet werden, um sie vor unbeabsichtigtem Zurücksteigen der Reaktionslösung zu schützen. Ebenso müssen Waschflaschen mit Säuren und Laugen durch leere Sicherheitswaschflaschen voneinander getrennt werden. In manchen Fällen ist zusätzlich eine Überdruck-Sicherung mit Tauchrohr (siehe Abbildung) erforderlich. Außerdem ist auf eine ausreichende Gas-Reserve zu achten, damit bei plötzlichem Druckabfall keine gefährlichen Folgen, wie z.B. Brände bei Reaktionen mit metallorganischen Verbindungen, resultieren können.

Zur problemlosen und sparsamen Dosierung von Schutzgasen hat sich in der Praxis die Verwendung von farbigen Luftballons bewährt: nach dem Spülen der Reaktions-Apparatur mit Schutzgas wird ein Ballon mit dem gleichen Gas aufgeblasen und über eine Kern-Olive mit Hahn an die Apparatur angeschlossen. Der so erzielte leichte Überdruck des Schutzgases in der Apparatur verhindert das Eindringen von Fremdgasen z.B. Luft. Undichtigkeiten der Apparatur fallen sofort durch Abnahme des Ballonvolumens auf.

Sicherheitsregeln und weitere Vorsichtsmaßnahmen, z.B. beim Einsatz feuergefährlicher bzw. giftiger Gase, sind im Kapitel "Umgang mit Laborgasen", Seite 57, beschrieben.

Trocknung von Gasen

Die Trocknung und Reinigung von Gasen gelingt mit Hilfe von *Molekularsieben* vollständiger als mit den üblichen Trocknungsmitteln. Ohne Schwierigkeit lassen sich Taupunkte erreichen, die in manchen Fällen – 75 °C unterschreiten. Zusätzlich kann bei Verwendung von Molekularsieben eine selektive Abtrennung von unerwünschten Gasen aufgrund des "Molekularsieb-Effektes" erfolgen.

Auf diese Weise können aus Gasgemischen Komponenten nahezu quantitativ entfernt werden, die nur in Spuren vorhanden sind. In Abhängigkeit von der gewählten Porendimension kann die selektive Entfernung von Nebenbestandteilen erreicht werden, ohne daß eine Veränderung in der Zusammensetzung des übrigen Gasgemisches infolge katalytischer Einflüsse des Adsorbens zu erwarten wäre. Da die Hohlräume der Molekularsiebe nur durch die genau dimensionierten Poren zugänglich sind, können nur Moleküle adsorbiert werden, deren kritischer Moleküldurchmesser kleiner als der Porendurchmesser des Molekularsiebs ist (Sieb-Effekt). Allerdings werden Wasser, Ammoniak und Schwefelwasserstoff wegen ihrer höheren Polarität bevorzugt gebunden.

Tabelle 7: **Kritische Moleküldurchmesser**

Die Moleküle sind nach steigendem Durchmesser geordnet. Bei langgestreckten Molekülen ist der Durchmesser senkrecht zur Molekülachse wirksam: er ist also für alle n-Paraffine gleich groß.

1 nm = 10 Å (Å = früher übliche Einheit Ångström)

H_2	0,24 nm	N_2	0,30 nm	$HC \equiv CH$	0,24 nm
H_2O	0,26 nm	CO	0,32 nm	$H_2C = CH_2$	0,43 nm
O_2	0,28 nm	NH_3	0,38 nm	$H_3C - CH_3$	0,44 nm
CO_2	0,37 nm	Cl_2	0,82 nm	n-Paraffine	0,49 nm

In der Praxis empfiehlt sich eine grobe Vortrocknung des Gases mit Hilfe herkömmlicher Trocknungsmittel (Aluminiumoxid, Kieselgel), um eine übermäßige Belastung der Molekularsiebe zu vermeiden. Mit letzteren wird dann nur noch die erwünschte Feintrocknung durchgeführt. Besonders im Falle der Gas-Trocknung wirkt sich die Anwendung der Molekularsiebe günstig aus, weil selbst bei hohen Durchfluß-Geschwindigkeiten noch eine gute Adsorptionswirkung gewährleistet ist. Die erforderlichen Adsorptionsanlagen können also relativ klein dimensioniert sein.

Als allgemeine Anwendungsbeispiele seien hier die Trocknung von *Ethylen, Kohlendioxid, Inertgas, Schutzgas* und *Luft* erwähnt. Für die Trocknung von *Kohlendioxid, Acetylen* und *Ammoniak* eignet sich besonders das Molekularsieb 0,30 nm. Dabei fällt auf, daß der Porendurchmesser so bemessen ist, daß z.B. sowohl Kohlendioxid als auch Wasser in die Poren eindringen können. Wasser wird jedoch, wie die Adsorptionswärmen

- für Kohlendioxid: $51 \cdot 10^6$ [$J \cdot mol^{-1}$]
- für Wasser: $142 \cdot 10^6$ [$J \cdot mol^{-1}$]

zeigen, wesentlich stärker in den Poren festgehalten, so daß bereits adsorbiertes Kohlendioxid von nachfolgenden Wassermolekülen verdrängt wird. So ist bei einigen Beispielen die freiwerdende Adsorptionswärme für den Trocknungseffekt von größerer Bedeutung als der Porendurchmesser.

Molekularsiebe sind preiswerte Hilfsmittel im Labor: Ohne Beeinträchtigung ihrer Wirksamkeit können sie mehrere hundert Male regeneriert werden.

Reinigung von Gasen

- *Mit Molekularsieben*

  Bei der Entfernung von Kohlendioxid und Wasser aus Luft, Stickstoff, Sauerstoff, inerten Gasen oder Gasgemischen unter Verwendung des Molekularsiebes 0,5 nm wird ein Taupunkt von etwa – 75 °C erreicht, wobei gleichzeitig der Kohlendioxid-Anteil auf etwa 1 $ml \cdot m^{-3}$ (1 ppm) vermindert wird. Des weiteren können mit dem Molekularsieb 0,5 nm *Ammoniak, Schwefelwasserstoff, Mercaptane, Kohlenmonoxid*, Spuren *Salzsäure* und *Schwefeldioxid* von anderen weniger polaren bzw. weniger polarisierbaren Gasen abgetrennt werden. Die Adsorption erfolgt in der folgenden Reihenfolge:

  $H_2O > NH_3 > CH_3OH > CH_3SH > H_2S > CO > S > CO_2 > N_2 > CH_4$

- *Mit BTS-Katalysator*

  Zur Entfernung von oxidierenden oder reduzierenden Verunreinigungen aus Gasen eignet sich der sog. BTS-Katalysator. Er besteht aus etwa 30 % Kupfer, das in hochdisperser Form auf einem inerten Träger fixiert und durch verschiedene Zusätze stabilisiert und aktiviert ist. Mit dem BTS-Katalysator können sowohl oxidierende wie reduzierende Verunreinigungen aus Gasen und deren Gemischen entfernt werden. Wegen der fast unbegrenzten Regenerierbarkeit handelt es sich um ein wirtschaftliches Laborhilfsmittel.

Zustand:	Oxid-Form
Körnung:	0,8 – 2 mm
Arbeitsdruck:	bis etwa 300 bar
Arbeitstemperatur:	0 – 250 °C
Temperaturbeständigkeit:	bis etwa 350 °C.

Der BTS-Katalysator eignet sich vor allem zur Feinreinigung von:

Edelgasen	Kohlenmonoxid	Propan
Stickstoff	Kohlendioxid	Ethylen
Wasserstoff	Methan	Propylen,
Sauerstoff	Ethan	

ebenso von Gasgemischen verschiedenster Zusammensetzung. In Reingasen oder Gasgemischen können Verunreinigungen wie *Sauerstoff, Wasserstoff, Kohlenmonoxid, flüchtige anorganische* und *organische Schwefelverbindungen* leicht beseitigt werden. Ebenso können verschiedene Verunreinigungen gleichzeitig entfernt werden.

Auch aus Flüssigkeiten können *Sauerstoff* bzw. *Peroxide* entfernt werden, z.B. aus *Benzol, Chlorbenzol, Heptan, Isooctan, Tetrahydrofuran.* Die Reinigung geht im allgemeinen so weit, daß mit den herkömmlichen Prüfmethoden keine störenden Anteile mehr feststellbar sind. Bei sorgfältigem Arbeiten in einer entsprechenden Apparatur läßt sich Sauerstoff bis unter 0,1 ppm entfernen.

Der BTS-Katalysator wird in der oxidierten Form geliefert und kann so ohne weitere Vorbehandlung zur Beseitigung reduzierender Verunreinigungen aus inerten Gasen verwendet werden. Die Oxid-Form ist schwarz, die reduzierte Form grau; der Farbumschlag ist jedoch relativ schwach.

Bei anderen Prozessen ist vorher eine Reduktion erforderlich, die üblicherweise mit Wasserstoff durchgeführt wird. Es ist hier jedoch zu beachten, daß der reduzierte BTS-Katalysator pyrophor ist.

Im allgemeinen läßt sich der Katalysator beliebig oft regenerieren. Staub, Öl, Kondenswasser, Salze und Schwefelverbindungen verringern jedoch seine Aktivität und Lebensdauer.

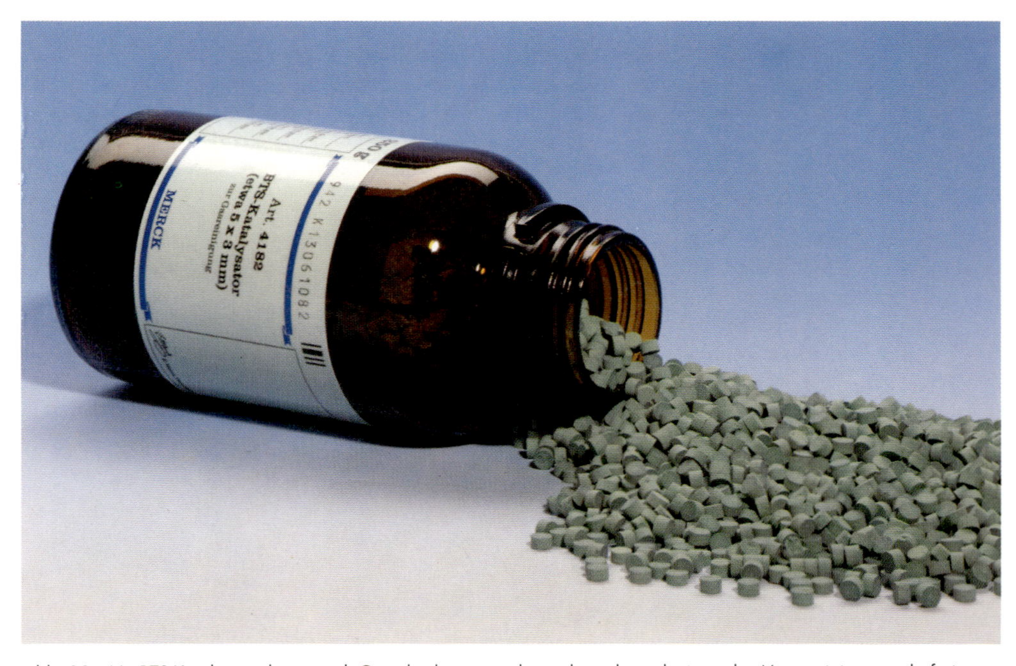

Abb. 20: Mit BTS-Katalysator lassen sich Gase leicht von oxidierenden oder reduzierenden Verunreinigungen befreien.

– *Entfernen oxidierender Verunreinigungen aus Gasen*

VORSCHRIFT 10

1. Entfernen von Sauerstoff aus Gasen durch katalytische Wirkung

   Der reduzierte BTS-Katalysator wirkt oberhalb von 70 °C katalytisch beim Entfernen von Sauerstoff durch Reaktion mit zugesetztem Wasserstoff oder Kohlenmonoxid nach folgenden Gleichungen:

   $$2\ H_2 + O_2 \rightarrow 2\ H_2O$$

   $$2\ CO + O_2 \rightarrow 2\ CO_2$$

   Falls diese Reaktionsprodukte für den nachfolgenden Einsatz stören, können sie in üblicher Weise (z.B. mit Absorptionsröhrchen für CO_2 bzw. H_2O, siehe Seite 111) entfernt werden.

   Die Arbeitstemperatur von 250 °C sollte im Dauerbetrieb nicht überschritten werden. Hier ist zu beachten, daß die obengenannten Reaktionen exotherm verlaufen, so daß sich bereits Gase mit einem geringen Sauerstoffgehalt von 1,5 – 2 % von 100 °C Eingangstemperatur von selbst auf die angegebene Arbeitstemperatur aufheizen.

2. Entfernen von Sauerstoff aus Gasen durch chemische Absorption

   Ist eine chemische Reaktion des Sauerstoffs mit dem Gas oder dessen Bestandteilen nicht möglich (wie in den Gleichungen unter 1. angegeben), so kann die reduzierte Katalysatormasse auch zur chemischen Absorption von Sauerstoff dienen. Auf diese Weise kann man aus Inertgasen wie *Stickstoff* oder den *Edelgasen* den Sauerstoff entfernen, ohne Wasserstoff oder Kohlenmonoxid beimengen zu müssen. Die Absorption läuft nach der Gleichung:

   $$2\ Cu + O_2 \rightarrow 2\ CuO$$

   Die Absorption von Sauerstoff erfolgt bereits bei Raumtemperatur. Die Sauerstoffmenge, die von einer bestimmten Menge an Katalysator aufgenommen wird, ist jedoch stark von der Temperatur abhängig: die Kapazität nimmt mit steigender Temperatur bis zu einem Grenzwert von etwa 50 Liter Sauerstoff/kg Katalysator zu.

3. Entfernen von Sauerstoff aus Lösungsmitteln

   Lösungsmittel (z.B. aliphatische und aromatische Kohlenwasserstoffe, Alkohole, Ether) können von Sauerstoff und Peroxiden befreit werden, indem man sie auf eine Säule mit reduziertem BTS-Katalysator gibt.

   Hierdurch wird ein besserer Effekt erzielt als z.B. durch Kochen mit metallischem Natrium. Die Entfernung von Peroxiden aus Ethern wird ausführlich beschrieben im Kapitel "Peroxide in Lösungsmitteln", Seite 46.

Tabelle 8: **Sauerstoffgehalt in Lösungsmitteln**

Lösungsmittel	**Anfangsgehalt** [ml O_2/l]*	**Restgehalt**	**Katalysator-Belastung** [Liter Lösungsmittel/ Liter Katalysator u. Std.]
Benzol	60	0,5	5
Chlorbenzol	35	0,05	5
Heptan	20	0,02	5
Isooctan	25	0,02	5
Tetrahydrofuran	462	1	1

* Peroxide berechnet als O_2

– *Reduzierende Regenerierung des BTS-Katalysators*

VORSCHRIFT 11

Die Reduktion des erschöpften Katalysators kann durch Wasserstoff oder Kohlenmonoxid bei 100–150 °C erfolgen:

$CuO + H_2 \rightarrow Cu + H_2O$ $CuO + CO \rightarrow Cu + CO_2$

Da bei der Reduktion infolge Bildung von Wasser und CO_2 Wärme frei wird, kann bei Mengen über 100 ml BTS-Katalysator die Temperatur so stark ansteigen, daß anstatt der hochaktiven schwarzen, leicht rötlichen Form die Bildung des inaktiven roten Kupfers begünstigt wird.

Um dies zu vermeiden, wählt man bei der Reduktion des oxidierten BTS-Katalysators am besten den folgenden Weg: Der Katalysator wird zunächst im Stickstoffstrom auf 100 – 120 °C erhitzt, darauf gibt man dem Stickstoff das reduzierende Gas in dem Maße zu, daß eine Temperatur von 150 °C nicht überschritten wird. Zuletzt sollte die Reduktion bei dieser Temperatur mit unverdünntem Gas beendet werden.

– *Entfernen reduzierender Verunreinigungen aus Gasen*

VORSCHRIFT 12

1. Entfernen von Wasserstoff und Kohlenmonoxid aus Stickstoff und Edelgasen

   Mit oxidiertem BTS-Katalysator können bei Temperaturen von etwa 150–200 °C Wasserstoff und Kohlenmonoxid oxidativ entfernt werden, gemäß den Gleichungen:

   $CuO + H_2 \rightarrow Cu + H_2O$ $CuO + CO \rightarrow Cu + CO_2$

2. Entfernen von Wasserstoff und Kohlenmonoxid aus Sauerstoff

   Aus Sauerstoff lassen sich mit Hilfe des oxidierten Katalysators geringe Mengen Wasserstoff bei 200 °C entfernen. Zur Entfernung von Kohlenmonoxid aus Sauerstoff genügt eine Temperatur von etwa 100 °C.

3. Entfernen von Schwefelwasserstoff aus Gasen

   Schwefelwasserstoff wird von dem oxidierten Katalysator schon bei Zimmertemperatur bis zu 10 Gew.% aufgenommen, bei 250 °C bis zu 15 Gew.%.

   Der Schwefelwasserstoff wird hierbei bis unter die Nachweisgrenze (0,01 ppm) entfernt.

– *Oxidierende Regenerierung des BTS-Katalysators*

VORSCHRIFT 13

Es ist zu beachten, daß der reduzierte BTS-Katalysator *pyrophor* ist: er kann sich an der Luft von selbst entzünden. Deshalb sollte verbrauchter, reduzierter Katalysator vor weiteren Manipulationen entweder oxidiert oder mit Wasser *phlegmatisiert* aufbewahrt werden.

Die Rückführung in die Oxid-Form erfolgt optimal bei Temperaturen zwischen 120–200 °C mit einem Sauerstoff-Stickstoffgemisch:

$$2\,Cu + O_2 \rightarrow 2\,CuO$$

Für übliche Laborzwecke genügt es, den BTS-Katalysator in Glasrohre von etwa 30 mm Durchmesser zu füllen, die zweckmäßigerweise senkrecht eingespannt werden. Das zu reinigende Gas wird von oben nach unten durchgeleitet. Für Arbeiten, die eine höhere Temperatur erfordern, wird das Rohr mit einem Heizdraht umwickelt, wobei die Temperatur mit Hilfe eines Schiebewiderstandes reguliert werden kann. Fertige Glasapparaturen können auch über den Laborfachhandel bezogen werden.

2.2.7 Sicheres Heizen

Wärmeübertragungsmittel müssen den Bedingungen für sicheres Arbeiten im Labor entsprechen und demzufolge geeignete physikalische und chemische Eigenschaften aufweisen:

- günstige Werte für die Wärmeleitfähigkeit und -kapazität
- hohe Siedetemperatur und geringer Dampfdruck (Flüchtigkeit)
- niedriger Erstarrungspunkt (ausgedrückt als Stockpunkt)
- günstige Viskositätseigenschaften
- Temperaturbeständigkeit
- geringe Neigung zur Entflammbarkeit
- gute Oxidationsbeständigkeit
- physiologische Unbedenklichkeit.

Diese Gesichtspunkte werden bei der folgenden Auswahl von *Heizbadflüssigkeiten* eingehalten.

■ **Wasser**

Im Labor am weitesten verbreitet sind Wasserbäder, deren Temperatur sich mittels Kontakt-Thermometer leicht überwachen läßt. Wegen des hohen Dampfdruckes ist die optimale Temperatur von Wasserbädern auf etwa 60 °C beschränkt. Es braucht nicht besonders darauf hingewiesen zu werden, daß beim Umgang mit Natrium, Kalium oder Metallalkylen Wasser als Wärmeübertragungs-Medium ausscheidet. In diesen Fällen weicht man am besten auf eines der folgenden Heizbadmedien aus.

■ **Siliconöl für Heizbäder**

Die fast farblose, wasserklare Flüssigkeit aus Methylphenylpolysiloxanen läßt sich nicht mit Wasser mischen. Zur Verwendung in Heizbädern sollte das Siliconöl folgenden Bedingungen entsprechen (z.B. Siliconöl von Merck):

Temperaturgrenze:	etwa 250 °C
Flammpunkt:	etwa 300 °C
Stockpunkt:	etwa – 60 °C
spezifische Wärme:	1,7 mJoule/mg (≙ 0,4 mcal/mg)
Hitzestabilität:	etwa 3 000 Stunden bei 250 °C
Dichte:	etwa 0,97 g/ml
Viskosität:	siehe nachstehende Tabelle

Unter dem Begriff *Stockpunkt* versteht man die Temperatur, bei der ein viskoser Stoff nicht mehr fließt. Im Zusammenhang mit Siliconöl bedeutet daher die Angabe – 60 °C, daß dieses Wärmeübertragungsmedium als *Thermostaten*-Flüssigkeit für einen breiten Temperaturbereich (von – 50 °C bis + 230 °C) verwendbar ist.

Die folgenden Viskositätswerte dienen nur zur Orientierung, da je nach Charge mit kleinen Abweichungen zu rechnen ist. Zwischen der dynamischen und der kinematischen Viskosität besteht folgender Zusammenhang:

$$\text{kinematisch} = \frac{\text{dynamisch}}{\text{Dichte}}$$

Tabelle 9: **Viskosität von Siliconöl für Heizbäder**

Temperatur [°C]	**Viskositätswerte dynamisch** [mPa · s ≙ cPoise]	**Viskositätswerte kinematisch** [$mm^2 \cdot s^{-1}$ ≙ cStokes]
0	500	520
10	330	340
20	220	225
30	155	160
40	105	110
60	65	70
80	40	40
100	25	25

Wasserlösliche Heizbadflüssigkeit

Dieses fast farblose Wärmeübertragungsmedium zeichnet sich durch seine unbeschränkte Mischbarkeit mit Wasser aus: es läßt sich von den Reaktionskolben ohne großen Aufwand abwaschen. Für den Aspekt Sicherheit ist von besonderer Bedeutung, daß es nicht spritzt, wenn versehentlich Wasser in das heiße Bad gelangt.

Geprüfte Heizbadflüssigkeiten (z.B. von Merck) sollten folgende Charakteristika aufweisen:

Temperaturgrenze:	etwa 170 °C
Flammpunkt:	etwa 280 °C
Stockpunkt:	etwa – 40 °C
Wärmeleitfähigkeit:	etwa 0,2 W/K·m
Dichte:	etwa 1,15 g/ml
Viskosität (bei 220 °C):	etwa 330 mPa·s

Wegen seines niedrigen Stockpunktes kann die Flüssigkeit auch in *Thermostaten* verwendet werden. Es stellt eine preisgünstige Variante zum vorhergehenden Siliconöl für Heizbäder dar, unter der Einschränkung, daß kleinere Temperaturbereiche (–30 °C bis +150 °C) eingehalten werden müssen.

Bei Daueranwendung unmittelbar unterhalb des Flammpunktes sollte das Heizbad im Abzug eingesetzt werden, da durch thermischen Abbau Geruchsbelästigung eintreten kann. Unter diesen Umständen ist auch mit einem Nachdunkeln zu rechnen. Unter normalen Bedingungen bleibt die Flüssigkeit transparent. Sie ist toxikologisch unbedenklich, wasserlöslich und biologisch abbaubar.

Mineralöl als Ölbadfüllung

Es handelt sich üblicherweise um ein stark gefärbtes, nicht näher analysiertes Gemisch hochsiedender, harz- und säurefreier Mineralöle. Geeignete Ölbadfüllungen (z.B. von Merck) entsprechen folgenden Bedingungen:

Temperaturgrenze:	etwa 250 °C
Flammpunkt:	etwa 300 °C
Stockpunkt:	etwa −5 °C
Dichte:	etwa 0,90 g/ml
Viskosität:	siehe Tabelle

Tabelle 10: **Viskosität von Mineralöl für Ölbäder**

Temperatur [°C]	**Viskositätswerte dynamisch** [mPa · s ≙ cPoise]	**Viskositätswerte kinematisch** [$mm^2 \cdot s^{-1}$ ≙ cStokes]
20	130	145
40	20	20
60	4	4
80	1	1

Vor dem ersten Gebrauch sollte das Öl unter Rühren mit einem Glasstab im Abzug etwa eine Stunde lang auf Betriebstemperatur erhitzt werden, um niedermolekulare Anteile auszutreiben. Bei längerem Gebrauch soll es wegen der möglichen thermischen Zersetzung ("Cracken") unter dem Abzug verwendet werden.

Paraffine als Heizbadmedien

Paraffine (dünn- oder dickflüssig) sind nicht näher analysierte Gemische chemisch inerter Kohlenwasserstoffe. Der Flammpunkt liegt für die höher viskosen Paraffine bei etwa 200 °C, die Temperaturgrenze für Heizbäder bei etwa 150 °C. Paraffine mit diesen Eigenschaften sind im Handel erhältlich (z.B. von Merck). Wenn versehentlich Wasser in heiße Paraffin-Bäder gelangt, kann es zu plötzlichem Verspritzen kommen, wobei sich die Spritzer auf heißen Heizplatten leicht entzünden können!

Die flüssigen Paraffine finden außer als Wärmeübertragungsmedien auch Verwendung als inerte Sperrflüssigkeit zur Füllung von Blasenzählern z.B. zur Kontrolle des Gasflusses bei analytischen und präparativen Arbeiten im Labor.

Legierung nach Wood

Die niedrig schmelzende Legierung (Schmelzpunkt etwa 75 °C) besteht aus etwa 50 % Bismut, 25 % Blei, 12,5 % Zinn und 12,5 % Cadmium. Sie findet vornehmlich Verwendung zur Herstellung von Metallbädern, die auch bei Temperaturen oberhalb 250 °C verwendet werden können. Metallbäder zeichnen sich durch eine sehr gute Wärmeleitfähigkeit aus.

Seesand

Bei Arbeiten mit gefährlichen Stoffen (z.B. Natrium, Kalium, Metallalkylen) sind chemisch inerte Sandbäder optimal geeignet, da bei unvorhersehbarem Bruch der Apparatur keine unmittelbaren Gefahren resultieren: die ausgelaufenen Chemikalien können unverzüglich mit zusätzlichem trockenen Sand abgedeckt werden. Allerdings sollte verunreinigter Sand wegen der möglichen Folgegefahren für Gesundheit und Umwelt (Verdampfen der verschütteten Chemikalien!) alsbald fachgerecht entsorgt und ersetzt werden. Von Nachteil ist die Trägheit, mit der Sandbäder in bezug auf Temperatur geregelt werden können.

Elektrische Heizhauben

Für Temperaturen bis 900 °C eignen sich elektrisch betriebene Heizhauben (z.B. der Marke Pilz®), die mit automatischer Temperatur-Regelung ausgestattet sind. Durch ihre Form bieten sie einen optimalen Wärmeübergang. Aus Sicherheitsgründen sollten die darin beheizten Glas-Apparaturen nicht evakuiert werden, da z.B. durch lokale Überhitzung bedingte Brüche leicht Brände bzw. Explosionen verursacht werden können.

Die Leistungsschalter sind entsprechend dem Füllstand im Reaktionskolben und den Herstellerangaben einzustellen. Heizhauben dürfen nicht als Luftbäder eingesetzt werden, da sie sich aufgrund ungenügender Wärmeableitung leicht überhitzen können.

2.2.8 Tiefe Temperaturen und sicheres Kühlen

Kühlbäder

Am weitesten verbreitet sind in Laboratorien Kühlbäder mit Eis bzw. Mischungen von Eis mit Salzen, z.B. das leicht herstellbare *"Eis-Kochsalz-Bad"*. Die dabei erzielbaren Kühltemperaturen sind in unten stehender Tabelle zusammengestellt.

In der Laborpraxis hat sich für Kältebäder eine Reihe von leicht herstellbaren *Kältemischungen* bewährt, die sich zum konstanten Einstellen von Minus-Temperaturen gut eignen. Es handelt sich meist um Gemische aus einem definierten Salz mit Wasser bzw. Eis. Der Abkühleffekt beruht darauf, daß der Lösungsvorgang des Salzes endotherm verläuft und die hierzu erforderliche Energie dem System bzw. der Umgebung entzogen wird. Wichtig ist für das Konstanthalten der Temperatur, daß immer festes Salz mit den anderen Komponenten nebeneinander vorliegt. In der nachfolgenden Tabelle sind optimale Kältemischungen nach fallender Temperatur geordnet.

Tabelle 11: **Kältemischungen für das Labor**

Komponenten in Gewichtsanteilen			**Erreichbare Temperatur** [°C]
1	Wasser	+ 1 Natriumnitrat	– 5
3	Wasser	+ 1 Natriumchlorid	– 10
4	Wasser	+ 1 Kaliumchlorid	– 12
1	Wasser	+ 1 Ammoniumnitrat	– 15
3	Eis (gemahlen)	+ 1 Natriumchlorid ("Eis-Kochsalz-Bad")	– 21
1	Wasser	+ 1 Natriumnitrat + 1 Ammoniumchlorid	– 24
3	Eis	+ 1 Magnesiumchlorid	– 33
0,8	Eis (gemahlen)	+ 1 Calciumchlorid-Hexahydrat	– 40
0,7	Eis (gemahlen)	+ 1 Calciumchlorid-Hexahydrat	– 55
	Aceton[1]	+ festes Kohlendioxid ("Trockeneis")	– 78

1 Wegen seiner Giftigkeit sollte von Methanol Abstand genommen werden.

Tiefere Temperaturen erreicht man durch Verwendung von festem Kohlendioxid (*"Trockeneis"*) bzw. verflüssigten Gasen. Trockeneis ist wegen der Ungefährlichkeit seiner Dämpfe ein weit verbreitetes Kühlmittel im Labor, besonders zur Kühlung von Kühlfallen in Dewar-Gefässen; als Kühlflüssigkeit wird üblicherweise Aceton verwendet. Vorsicht ist nur beim Eintragen der Kohlensäure geboten, da es dabei zu heftigem Aufschäumen kommen kann. Dies könnte man zwar durch Verwendung von Trichlorethylen als Kühlflüssigkeit vermeiden, weil aufgrund seiner hohen Dichte die feste Kohlensäure darauf schwimmt; wegen des begründeten Verdachts auf krebserzeugendes Potential wird jedoch dringend vor der Verwendung dieses Lösungsmittels abgeraten.

Flüssige Gase

Noch tiefer als mit Trockeneis kommt man mit verflüssigten Gasen, mit denen man bis herunter zu ihrer Siedetemperatur kühlen kann. So liegt beispielsweise der Siedepunkt von flüssigem Stickstoff bei −196 °C und der des Sauerstoffs bei −183 °C.

Im Kontakt mit oxidierbaren Substanzen kann *flüssiger Sauerstoff* verheerende Explosionen verursachen, deshalb empfiehlt sich die Verwendung von *flüssigem Stickstoff* (völlig farblos) und nicht von flüssiger Luft. Da sich in flüssigem Stickstoff der Sauerstoff aus der Luft einkondensieren kann, sind Stickstoff-Kältebäder laufend darauf zu prüfen, ob sich keine – durch Anreicherung des Sauerstoffs verursachte – bläuliche Färbung zeigt: bei einer solchen Verfärbung ist das Bad sofort auf den Fußboden zu entleeren!

Vor dem Befüllen von *Dewar-Gefäßen* sollte man diese völlig trocknen und erst mit kleinen Mengen des Kühlmittels durch kreisende Bewegung vorkühlen. Bereits geringe Wassermengen heben den isolierenden Leydenfrost-Effekt auf und können so Implosionen verursachen. Bei all diesen Arbeiten ist selbstverständlich eine Schutzbrille zu tragen.

Noch tiefere Temperaturen erreicht man durch Verwendung von *flüssigem Helium* (– 269 °C), das prinzipiell mit der gleichen Vorsicht zu handhaben ist. Von *flüssigem Wasserstoff* (– 253 °C) sollte man aus Sicherheitsgründen (Knallgas!) Abstand nehmen.

Kühlschlangen

Zur Kühlung von Kühlern aus Glas (z.B. Dimroth-Kühler oder Liebig-Kühler) reicht in den meisten Fällen Leitungswasser, das reichlich fließend für Dampftemperaturen bis etwa 120 °C ausreicht. Beim Umgang mit Natrium, Kalium bzw. metallorganischen Verbindungen sind statt Kühlern mit Glasschlangen solche mit Metallschlangen zu empfehlen. Generell ist darauf zu achten, daß die Kühlkapazität der verwendeten Kühler ausreicht, um die Lösungsmitteldämpfe vollständig zu kondensieren; dies ist nicht nur wegen der Explosionsgefahr und Luftverschmutzung von Bedeutung, sondern auch – bei Verwendung von Wasserstrahl-Pumpen – wegen der Abwasserbelastung durch Lösungsmittel. In vielen Fällen eignen sich für den Kühlprozeß auch Kryostaten, die über umgepumpte Kühlsolen eine stufenlose Einstellung der Kühltemperatur erlauben. Im gleichen Sinne können sie auch für höhere Temperaturen eingesetzt werden (*Thermostaten*).

Vorsichtsmaßnahmen

Auf der Oberfläche von Gefäßen, die einem Kühlschrank entnommen werden, kondensiert oft Feuchtigkeit aus der Laborluft, und es besteht dann die Gefahr, daß sie aus der Hand rutschen können. Des weiteren kann beim Öffnen von kalten Gefäßen leicht Feuchtigkeit an der gekühlten Substanz kondensieren. Aus diesem Grund ist es nicht ratsam, angebrochene Packungen mit feuchtigkeitsempfindlichen Chemikalien (z.B. Lithiumaluminiumhydrid) im Kühlschrank aufzubewahren; hierfür eignen sich besser Vakuum-Exsikkatoren mit entsprechenden Trocknungsmitteln wie z.B. Sicapent® oder Sicacide®.

2.2.9 Arbeiten mit metallorganischen Verbindungen

Allgemeine Sicherheitsvorkehrungen

Metallorganische Verbindungen reagieren spontan mit Feuchtigkeit und Luftsauerstoff. Oft haben sie pyrophore Eigenschaften. Deshalb müssen bei Arbeiten mit metallorganischen Verbindungen prinzipiell alle Apparaturen, Reagenzien und Lösungsmittel intensiv getrocknet werden. So empfiehlt sich zum *Absolutieren* von Diethylether und Tetrahydrofuran ein Vortrocknen über Kaliumhydroxid, mit anschließendem Eluieren über eine Aluminiumoxid-Säule zwecks Entfernung der *Peroxide* (zur Prüfung und Zerstörung von Peroxiden: siehe Kapitel "Peroxide in Lösungsmitteln", Seite 46).

Zum Entfernen noch vorhandener *Wasser-* und *Sauerstoff-Spuren* wird über Natrium-Draht unter Zusatz einer Spatelspitze Benzophenon bzw. Triphenylmethan destilliert. Diese Indikatoren ergeben bei völliger Abwesenheit von Sauerstoff und Feuchtigkeit eine intensive Färbung, die durch Mesomerie-Stabilisierung der entstehenden Radikale bzw. Anionen bewirkt wird.

– *Mit Benzophenon*

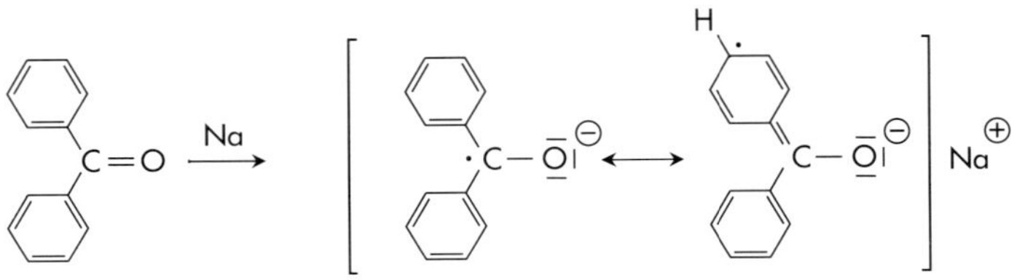

Ketyl-Radikalanion (Schlenk-Radikal)
intensiv blau

– *Mit Triphenylmethan*

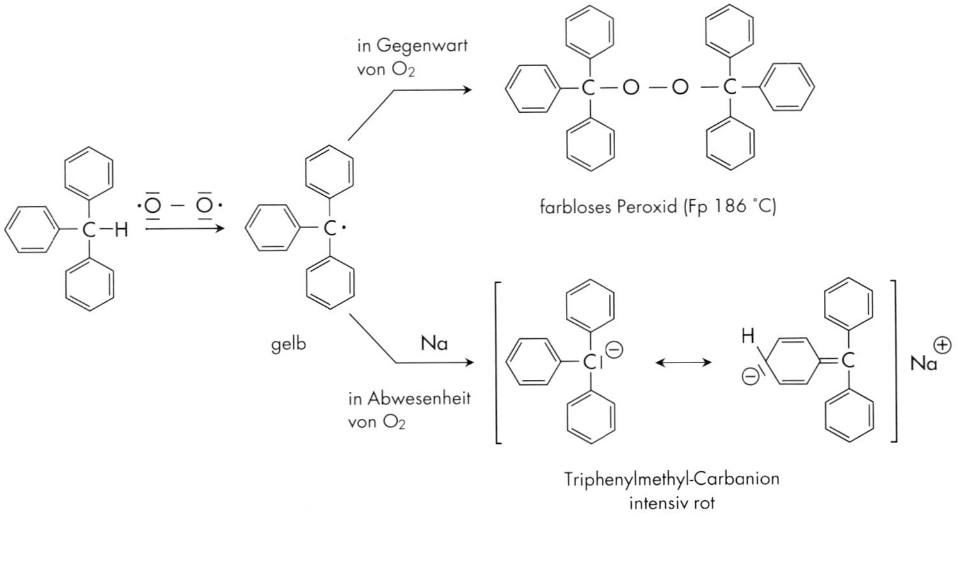

farbloses Peroxid (Fp 186 °C)

Triphenylmethyl-Carbanion
intensiv rot

Abb. 21: Indikator-Reaktionen mit eindeutigem Farbumschlag erleichtern die visuelle Kontrolle der Lösungsmittel-Vorbehandlung

Anmerkung: Mit BTS-Katalysator läßt sich der Sauerstoffgehalt von Lösungsmitteln bequem und gefahrlos bis unter 0,5 mg O_2/l senken (siehe "Entfernen von Sauerstoff aus Lösungsmitteln", Seite 73).

Diethylether und Tetrahydrofuran können mittels frisch regenerierter Molekularsiebe oder auch durch Destillation über Lithiumaluminiumhydrid von Feuchtigkeitsspuren befreit werden. Dichlormethan und Hexamethylphosphorsäuretriamid (siehe Kapitel "Spezielle toxische Wirkungen", Seite 134) werden vorteilhaft über Calciumhydrid destilliert, Toluol über Natrium-Draht. Für Alkane (z.B. Hexan) empfiehlt sich Natrium-Kalium-Legierung als Trocknungsmittel.

Getrocknete Lösungsmittel sollten unter trockenem Argon bzw. Stickstoff und über frisch regeneriertem Molekularsieb aufbewahrt werden. Molekularsieb muß nach der Regeneration im Vakuum abgekühlt und zur Vermeidung von Sauerstoff-Adsorption unter Inertgas aufbewahrt werden. Zum sicheren Regenerieren von Molekularsieben siehe Kapitel "Sicheres Trocknen", Seite 99.

Reaktionsapparaturen werden vor der Reaktion evakuiert und mit der leuchtenden Bunsen-Brennerflamme oder besser mit einem Heißluft-Fön (500 °C) "ausgeheizt", d.h. von Feuchtigkeitsspuren befreit. Vor dem Beschicken mit Reaktanden werden sie, am besten über einen Schlenk-Stutzen, mit einem trockenen Inertgas-Strom "belüftet". Prinzipiell sind alle Schliffe an den Apparaturen durch Klammern zu sichern.

Abb. 22: Der Schlenk-Kolben erlaubt in einfacher Weise das Arbeiten mit pyrophoren Substanzen: selbst im geöffneten Kolben liegen sie geschützt unter einem kontinuierlichen Inertgas-Strom.

In den Inertgas-Strom wird zum Trocknen eine doppelte Patrone Absorptionsröhrchen für H_2O eingeschaltet. Zum Verhindern von CO_2-Spuren eignen sich Absorptionsröhrchen für CO_2 (siehe Kapitel "Absorptionsröhrchen", Seite 111). Als Schutzgas empfiehlt sich die Verwendung von Argon. Die Vorteile gegenüber Stickstoff liegen sowohl bei einem geringeren Verbrauch, da das schwerere Argon nicht so leicht aus kurzzeitig geöffneten Apparaturen diffundiert, als auch bei einer höheren Sicherheit, da aufgrund seiner Dichte die umgebende Luft nicht so leicht in die Apparatur eindringen kann. Argon erfordert geringere Strömungsgeschwindigkeiten, was sich durch geringere Verluste an leicht flüchtigen Substanzen auswirkt. Der höhere Preis des Argons wird durch seinen niedrigeren Verbrauch zum Teil kompensiert.

Bei Arbeiten mit feuergefährlichen metallorganischen Verbindungen sollte grundsätzlich kein Wasser zur Kühlung der Kühler verwendet werden; optimal geeignet sind hierzu Kryostaten mit geeigneten Kühlflüssigkeiten (z.B. Gilotherm®), die über ein weites Temperatur-Intervall eingesetzt werden können. Wenn die Verwendung von Wasser als Kühlmittel unumgänglich ist, müssen Kühler mit Metallschlangen verwendet werden.

Auch für Heizbäder sollte aus Sicherheitsgründen kein Wasser eingesetzt werden, sondern thermisch resistente spezielle Silicon-Öle. Details finden Sie im Kapitel "Sicheres Heizen", Seite 75.

Zur Kühlung von Kühlfallen eignet sich am besten flüssiger Stickstoff (–196 °C). Wenn zu diesem Zweck nur flüssige Luft zur Verfügung steht, dann muß diese regelmäßig ausgetauscht werden, da durch die Anreicherung des verbleibenden Sauerstoffs eine große Neigung zu Explosionen im Kontakt mit brennbaren Stoffen entsteht.

Als Filter-Hilfsmittel wird Seesand empfohlen: Er verhindert das Verstopfen von feinporigen Fritten. Vor Gebrauch muß dieser Seesand bei 250 °C im Trockenschrank von Feuchtigkeit befreit und unter Stickstoff im Vakuum abgekühlt werden.

Um Reagenzien in das Reaktionsgefäß einzubringen, werden häufig *Spezialspritzen* mit etwa 30 ml Inhalt verwendet, die durch einen Septum-Verschluß an der Apparatur gestochen werden. Die leichte Gängigkeit dieser Spritzen sichert man dadurch, daß der Kolben mit einem Tropfen Paraffinöl gefettet wird. Zur Reinigung der Spritze wird sie erst mit Toluol oder Heptan gespült, dann mit 10 %iger Natronlauge. Anschließend wird die Spritze auseinandergenommen, mit Wasser gespült und im Trockenschrank getrocknet.

Sichere Entnahme aus Glasflaschen

Aluminiumalkyl-Lösungen in n-Hexan werden oft in Glasflaschen mit Durchstechstopfen (*Septum*) geliefert, z.B. Diisobutylaluminiumhydrid (DIBAH) und Triisobutylaluminium (TIBA). Selbstentzündungen an der Luft sind bei den n-Hexan-Lösungen bislang nicht beobachtet worden. Die Flaschen werden in einem verlöteten Blechbehälter, der mit Vermiculit gefüllt ist, bruchsicher verpackt zum Versand gebracht.

Der Durchstechstopfen gestattet es, die Lösungen mittels einer 30 ml-*Spezialspritze* (siehe vorigen Absatz) problemlos zu entnehmen. Auch nach der Entnahme mit der Injektionsspritze gewährleistet der durchstoßene Spezialstopfen in Kombination mit der Verschlußkappe einen dichten Verschluß für die Lagerung. Die Substanzen befinden sich in der Flasche unter Stickstoff. Bei der Entnahme mit der Injektionsspritze bildet die Flasche ein geschlossenes Inertgas-System, d.h. es wird zuerst die Menge Inertgas, die der zu entnehmenden Menge Lösung entspricht, eingepreßt. Dadurch wird das Eindringen von Luft und Feuchtigkeit verhindert, die eine Abnahme der Reaktivität bewirken würden. Zur sicheren Entnahme wird nachstehende Vorschrift empfohlen.

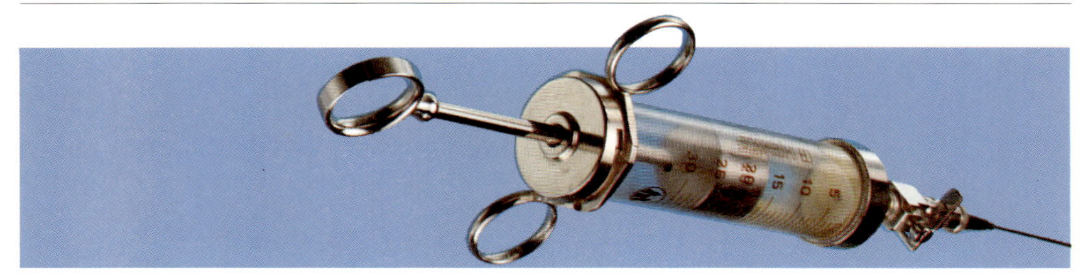

Abb. 23: Mit Spezialspritzen können flüssige pyrophore Substanzen unter Inertgas sicher dosiert werden.

VORSCHRIFT 14

1. Beim Arbeiten mit selbstentzündlichen Substanzen (Abzug!) müssen alle brennbaren Lösungsmittel vom Arbeitsplatz entfernt werden, soweit sie nicht unmittelbar für die Fortführung der Arbeit benötigt werden.
2. Die im Trockenschrank getrocknete 30 ml-Spezialspritze wird so zusammengesetzt: Hahnzwischenstück mit der Spritze verbinden und die Kanüle aufsetzen. Vor Gebrauch trockenen Stickstoff in die Spritze aufsaugen und den Hahn absperren.
3. Die Dose wird mit dem mitgelieferten Schlüssel geöffnet, die Flasche entnommen und die Verschlußkappe abgeschraubt.
4. Die Kanüle der verschlossenen Spritze wird durch den Stopfen der Flasche gestochen, der Hahn geöffnet und der Stickstoff in die Flasche gedrückt.
5. Die Lösung wird nun in die Spritze eingesaugt, der Hahn wieder abgesperrt, die Injektionsnadel herausgezogen und die Flasche sofort wieder zugeschraubt.
6. Der Inhalt der Spritze wird nun in das unter trockenem Stickstoff stehende Reaktionsgefäß unter Vermeidung von Luftzutritt eingeführt.

Sichere Entnahme aus Stahlbehältern

Aluminiumalkyle werden oft auch in Spezialbehältern geliefert, die mit einer seitlichen Schlauchtülle und einem Schraubstopfen ausgerüstet sind. Zur sicheren Entnahme aus diesen Behältern empfiehlt es sich, nachstehende Vorschrift genau einzuhalten.

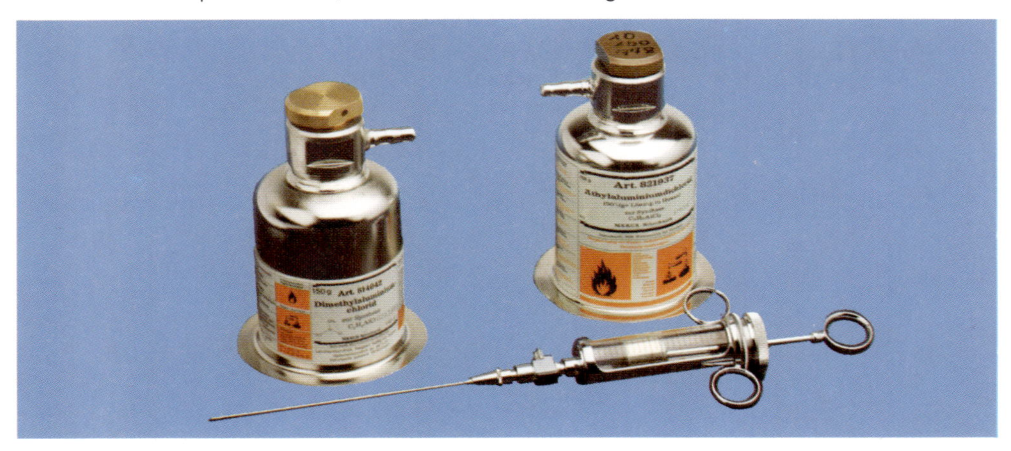

Abb. 24: Selbstentzündliche Chemikalien, wie z.B. Aluminiumalkyle, werden aus Sicherheitsgründen in Spezialbehältern geliefert.

VORSCHRIFT 15

1. Ein PVC-Schlauch, der über einen Blasenzähler (mit Paraffinöl) an eine Inertgas-Flasche angeschlossen ist, wird bei strömendem Gas (etwa 0,5 bar) mit der seitlichen Schlauchtülle des geschlossenen Spezialbehälters verbunden: Das Inertgas muß jetzt durch den Blasenzähler perlen.
2. Nun wird der Schraubstopfen des Spezialbehälters bei strömendem Inertgas vorsichtig abgeschraubt (originalverschlossene Gebinde stehen unter einem leichten Stickstoffdruck von etwa 0,5 bar): Das Gas strömt nun aus der Öffnung des Spezialbehälters.
3. Dann wird die Spezialspritze erst mit Inertgas gespült und in den geöffneten Spezialbehälter zum Einsaugen des Aluminiumalkyls eingeführt.
4. Nach Entnahme den Spezialbehälter sofort wieder dicht verschließen.

Maßnahmen bei Bruch

Bei jedem Umgang mit feuergefährlichen Metallalkylen sollte man Auffangwannen zum Schutz gegen Auslaufen (evtl. mit Chemizorb® Absorptionsmittel) benutzen. Schutzhandschuhe und Schutzbrille tragen! Wenn Spritzer auf die Haut gelangen, so ist diese sofort mit viel Wasser zu waschen. Brände mit trockenem Sand (Eimer!) abdecken und nur mit Kohlensäure oder Trockenlöschern bekämpfen.

Werden beim Öffnen der Dose durchtränktes Vermiculit oder auftretende Dämpfe beobachtet, so liegt ein Bruch der Flasche vor. In diesem Falle wird das Produkt unter dem Abzug nach folgender Vorschrift unschädlich gemacht.

– *Entsorgung von Aluminiumalkylen*

VORSCHRIFT 16

Nach Verdünnen mit inerten Lösungsmitteln (Kohlenwasserstoffen) werden langsam höhere Alkohole zugegeben. Es ist zu beachten, daß dabei Wasserstoff und niedere Kohlenwasserstoffe frei werden, welche leicht entzündlich sind und mit Luft explosible Gemische bilden können. Alle Arbeiten sind deshalb in einem gut funktionierenden Abzug durchzuführen. In analoger Weise werden auch Abfälle und leere Flaschen behandelt.

2.3 Betriebsanweisung für Laboratorien

Die im Labor allgemein einzuhaltenden Vorsichtsmaßnahmen sind in einer sog. Betriebsanweisung zusammengestellt. Sie beinhaltet eine auf wesentliche Punkte zusammengefaßte Anleitung zum sicheren Verhalten in Bereichen, in denen mit Gefahrstoffen umgegangen wird. Die nachstehende "Laborordnung" wurde mit freundlicher Genehmigung der GDCh-Broschüre "Gefahrstoffe an Hochschulen" entnommen. Sie richtet sich nach den Forderungen von § 20 der Gefahrstoff-Verordnung und der TRGS "Umgang mit Gefahrstoffen im Hochschulbereich". Die durch *** im Text gekennzeichneten Stellen sind durch die im eigenen Hausbereich geltenden Informationen zu ergänzen.

Allgemeine Laborordnung

Beim Umgang mit gasförmigen, flüssigen oder festen Gefahrstoffen sowie mit denen, die als Stäube auftreten, haben Sie besondere Verhaltensregeln und die Einhaltung von bestimmten Schutzvorschriften zu beachten.

Der Umgang mit Stoffen, deren Ungefährlichkeit nicht zweifelsfrei feststeht, hat so zu erfolgen wie der mit Gefahrstoffen.

Die Aufnahme der Stoffe in den menschlichen Körper kann durch Einatmen über die Lunge, durch Resorption durch die Haut sowie über die Schleimhäute und den Verdauungstrakt erfolgen.

Gefahrstoffe sind Stoffe oder Zubereitungen, die

sehr giftig (T^+)	ätzend (C)	brandfördernd (O)	krebserzeugend
giftig	reizend (X_i)	hochentzündlich (F^+)	fruchtschädigend
mindergiftig (X_n)	explosionsgefährlich (E)	leichtentzündlich (F)	erbgutverändernd

sind oder aus denen bei der Verwendung gefährliche oder explosionsfähige Stoffe oder Zubereitungen entstehen oder freigesetzt werden können. Gefährliches biologisches Material aus der Bio- und Gentechnik sowie Material, das Krankheitserreger übertragen kann, zählt ebenfalls zu den Gefahrttoffen.

Bei allen Arbeiten haben Sie die hier aufgeführten Regelungen einzuhalten

1. Grundregeln

1.1 Vor dem Umgang mit Gefahrstoffen ist durch den Benutzer anhand des Anhangs VI zur Gefahrstoff-Verordnung oder anhand von Hersteller- oder Händlerkatalogen die Risikogruppe, zu der der Stoff gehört, zu ermitteln.

Die ermittelten besonderen Gefahren (R-Sätze) und Sicherheitsratschläge (S-Sätze) sind als Bestandteil dieser Betriebsanweisung verbindlich.

1.2 Gefahrstoffe dürfen nicht in Behältnissen aufbewahrt oder gelagert werden, die zu Verwechslungen mit Lebensmitteln führen können.

1.3 Sehr giftige und giftige Stoffe sind von einem Sachkundigen unter Verschluß zu halten.

1.4 Kühl zu lagernde brennbare Flüssigkeiten sowie hochentzündliche und leichtentzündliche Stoffe dürfen nur in Kühlschränken oder Tiefkühleinrichtungen aufbewahrt werden, deren Innenraum explosionsgeschützt ist.

1.5 Sämtliche Standgefäße sind mit dem Namen des Stoffes und den Gefahrensymbolen zu kennzeichnen; große Gefäße sind vollständig zu kennzeichnen, d.h. auch mit R- und S-Sätzen.

1.6 Das Einatmen von Dämpfen und Stäuben sowie der Kontakt von Gefahrstoffen mit Haut und Augen sind zu vermeiden. Beim offenen Umgang mit gasförmigen, staubförmigen oder solchen Gefahrstoffen, die einen hohen Dampfdruck besitzen, ist grundsätzlich im Abzug zu arbeiten.

1.7 Im Labor muß ständig eine Schutzbrille getragen werden; Brillenträger müssen eine optisch korrigierte Schutzbrille oder aber eine Überbrille nach W DIN 2 über der eigenen Brille tragen.

1.8 Das Essen, Trinken und Rauchen im Labor ist untersagt.

1.9 Die in den Sicherheitsratschlägen (S-Sätzen) und speziellen Betriebsanweisungen vorgesehenen Körperschutzmittel wie Korbbrillen, Gesichtsschutz und geeignete Handschuhe sind zu benutzen. Beim Umgang mit sehr giftigen, giftigen oder ätzenden Druckgasen ist eine Gasmaske mit geeignetem Filter am Arbeitsplatz bereit zu halten.

1.10 Im Labor ist zweckmäßige Kleidung, z.B. ein Baumwoll-Laborkittel, zu tragen, deren Gewebe aufgrund des Brenn- und Schmelzverhaltens keine erhöhte Gefährdung im Brandfall erwarten läßt. Die Kleidung soll den Körper und die Arme ausreichend bedecken. Es darf nur festes, geschlossenes und trittsicheres Schuhwerk getragen werden.

1.11 Die folgenden Schriften sind zu lesen und ihr Inhalt ist bei Laborarbeiten zu beachten:

Richtlinien für Laboratorien
- Hausordnung des ****Fachbereichs****
- Druckgasflaschenordnung des ****Fachbereichs****
- Die Brandschutzordnung der ****Hochschule****

sowie weitere, spezielle Betriebsanweisungen für besonders gefährliche Stoffe, Stoffgruppen und Tätigkeiten.

2. Allgemeine Schutz- und Sicherheits-Einrichtungen

2.1 Die Frontschieber der Abzüge sind zu schließen; die Funktionsfähigkeit der Abzüge ist zu kontrollieren (z.B. durch einen Papierstreifen oder Wollfaden). Defekte Abzüge dürfen nicht benutzt werden (*** *Hinweise auf weitere Funktionskontrollen der Abluft* ***).

2.2 Man hat sich über den Standort und die Funktionsweise der Notabsperr-Vorrichtungen für Gas und Strom sowie der Wasserversorgung zu informieren. Nach Eingriffen in die Gas-, Strom- und Wasserversorgung ist unverzüglich ****zuständige Stelle**** zu informieren. Eingriffe sind auf Notfälle zu beschränken und die betroffenen Verbraucher zu warnen.

2.3 Notduschen und Augenduschen sind durch das Laborpersonal monatlich auf ihre Funktionsfähigkeit hin zu prüfen.

2.4 Feuerlöscher, Löschsandbehälter und Behälter für Aufsaugmaterial sind nach jeder Benutzung zu befüllen. Feuerlöscher, auch solche mit verletzter Plombe, sind dazu bei ****zuständige Stelle**** abzugeben und alsbald wieder abzuholen.

2.4 Bodeneinläufe und Becken-Siphons sind mit Wasser gefüllt zu halten, um die Abwasserleitungen gegen den im Labor herrschenden Unterdruck zu verschließen.

2.5 Der Inhalt der in den Labors befindlichen Erste-Hilfe-Kästen ist regelmäßig auf seine Vollständigkeit zu überprüfen und entsprechend zu ergänzen.

3. Abfall-Minderung und -Entsorgung

3.1 Die Menge gefährlicher Abfälle ist dadurch zu vermindern, daß nur kleine Mengen von Stoffen in Reaktionen eingesetzt werden. Der Weiterverwendung und der Wiederaufarbeitung, z.B. von Lösungsmitteln, ist der Vorzug vor der Entsorgung zu geben. Reaktive Reststoffe, z.B. Alkalimetalle, Peroxide, Hydride, Raney-Nickel, sind sachgerecht zu weniger gefährlichen Stoffen umzusetzen.

3.2 Anfallende nicht weiterverwendbare Reststoffe, die aufgrund ihrer Eigenschaften als Sonderabfall einzustufen sind, müssen entsprechend der gesondert ausgegebenen Richtlinie für die Sammlung und Beseitigung von Sonderabfällen an der ****Hochschule**** verpackt, beschriftet, deklariert und der ****zuständigen Stelle**** gemeldet und zur Entsorgung übergeben werden. Gleiches gilt für zu entsorgende Altchemikalien und Druckgasflaschen. Die geltenden Transportvorschriften sind zu beachten. Sie sind bei ****zuständige Stelle**** zu erfahren.

4. Verhalten in Gefahrensituationen

Beim Auftreten gefährlicher Situationen, z.B. Feuer, Austreten gasförmiger Schadstoffe, Auslaufen von gefährlichen Flüssigkeiten, sind die folgenden Anweisungen einzuhalten:

4.1 **Ruhe bewahren und überstürztes, unüberlegtes Handeln vermeiden!**

4.2 Gefährdete Personen warnen, gegebenenfalls zum Verlassen der Räume auffordern.

4.3 Gefährdete Versuche abstellen, Gas, Strom und ggf. Wasser abstellen (Kühlwasser muß weiterlaufen!).

4.4 Aufsichtsperson und/oder ****Verantwortlichen**** benachrichtigen.

4.5 Bei Unfällen mit Gefahrstoffen, die Langzeitschäden auslösen können, oder die zu Unwohlsein oder Hautreaktionen geführt haben, ist ein Arzt aufzusuchen. Der Vorgesetzte, der Praktikumsleiter oder stellvertretend der Assistent sind darüber zu informieren. Eine Unfallmeldung ist möglichst schnell bei ****zuständige Stelle**** zu erstellen.

5. Grundsätze der richtigen Erste-Hilfe-Leistung

5.1 Bei allen Hilfeleistungen auf die eigene Sicherheit achten!

So schnell wie möglich einen notwendigen NOTRUF tätigen.

5.2 Personen aus dem Gefahrenbereich bergen und an die frische Luft bringen.

5.3 Kleiderbrände löschen.

5.4 Notduschen nutzen; mit Chemikalien verschmutzte Kleidung vorher entfernen, notfalls bis auf die Haut ausziehen; mit Wasser und Seife reinigen; bei schlecht wasserlöslichen Substanzen diese mit Polyethylenglycol 400 von der Haut abwaschen und mit Wasser nachspülen.

5.5 Bei Augenverätzungen mit weichem, umkippendem Wasserstrahl, am besten mit einer am Trinkwassernetz fest installierten Augendusche, beide Augen von außen her zur Nasenwurzel bei gespreizten Augenlidern 10 Minuten oder länger spülen.

5.6 Atmung und Kreislauf prüfen und überwachen.

5.7 Bei Bewußtsein gegebenenfalls Schocklage erstellen; Beine nur leicht (max. 10 cm) über Herzhöhe mit entlasteten Gelenken lagern.

5.8 Bei Bewußtlosigkeit und vorhandener Atmung in die stabile Seitenlage bringen; sonst Kopf überstrecken und bei einsetzender Atmung in die stabile Seitenlage bringen, sonst sofort mit der Beatmung beginnen. Tubus benutzen und auf Vergiftungsmöglichkeiten achten. (Bei Herzstillstand: Herz-Lungen-Wiederbelebung durch **ausgebildete** Personen).

5.9 Blutungen stillen, Verbände anlegen, dabei Einmalhandschuhe benutzen.

5.10 Verletzte Person bis zum Eintreffen des Rettungsdienstes nicht allein lassen.

5.11 Information des Arztes sicherstellen. Angabe der Chemikalien möglichst mit Hinweisen für den Arzt aus Sicherheitsdatenblättern oder entsprechenden Büchern[1], Erbrochenes und Chemikalien sicherstellen.

6. NOTRUF

6.1 ***Feuer/Unfall*** von jedem Telefon aus innerhalb der ***Hochschule***

6.2 ***112*** von amtsberechtigten Anschlüssen innerhalb der ***Hochschule***

6.3 ***112*** münzfreier NOTRUF von den Münzfernsprechern am ***Ort***

6.4 Setzen Sie einen NOTRUF gemäß folgendem Schema ab:

WO geschah der Unfall:	Ortsangabe
WAS geschah:	Feuer, Verätzung, Sturz, usw.
WELCHE Verletzungen:	Art und Ort am Körper
WIEVIELE Verletzte:	Anzahl
WARTEN :	niemals auflegen, bevor die Rettungsleitstelle das Gespräch beendet hat; es können wichtige Fragen zu beantworten sein.

7. Wichtige Rufnummern

Krankentransport ***
Unfallchirurgie ***
Augenklinik ***
Hautklinik ***
Poliklinik ***
Ambulanz ***
Werksärztliche Abteilung ***

8. Alarmsignale

Feueralarm ***Signalkennung***

Alarmort ermitteln.
Entstehungsbrand mit Eigenmitteln löschen (Feuerlöscher, Sand); dabei auf eigene Sicherheit achten; Panik vermeiden;
wenn notwendig: Arbeitsplatz sichern, möglichst Strom und Gas abschalten, Gebäude auf dem kürzesten Fluchtweg verlassen, **keine Aufzüge benutzen**.

ggf. weitere Alarmsignale, ihre Bedeutung und Handlungshinweise

PERSONENSCHUTZ GEHT VOR SACHSCHUTZ

Ort, den

(Unterschrift)

1 Siehe Anhang "Literatur", Seite 198

3. Sicherheitsprodukte

Im vorigen Kapitel "Allgemeine Vorsichtsmaßnahmen" wurden vorwiegend Themen zum aktiven Schutz abgehandelt, also solche, die die Unfallgefahr durch eigenes sicherheitsbewußtes Verhalten und Handeln mindern. Unter dem Titel "Sicherheitsprodukte" sollen Hilfsmittel und Ausrüstungen vorgestellt werden, die zum passiven Schutz beitragen. Sie betreffen sowohl die persönliche Schutzausrüstung als auch Hilfsmittel, z.B. zur sicheren Entnahme gefährlicher Chemikalien, zum Beseitigen verschütteter Flüssigkeiten, zum gefahrlosen Trocknen und problemlosen Reinigen von Laborgeräten.

3.1 Persönliche Schutzausrüstung

Jeder Beruf erfordert seine eigene, dem Zweck entsprechende Berufskleidung. Dies ist ganz besonders beim Umgang mit Chemikalien in Labor und Lager erforderlich. Selten handelt es sich hier um harmlose Substanzen, und oft sind gefährliche Situationen, trotz guter Vorbereitung, nicht ganz auszuschließen. Jedem Labor-Experten ist es doch schon passiert, daß ihm die "Reaktion" durchgegangen ist. Deshalb ist adäquate, geprüfte und gut gepflegte Schutzausrüstung erste Voraussetzung für sicheres Arbeiten. Dabei kommt dem Körperschutz, insbesondere dem Schutz von Augen und Händen, fundamentale Bedeutung zu.

3.1.1 Schutzbrillen und Schutzscheiben

Schädlich für das Auge ist im Prinzip alles, was kein Wasser ist !

Die Augen sind im Labor durch vielfältige Ereignisse laufend in Gefahr und bedürfen deshalb eines dauernden Schutzes. Gefährliche Einwirkungen können irreversible Schädigungen verursachen, die von der Verminderung der Sehkraft (z.B. durch Trübung der Hornhaut) bis zum Verlust des Augenlichtes reichen können. So können z.B. explodierende oder implodierende Glasgeräte mechanische Verletzungen am Auge verursachen; verspritzende Chemikalien oder reizende Dämpfe oder Stäube können ätzende Verletzungen hervorrufen. Laugen verursachen oft schwerere Schädigungen des Auges als Säuren.

Aus diesen Gründen müssen im Labor grundsätzlich immer Schutzbrillen aus schlagsicherem Material getragen werden, die auch eine obere Augenraum-Abdeckung und einen ausreichenden Seitenschutz gewährleisten. Besonders gefährliche Reaktionen, bei denen mit unvorhersehbaren Ereignissen zu rechnen ist, sollten zusätzlich im Abzug bei geschlossenem Frontschieber durchgeführt werden und die dazu erforderlichen Vorarbeiten sogar hinter einem Schutzschild aus glasklarem und splittersicherem Material. Ein Gesichtsschutzschild schützt hier Hals und Gesicht.

Die beste Schutzbrille hilft nur, wenn sie auch getragen wird !

Beim Umgang mit Chemikalien dürfen keine *Kontaktlinsen* bzw. Haftschalen getragen werden. Für dieses Verbot gibt es sehr gute Gründe: Gelangt nämlich ein Chemikalienspritzer ins Auge, so schließt der Betroffene reflexartig das Augenlid. Deshalb ist es nahezu unmöglich, die Kontaktlinse zu entfernen, um das Auge zu spülen. Außerdem wissen Helfer, die das Auge spülen wollen, meist nicht, daß der Mitarbeiter Kontaktlinsen trägt. Eine wirksame Behandlung ist somit fraglich. Gleichermaßen gefährlich können für Kontaktlinsenträger Gase, Dämpfe oder staubförmige Stoffe werden. Sie können sich unter der Linse konzentrieren bzw. von der Weichlinse aufgenommen werden und einen bleibenden Augenschaden verursachen. Müssen aus augenärztlicher Sicht zwingend Kontaktlinsen getragen werden, so sind spezielle Vollsichtbrillen zu tragen.

Abb. 25: Schutzbrillen müssen nach allen Seiten gut anschließen, d.h. auch einen ausreichenden Seitenschutz sicherstellen.

Im Falle einer Verätzung ist das betroffene Auge unverzüglich im umgekippten Strahl aus einem Wasserschlauch (oder mit einer Spezial-Augendusche) mit *Leitungswasser* ausgiebig zu spülen. Augenlider dabei weit spreizen und die Augen nach allen Seiten bewegen. Anschließend Verletzten sofort zur augenärztlichen Behandlung bringen und die Chemikalie angeben. Im Labor sollten heute aus augenärztlicher Sicht keine Augenwaschflaschen mehr eingesetzt werden, wenn Trinkwasser zur Verfügung steht, da der Flascheninhalt in der Regel durch Mikroorganismen verkeimt ist.

3.1.2 Atemschutz

Da bei sicherheitsbewußtem Arbeiten gefährliche Reaktionen grundsätzlich im Abzug durchgeführt werden, ergeben sich im Labor nur selten Gelegenheiten, die besonderes Atemschutzgerät erforderlich machen. Trotzdem können sich beim Umgang mit gefährlichen Arbeitsstoffen, z.B. beim Einleiten von Phosgen in Toluol oder bei Methylierungen mit Dimethylsulfat, Situationen ergeben, die besondere Sicherheitsmaßnahmen erfordern. Da bei Versuchen mit diesen Stoffen auch die Gefahr eines Glasbruchs besteht, muß eine Atemschutzmaske mit entsprechendem Filter vor Ort bereitgehalten werden.

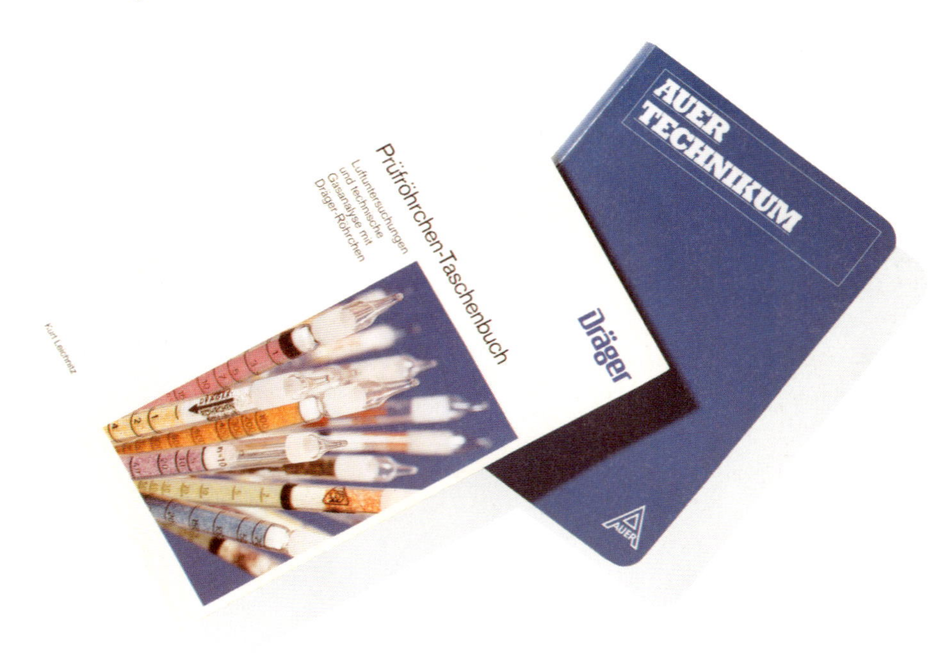

Abb. 26: Luft-Untersuchungen können mit Prüfröhrchen leicht vor Ort durchgeführt werden.

Zur Prüfung und Messung der Atemluft auf explosible und toxische Gase, Dämpfe und Aerosole sind im Handel *Prüfröhrchen* (z.B. von Dräger) erhältlich, die es erlauben, die Umgebungsluft schnell und unkompliziert auf Schadstoffe zu überprüfen. Die angebotenen Sortimente reichen von *Acetaldehyd* über *Ammoniak, Benzol, Blausäure, Chlor, Chlorcyan, Dimethylsulfat, Kohlenmonoxid, Ozon, Phosgen, Schwefeldioxid, Schwefelwasserstoff* bis *Xylol*, um nur die wichtigsten zu nennen. Ist die Gefahrsituation erkannt, so wird mit Hilfe einfach zu betätigender Handpumpen eine zuverlässige Schadstoffmessung erreicht, die sich an den publizierten MAK-Werten orientiert: durch Farbumschlag im Röhrchen wird sofort das Meßergebnis angezeigt.

Wenn als Folge eines Glasbruchs gefährliche Chemikalien (Dimethylsulfat hat keinen eigenen Warngeruch!) verspritzt wurden, muß zum Schutz eine *Vollmaske*, die mit Spezialfiltern (z. B. von Auer) ausgerüstet ist, eingesetzt werden. Die notwendigen Reinigungsoperationen können – nach Evakuierung des übrigen Laborpersonals – unter Umständen nur mit schwerem Atemschutz sicher durchgeführt werden. Dicht sitzende Vollmasken sollten gleichzeitig auch die Augen vor reizenden Gasen schützen. Die im gegebenen Schadensfalle erforderlichen Gasfilter-Typen sind in nachstehender Tabelle nach Kennbuchstaben und Kennfarben zusammengestellt. Bei der Anwendung sind die vom Hersteller angegebenen Empfehlungen (z.B. Lagerfähigkeit, Wiederverwendbarkeit etc.) unbedingt zu beachten.

Tabelle 12: **Filtertypen für Gasmasken**

Kennfarbe	Filtertyp	Hauptanwendungsbereich
braun	**AX**	Gase und Dämpfe von organischen Verbindungen mit einem Siedepunkt ≤ 65 °C
braun	**A**	Dämpfe von organischen Verbindungen mit einem Siedepunkt ≥ 65 °C
grau	**B**	Anorganische Gase und Dämpfe z.B. Chlor, Schwefelsäure, Cyanwasserstoff (Blausäure)
gelb	**E**	Schwefeldioxid Chlorwasserstoff
grün	**K**	Ammoniak
schwarz	**CO**	Kohlenmonoxid
rot	**Hg**	Quecksilber (Dampf)
blau	**NO**	Nitrose Gase einschließlich Stickstoffmonoxid
orange	**Reaktor**	Radioaktives Iod einschließlich radioaktivem Iodmethan
weiß	**P**	Partikeln

3.1.3 Schutzhandschuhe und Schutzschuhe

"Hände gut, alles gut" ist ein griffiger Merksatz der Berufsgenossenschaft Chemie.

Die Hände sind nach den Unfallstatistiken die am stärksten gefährdeten Körperteile. Die am meisten vorkommenden Gefahren sind Hautverletzungen, durch die gesundheitsgefährdende Stoffe in den menschlichen Körper eindringen können, Verbrennungen, Verätzungen, Stich- oder Schnittverletzungen. Durch das Tragen von geeigneten Schutzhandschuhen kann die Verletzungsgefahr wesentlich herabgesetzt werden. Der im Labor übliche Umgang mit zerbrechlichem Glasgerät erfordert allerdings ein Fingerspitzengefühl, das durch das Tragen von Handschuhen stark eingeschränkt wird, so daß diese Sicherheitsmaßnahme das Unfallrisiko auch erhöhen kann. Für diesen Zweck gibt es im Handel hoch elastische Latex-Handschuhe, die ein besseres Tastempfinden erlauben als es mit den herkömmlichen Gummi-Handschuhen möglich ist.

Im Labor gibt es aber gewisse Arbeiten, die wegen der erhöhten Verletzungsgefahr nicht ohne geeignete Schutzhandschuhe durchgeführt werden können. So kann z.B. bei Glasarbeiten die Gefahr von Schnittverletzungen (durch Abbrechen von Glasstäben) durch mechanisch resistente Lederhandschuhe verringert werden; Lederhandschuhe sind ebenfalls für den Umgang mit brandgefährlichen metallorganischen Verbindungen besonders geeignet. Gummihandschuhe sind hierfür ungeeignet, da sie im Falle brennender Rückstände leicht verschmoren und so zusätzliche Verletzungen verursachen können.

Chemikalien-beständige Handschuhe sind besonders beim Umgang mit ätzenden Flüssigkeiten wie Säuren (Flußsäure!), Laugen und Lösungsmitteln zu empfehlen, da diese unbemerkt durch die Haut in den Körper gelangen können und irreversible Schädigungen zu verursachen vermögen.

Einige gefährliche Arbeitsstoffe, wie z. B. Dimethylsulfat, können auch durch das Handschuhmaterial hindurch diffundieren; deshalb müssen derart verunreinigte Handschuhe unverzüglich verworfen werden. Unproblematisch verschmutzte Handschuhe, die weiter benutzt werden können, sind allerdings vor dem Ausziehen wie beim normalen Händewaschen zu reinigen.

Im allgemeinen sollte im Labor nur festes, geschlossenes und trittsicheres Schuhwerk getragen werden, also keine Sandalen. Wenn erhöhte Gefahr für Fußverletzungen besteht (z.B. im Lagerbereich durch herabstürzende Fässer), sind besondere *Schutzschuhe* zu empfehlen; diese sollten gleichzeitig die Ableitung statischer Elektrizität ermöglichen, um Funkenbildung zu vermeiden, die gefährliche Explosionen auslösen können.

3.1.4 Schutzkleidung

Im Labor ist üblicherweise keine besondere *Schutzkleidung* erforderlich. Um die direkte Einwirkung von Chemikalien auf Haut und Kleidungsstücke zu verhindern, wird als zweckmäßige Kleidung ein *Laborkittel* empfohlen. Dieser muß beim Umgang mit brennbaren Flüssigkeiten aus reiner Baumwolle bestehen; auch die darunter befindliche Kleidung sollte aus Naturfasern hergestellt sein. Hohe Anteile an synthetischen Fasern führen zu unerwünschten Eigenschaften in bezug auf elektrostatische Aufladung oder in bezug auf Brenn- und Schmelzverhalten. Baumwollgewebe brennt unter Verkohlung, derweil Gewebe mit hohem Anteil an synthetischen Fasern ein Schmelzverhalten zeigt, das zu tiefergehenden Schädigungen der Haut führen kann.

Schutzschürzen aus chemisch beständigem Material sind zum Schutz gegen aggressive Chemikalien (z.B. Säuren, Laugen, Lösungsmittel) dann erforderlich, wenn die Gefahr des Verspritzens besteht, etwa im Lagerbereich beim Umfüllen von gefährlichen Chemikalien.

Abb. 27: Bei allen Arbeiten in Labor und Lager ist die geeignete Schutzausrüstung erste Voraussetzung zur Verhinderung von Unfällen und Gesundheitsschäden.

3.2 Sichere Entnahme

Der problemfreie Umgang mit gefährlichen Chemikalien erfordert nicht nur Erfahrung und Vorsicht seitens des Verbrauchers in Labor, Lager und Technikum, sondern gleichermaßen zuverlässige Verpackung und Hilfsmittel seitens der Chemikalien-Hersteller. Dies gilt insbesondere für die Maßnahmen und Einrichtungen zur sicheren Entnahme von Chemikalien, in großen wie auch in kleinen Mengen.

Zur umweltbewußten Entsorgung der leeren Flaschen und Fässer sollte stets auf *restlose Entleerung* geachtet werden. Durch unvollständiges Entleeren gehen einerseits wertvolle Rohstoffe verloren, andererseits entstehen Folgekosten, da die Restmengen (durchschnittlich 0,5 % des Füllvolumens!) vor der Entsorgung aus den Packmitteln ausgespült werden müssen, was wiederum umweltproblematisches Abwasser verursacht. Um die Forderungen des Umweltschutzes stets vor Augen zu halten, hat der Verband der chemischen Industrie (VCI) Aufkleber entworfen, die an allen betreffenden Stellen optisch daran erinnern sollen.

Abb. 28: Nicht zuletzt aus Gründen des Umweltschutzes müssen Chemikalien aus ihren Vorratsbehältern restlos entleert werden.

3.2.1 Adapter für die Direktentnahme aus Flaschen

Speziell entwickelte Adapter mit S 40-Schraubgewinde verhindern nicht nur die Kontamination der Atemluft durch gefährliche und übelriechende Dämpfe (z.B. Pyridin, tert-Butylmethylether), sondern vermeiden auch die Kontamination empfindlicher Reagenzien durch die Laborluft. Sie schützen also einerseits den Verbraucher vor gesundheitsschädlichen Einwirkungen durch Kontakt mit Dämpfen und Flüssigkeiten, andererseits aber auch die Reagenzien vor unerwünschten Einflüssen aus der Umwelt (z.B. Sauerstoff, Kohlendioxid, Feuchtigkeit). Die Adapter dienen zum direkten und problemlosen Anschluß von Original-Reagenzienflaschen, von 250 ml bis 2,5 l Inhalt, an Titrations-, HPLC- und andere Laborgeräte. Auch die bei Analysen-Geräten laufend anfallenden Abfall-Lösungsmittel lassen sich mit Hilfe der Adapter ohne Umfüllen auffangen. Die besonderen Vorteile liegen auf der Hand:

- Keine Abgabe von gesundheitsschädlichen Dämpfen an die Atemluft.
- Kein Umfüllen: Optimale Original-Verpackung als Vorratsflasche = geprüfte Sicherheit.
- Ausführliche Sicherheits-Information auf dem Original-Etikett: Gefahrensymbole mit Gefahrenbezeichnungen, Gefahrenhinweise und Sicherheitsratschläge.
- Exakte Inhalts-Bezeichnung auf dem Original-Etikett: Titer, Temperatur-Abhängigkeit des Titers, Konzentration etc.
- Keine Kontamination der Reagenzien beim Umfüllen durch Kontakt mit der Labor-Luft oder Restmengen in der Vorratsflasche = Qualitäts-Sicherung.

■ **Der Adapter S 40**

Der Adapter S 40 der Firma Merck empfiehlt sich zur Direktentnahme von Lösungsmitteln aus Original-Flaschen, z.B. zum direkten Anschluß an HPLC–Geräte. Der Verschluß aus lösungsmittelresistentem Fluorkunststoff enthält vier Bohrungen mit je 3 mm Durchmesser. Zum Verschließen nicht benutzter Bohrungen werden Stöpsel mitgeliefert.

■ **Das Adapter-System S 40**

Das Adapter-System S 40 der Firma Merck, aus resistentem Fluorkunststoff, erlaubt den direkten Anschluß von Original-Flaschen mit Reagenzien, Maß- oder Puffer-Lösungen an alle gängigen Titrier- und automatischen Dosier-Geräte, z.B. Kolbenbüretten und Titratoren. Zum Adapter-System gehört ein Trockenrohr, wodurch empfindliche Reagenzien, wie z.B. Karl-Fischer-Lösungen oder Tetrabutylammoniumhydroxid-Lösung, vor Feuchtigkeit oder Kohlendioxid aus der Luft geschützt werden können.

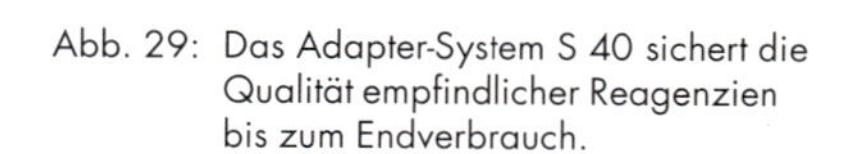

Abb. 29: Das Adapter-System S 40 sichert die Qualität empfindlicher Reagenzien bis zum Endverbrauch.

3.2.2 Sicherheits-Hahn für die Entnahme aus Fässern

Auch die Entnahme von Lösungsmitteln, Säuren und Laugen aus Fässern im Vorratslager erfordert besondere Sicherheits-Maßnahmen zur Verhinderung von ätzenden Spritzern oder Entzündung von Lösungsmitteldämpfen. Der selbstentlüftende Spezial-Hahn der Firma Merck dient der sicheren Entnahme von Flüssigkeiten aus Behältern mit ¾"-Öffnungen. Aus hochwertigem Fluorkunststoff gefertigt ist er mechanisch resistent und inert gegen Säuren, Laugen und organische Lösungsmittel. Der Verwendungsbereich umfaßt Stahlblech-Kannen und -Fässer sowie Polyethylen- und Edelstahl-Fässer. Eine ausführliche Gebrauchsanweisung mit Anleitung für verschiedene Faß-Öffnungen liegt jeder Packung bei.

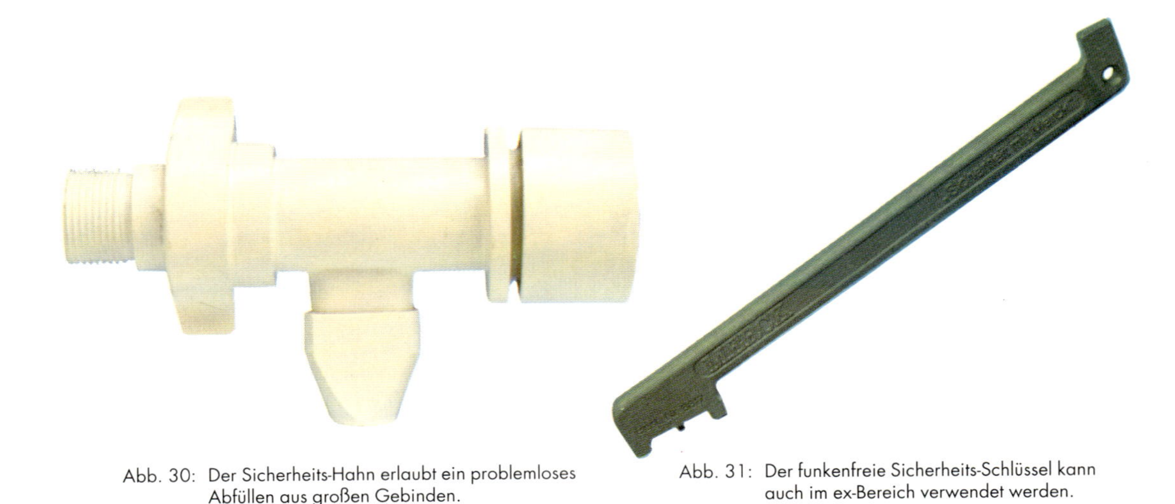

Abb. 30: Der Sicherheits-Hahn erlaubt ein problemloses Abfüllen aus großen Gebinden.

Abb. 31: Der funkenfreie Sicherheits-Schlüssel kann auch im ex-Bereich verwendet werden.

Wichtige Aspekte der Arbeitssicherheit wurden bei der Entwicklung des Hahns berücksichtigt:

- Der pulsationsfreie Ausfluß verhindert gefährliches Verspritzen des Füllgutes.
- Der Entnahmekopf ist selbstentlüftend, selbstsichernd und selbstschließend. Wichtig im Falle plötzlichen Unwohlseins!
- Die integrierte Sicherheits-Verriegelung verhindert, daß sich der Hahn durch unbeabsichtigte Berührung plötzlich öffnet.
- Die Entzündung von Lösungsmitteldämpfen durch elektrostatische Aufladung wird durch eine zusätzlich aufsteckbare *Antistatik-Vorrichtung* vermieden.
- Die chemische Beständigkeit verhindert die Kontamination der abgefüllten Flüssigkeiten = Qualitäts-Sicherung.

3.2.3 Sicherheits-Schlüssel zum Öffnen von Fässern

Festsitzende Schraubverschlüsse an Fässern dürfen nicht durch Gewaltanwendung gelöst werden. Der Spezial-Schlüssel der Firma Merck ermöglicht ein leichtes Abziehen des Schutzdeckels und ein gefahrloses Öffnen der Behälter mit 2"- und ¾"-Schraubstopfen. Da aus einer funkenfreien Spezial-Legierung gefertigt, kann er auch in ex-geschützten Räumen ohne Zündgefahr für Lösungsmittel-Dämpfe eingesetzt werden. Seine angewinkelte Form ermöglicht eine leichte Handhabung und schließt eine Verletzungsgefahr beim Öffnen aus: Eine optimale Kombination von Funktionalität und Arbeitssicherheit.

3.2.4 Spezialspritze für Metallalkyle

Metallalkyle sind äußerst reaktive Verbindungen, die sich oft spontan an der Luft entzünden und mit Wasser explosionsartig reagieren können. Zur gefahrlosen Dosierung von Reagenzien, wie z.B. Aluminium-, Lithium- oder Zinkalkylen, sind Spezialspritzen im Handel. Die von Merck vertriebene Spritze umfaßt ein Volumen von 30 ml und dient zur problemlosen Entnahme von Metallalkyl-Lösungen aus Glasflaschen mit *Septum*-Verschluß. Dieser Sicherheits-Verschluß ermöglicht die wiederholte Entnahme feuergefährlicher Reagenzien unter völligem Ausschluß von Luftsauerstoff und Feuchtigkeit. Durch seine besondere Konstruktion dichtet er auch bei wiederholtem Durchstechen sicher ab und bietet gleichzeitig optimale Resistenz gegen das aggressive Füllgut.

In gleicher Weise eignet sich die Spritze zur Entnahme reiner Aluminiumalkyle aus Spezial-Stahlflaschen (150 g bzw. 1 kg Inhalt), die mit einer seitlichen Schlauchtülle und einem Schraubstopfen ausgerüstet sind. Diese Sicherheitsgebinde sind im MERCK-Schuchardt-Sortiment erhältlich (siehe Anhang "Reagenzien und Chemikalien", Seite 202). Eine ausführliche Vorschrift zur Entnahme feuergefährlicher Reagenzien mit Hilfe der Spezialspritze ist in Einzelschritten im Kapitel "Arbeiten mit metallorganischen Verbindungen", Seite 80, beschrieben. Die Bestell-Information für die hier vorgestellten Entnahme-Hilfen finden Sie im Anhang "Labor-Hilfsmittel", Seite 209.

3.2.5 Titrisol® – die sichere Ampulle

Wegen ihrer analytischen Zuverlässigkeit haben Titrisol®-Konzentrate in Ampullen für die Titration, für die Herstellung von Puffer-Lösungen zur Kalibrierung von pH-Metern, zur Bereitung von wässerigen Element- und Ionen-Standards für die Atomspektrometrie seit langem einen festen Stammplatz im analytischen Labor. Durch eine verbesserte Konstruktion bieten diese Ampullen jetzt noch weitere Vorteile:

- Gefahrloses Handling: Die integrierte Öffnungshilfe macht den Glasstab zum Durchstoßen der Membran überflüssig – keine Gefahr mehr für Schnittverletzungen!
- Übertragbare Information: Die geprüften Gefahrensymbole, Gefahrenbezeichnungen, Gefahrenhinweise und Sicherheitsratschläge können mit dem ablösbaren Ampullen-Etikett auf den Meßkolben transferiert werden.
- Problemloses Öffnen: Die "Ampulle mit dem Dreh" läßt sich ohne unbeabsichtigten Substanzverlust im Handumdrehen öffnen = analytische Sicherheit.

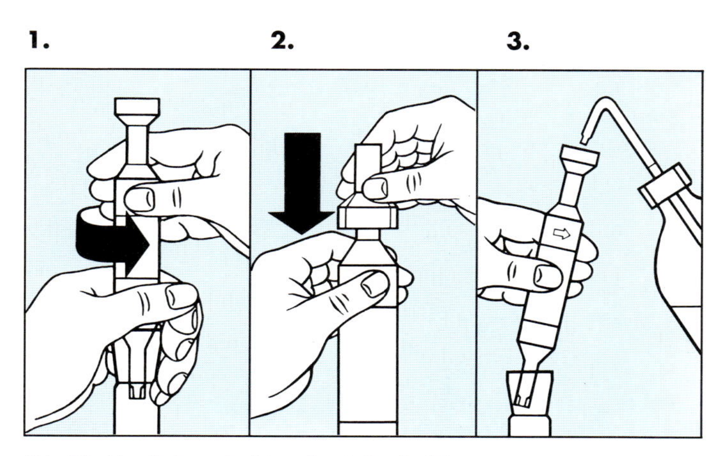

Abb. 32: Handhabung der "Ampulle mit dem Dreh".

1. Ampulle in den Meßkolbenhals einsetzen. Unteren Teil festhalten. Oberen Teil in Pfeilrichtung drehen (2 Umdrehungen).

2. Trichter abnehmen und umdrehen. Obere Membran mit kurzem, kräftigem Druck durchstoßen. Trichter in ursprünglicher Position aufstecken.

3. Ampulle schräghalten und unter Drehen sorgfältig nachspülen. Meßkolben bei 20 °C bis zur Marke auffüllen und gut durchmischen.

3.2.6 Pipettierhilfen

Trotz der vielfältigen modernen Entnahmehilfen, wie z.B. Kolben-Büretten, Dispensetten und automatische Pipetten, gibt es noch zahlreiche Laboratorien, in denen Pipetten – wie von alters her – mit dem Mund angesaugt werden. Dies ist aber nur so lange belanglos, als "harmlose" Flüssigkeiten angesaugt werden müssen. Im chemischen und biologischen Labor besteht jedoch laufend die Gefahr einer möglichen Verätzung, Vergiftung oder Infektion. Deshalb muß von dieser Praxis generell abgeraten werden. Für alle diese Vorgänge gibt es technisch ausgereifte Pipettierhilfen aus chemisch resistentem Kunststoff, die auf alle herkömmlichen Norm-Pipetten aufgesteckt werden können. Eine seit langem bekannte sichere Pipettierhilfe ist der Pipettier-Ball, weithin auch als *Peleus-Ball*® bekannt.

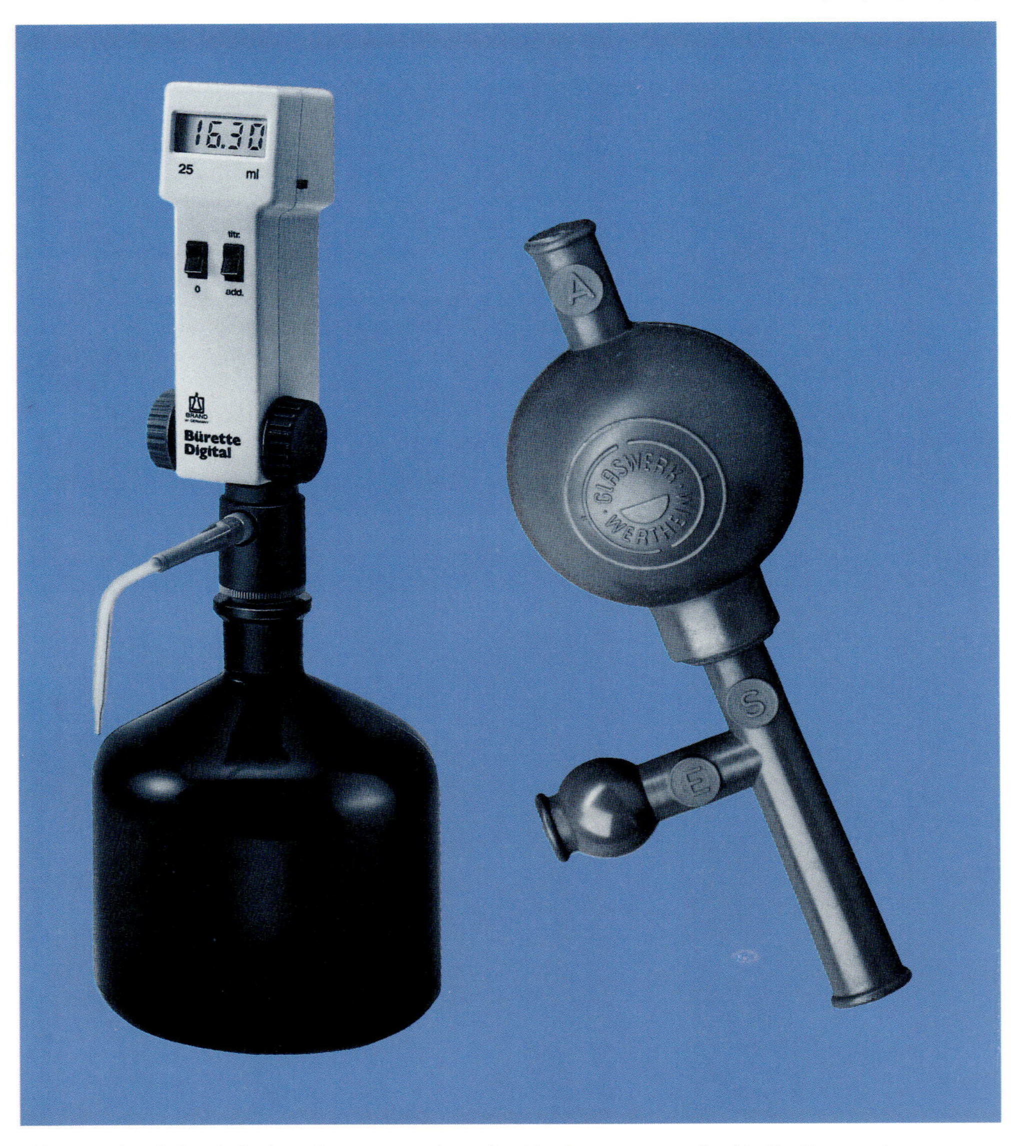

Abb. 33: Chemikalien dürfen beim Dosieren niemals mit dem Mund angesaugt werden: hierfür gibt es geeignete Pipettierhilfen.

3.3 Sicheres Trocknen

Die Trocknung von Lösungsmitteln und Gasen ist eine der häufigsten Prozeduren im chemischen Labor: Sie hat im Laufe der Entwicklung zu einer Vielzahl von Methoden und Hilfsmitteln geführt. In diesem Kapitel soll aber nicht im Detail auf diese Vielfalt und die besondere Eignung bestimmter Trocknungsmittel eingegangen werden; vielmehr werden hier einige Trocknungsmittel besonders hervorgehoben, die in bezug auf Sicherheit Vorteile bieten, die von herkömmlichen Trocknungsmitteln nicht in gleichem Maße erreicht werden. In manchen Fällen werden diese Vorteile ohne Einbuße der geforderten Trocknungseigenschaften, wie z.B. Kapazität, Intensität und Geschwindigkeit, realisiert. In den Gesichtspunkt "Sicherheit" ist hier nicht nur der Aspekt "Gefährlichkeit", sondern auch die "Zuverlässigkeit" der Trocknung einzubeziehen.

Wegen ihrer hervorragenden Trocknungseigenschaften haben sich besonders *Natrium, Phosphorpentoxid, konzentrierte Schwefelsäure, Calciumchlorid, Magnesiumsulfat, Natriumsulfat* u.a.m. in der Praxis durchgesetzt. Aber gerade die am häufigsten benutzten Trocknungsmittel sind in der Handhabung wegen ihrer ausgesprochenen Aggressivität nicht unproblematisch. Doch hat sich erfreulicherweise gerade in diesen Fällen eine ausreichende Zahl sicherer Alternativen ergeben, auf die im folgenden näher eingegangen wird. Ein vollständiges Kompendium über gängige Trocknungsmittel befindet sich in der Merck-Broschüre "Laborprodukte für die Praxis".

3.3.1 Natrium-Blei-Legierung trocknet wie Natrium

Von alters her hat sich die Verwendung von blankem Natrium-Draht direkt aus der Natrium-Presse zur Trocknung von organischen Lösungsmitteln bewährt. Während des Trocknungsprozesses überzieht sich der Natrium-Draht mit einem blättrigen Belag von Natriumhydroxid, der aber die Trocknungswirkung nur wenig beeinträchtigt. In gleicher Weise werden häufig auch Natrium-Kalium-Legierungen[1] (flüssig bei Kaliumgehalten von 30 – 90 %!) verwendet, deren Vorteil darauf beruht, daß sie eine noch höhere Trocknungsintensität aufweisen und sich beim Schütteln der flüssigen Legierung immer wieder eine blanke, reaktive Oberfläche nachbildet. Während des Trocknungsvorganges reagiert dabei zuerst das Kalium, weshalb die Legierung immer kaliumärmer wird und dadurch erstarren kann.

Von Nachteil bei diesen Trocknungsmitteln ist ihre außergewöhnliche Gefährlichkeit, da sie mit Wasser explosionsartig (unter Bildung von Knallgas!) reagieren. Auch bei der Vernichtung von Natrium-Abfällen ist besondere Vorsicht geboten: Sie wird deshalb zweckmäßigerweise in einem inerten Lösungsmittel, z.B. Petroleum, durch tropfenweise Zugabe von 2-Propanol durchgeführt. Details hierzu: siehe "Entsorgung von Laborabfällen", Seite 171.

Unter dem Aspekt der Sicherheit bietet die Natrium-Blei-Legierung eine willkommene Alternative zu den reinen Metallen. Sie wird in granulierter Form mit etwa 10 Gew.% Natrium angeboten. Mit gleicher Trocknungsintensität wie metallisches Natrium eignet sie sich zur Trocknung von Kohlenwasserstoffen und Ethern, wobei auch hier, genau wie mit Natrium, die *Peroxide* zerstört werden. Im Gegensatz zu Natrium kann die Legierung auch zur Trocknung von Chlorkohlenwasserstoffen Verwendung finden. Diese reagieren allerdings beim Sieden langsam mit der Legierung.

---

1 L.F. Fieser und M. Fieser:
Reagents for Organic Synthesis *1*, 1102 – John Wiley & Sons Inc., New York (1967)

- Anwendung: Etwa 20 g Natrium-Blei-Legierung pro Liter Lösungsmittel einsetzen und 24 Std. stehen lassen (statische Methode).
- Geeignet für: Ether, gesättigte aliphatische und aromatische Kohlenwasserstoffe, Alkyl- und Arylhalogenide, Amine.
- Nicht geeignet für: Säuren, Säurederivate, Aldehyde, Ketone, Alkohole (diese reagieren wegen ihres aciden Wasserstoffs zu Alkoholat).

Entsorgung von Natrium-Blei-Legierung

Zur gefahrlosen Beseitigung kann der Legierungsrückstand durch Einbringen in Wasser unproblematisch vernichtet werden. Das dabei entstehende fein verteilte Blei ist normalerweise gefahrlos zu handhaben. Dies gilt auch, wenn das Blei filtriert und getrocknet wird. In seltenen Fällen können jedoch im getrockneten Zustand *pyrophore* Eigenschaften auftreten, die zur Selbstentzündung des Blei-Rückstands an der Luft führen. Zur gefahrlosen Desaktivierung verbrauchter Natrium-Blei-Legierung empfiehlt sich daher folgende Vorschrift:

VORSCHRIFT 17

20 g lösungsmittelfeuchte Legierung wird nach dem Abfiltrieren sofort in Wasser eingetragen, um noch vorhandenes Natrium zu zersetzen. Das unlösliche Blei wird von der entstandenen Natronlauge abfiltriert und im Abzug in 160 ml 10 %iger Salpetersäure unter Rühren gelöst. Diese Lösung wird mit 14 g Natriumsulfat versetzt und das ausgefällte Bleisulfat abgesaugt. Das schwerlösliche Bleisulfat kann problemlos der üblichen Entsorgung zugeführt werden.

Feuchtigkeits-Indikatoren

Bei Verwendung von Natrium als Trocknungsmittel haben sich zur Kontrolle auf Rest-Feuchtigkeit bzw. -sauerstoff als Indikatoren *Benzophenon* bzw. *Triphenylmethan* bewährt. Die völlige Entfernung von Feuchtigkeits- und Sauerstoffspuren zeigen sie durch intensive Färbung der entstehenden mesomeriestabilisierten Spezies an. Die entsprechenden Reaktionsmechanismen werden im Kapitel "Arbeiten mit metallorganischen Verbindungen", Seite 80, diskutiert. Restwassergehalte werden üblicherweise durch *Karl-Fischer-Titration* ermittelt (siehe "Literatur", Seite 198).

3.3.2 Granulierte Trocknungsmittel

Phosphorpentoxid und *konzentrierte Schwefelsäure* zeichnen sich durch eine ausgesprochen hohe Trocknungsintensität aus: Mit ihnen können Restwassergehalte von 0,000025 bzw. 0,003 mg Wasserdampf pro Liter getrockneter Luft erreicht werden. Sie können deshalb nicht ohne weiteres durch andere Trocknungsmittel ersetzt werden.

Ihre Handhabung ist aber aus verschiedenen Gründen nicht unproblematisch: Konzentrierte Schwefelsäure verursacht schwere Verätzungen, und Phosphorpentoxid kann beim Öffnen der Flaschen verpuffungsartig aufgewirbelt werden. Die Behälter müssen also mit Schutzbrille und besonderer Vorsicht geöffnet werden.

Unter der Bezeichnung Sicapent® und Sicacide® sind Trocknungsmittel auf Basis Phosphorpentoxid bzw. konz. Schwefelsäure in Granulatform im Handel, die sich in bezug auf ihre Trocknungsintensität nicht von den ursprünglichen Trocknungsmitteln unterscheiden, diese aber bezüglich der Trocknungsgeschwindigkeit bei weitem übertreffen. Gleichzeitig weisen sie nicht die bekannten Nachteile der zugrundeliegenden Chemikalien auf: So beginnt reines Phosphorpentoxid bei Wasseraufnahme sehr schnell zu zerfließen. Dabei entsteht eine sirupöse Schicht von Polymetaphosphorsäure über nicht verbrauchtem P_2O_5, wodurch die Trocknungskapazität erheblich eingeschränkt wird.

Im Vergleich dazu beruht der Nachteil konzentrierter Schwefelsäure darauf, daß sie stark ätzende und oxidative Eigenschaften hat: Die Berührung mit Wasser führt zu heftigen Verspritzungen, die schwerheilende Verätzungen verursachen. Weiterhin ist darauf hinzuweisen, daß konzentrierte Schwefelsäure bei Aufnahme organischer Dämpfe Schwefeldioxid freisetzt. Diese Eigenschaft muß auch beim Trocknungsmittel Sicacide® in Kauf genommen werden.

Granulierte Trocknungsmittel weisen zahlreiche Vorteile auf:

- Sicherheit: Kein Stauben wie bei reinem Phosphorpentoxid. Keine Verspritzungsgefahr wie bei konzentrierter Schwefelsäure.
- Zeitersparnis: Durch die große Oberfläche wird der gewünschte Trocknungseffekt in kürzerer Zeit erreicht (siehe untenstehende Graphik).
- Kapazität: Der saugfähige inerte Träger sorgt für optimale Ausnutzung der aktiven Kapazität.
- Bequeme Handhabung: Die Erhaltung der Rieselfähigkeit bis 100% Wasserbeladung vereinfacht die gefahrlose Entfernung der verbrauchten Trocknungsmittel aus Exsikkatoren und Trockenpistolen.
- Zuverlässigkeit: Der visuelle Indikator warnt rechtzeitig vor Überschreiten der aktiven Kapazität.

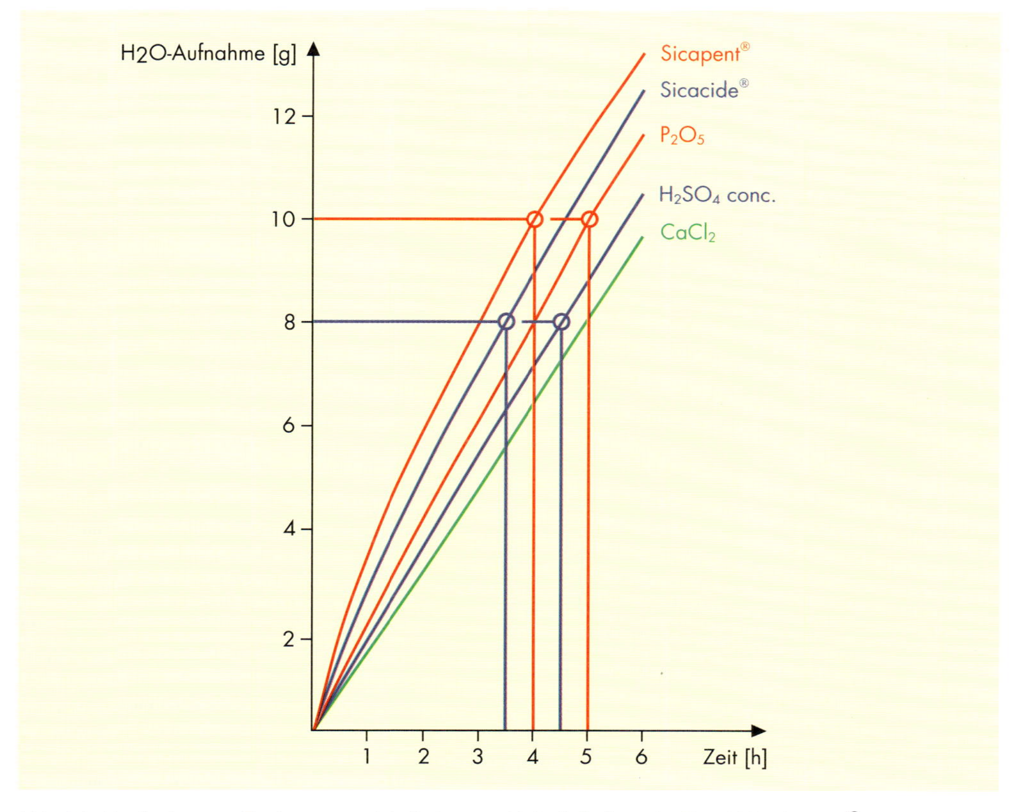

Abb. 34: Vergleich einiger Trocknungsmittel. Aufnahme von H_2O als Funktion der Zeit: 100 g Sicapent®, 100 g Sicacide®, 75 g P_2O_5, konz. H_2SO_4 und $CaCl_2$ wurden neben einer Schale Wasser in einen Exsikkator gestellt und im Wasserstrahlvakuum evakuiert. Nach jeweils 1 h wurde die Gewichtszunahme des Trockenmittels bestimmt. Der Zeitgewinn bei Verwendung von Sicacide® und Sicapent® geht eindeutig aus der Graphik hervor.

Tabelle 13: **Eigenschaften granulierter Trocknungsmittel**

	Sicapent®	**Sicacide®**
Gehalt	75 % P_2O_5	75 % H_2SO_4 conc.
Inerter Träger	25 %	25 %
Körnung	0,1 – 1,6 mm	0,1 – 1,6 mm
Schüttgewicht	ca. 300 g/l	ca. 350 g/l
Rieselfähigkeit	bis 100 % H_2O Beladung	bis 100 % H_2O Beladung
Indikator-Gehalt	0,1 %	0,1 %
Farbwechsel bei H_2O-Beladung von		
0 %	farblos	rot-violett
20 %	grün	rot-violett
27 %	blaugrün	blaß-violett
33 %	blau	farblos
Restwasser-Gehalt	0,00002 mg H_2O/l Luft bei 20 % H_2O-Beladung	0,005 mg H_2O/Liter Luft bei 0 % H_2O-Beladung 0,9 mg H_2O/Liter Luft bei 30 % H_2O-Beladung
Einsatzgebiete	Exsikkatoren, Trockenpistolen, Trockentürme*	
Geeignet für	Inerte und reaktive Gase wie aliphatische und aromatische Kohlenwasserstoffe Acetylen Alkyl- und Arylhalogenide Anhydride Nitrile Schwefelkohlenstoff	Inerte und reaktive Gase wie z.B. Chlorwasserstoff Chlor Kohlenmonoxid Schwefeldioxid aliphatische und aromatische Kohlenwasserstoffe
Nicht geeignet für	Alkohole Amine Ether Ketone Säuren Chlorwasserstoff Fluorwasserstoff	oxidierbare Substanzen wie z.B. Schwefelwasserstoff Iodwasserstoff ungesätt. Kohlenwasserstoffe Aldehyde Alkohole Fluorwasserstoff

* In Trockentürmen Strömungswiderstand berücksichtigen!

3.3.3 Aktivierte Aluminiumoxide

In manchen Fällen eignet sich auch Aluminiumoxid als sicheres Trocknungsmittel, z.B. zum Vortrocknen von Gasen oder Lösungsmitteln. Hierzu verwendet man aktive Aluminiumoxide (Aktivitätsstufe I), meist basisches und in besonderen Fällen, wenn z.B. katalytische Zersetzungen zu erwarten sind, auch neutrales Aluminiumoxid. Mit 0,003 mg H_2O-Dampf als Restwassergehalt pro Liter getrockneter Luft hat Aluminiumoxid eine recht gute Trocknungsintensität. Die Anwendungsbreite wird allerdings durch seine begrenzte Trocknungskapazität von nur 10 Gew.% Wasseraufnahmevermögen eingeschränkt. Wasserbeladenes Aluminiumoxid läßt sich im Trokkenschrank bei 170 – 250 °C regenerieren.

Üblicherweise wird der Trocknungsprozeß von organischen Lösungsmitteln mittels der *dynamischen Methode*, d.h. durch Eluieren über eine Glassäule (etwa 60 cm Länge bei 2,5 cm Durchmesser) durchgeführt. Da die Trocknungsintensität mit steigender Temperatur abnimmt, empfiehlt sich eine Thermostatisierung der Säule (ähnlich wie bei einem Liebig-Kühler) zur Abführung der freiwerdenden Adsorptionswärme. Zur Überwachung des *Wasserdurchbruchs* empfiehlt es sich, am unteren Säulenende eine Schicht Kupfer(II)-sulfat wasserfrei oder Molekularsieb mit Feuchtigkeits-Indikator einzufügen, die sich bei Wasserbeladung intensiv blau färben. Als optimale Elutionsgeschwindigkeit stellt man 0,5 – 20 ml pro Minute ein.

- Geeignet für: Ether und aliphatische, olefinische, aromatische und halogenierte Kohlenwasserstoffe.
- Nicht geeignet für: Verbindungen, die Epoxid-, Carbonyl-, Ester- oder Thio-Gruppen enthalten, wie z.B. Propylenoxid, Aceton, Ethylacetat und Schwefelkohlenstoff.

Tabelle 14: **Dynamische Trocknung von Lösungsmitteln mit Aluminiumoxid**

Lösungsmittel	**Anfangswassergehalt** [Gew. %]	**Restwassergehalt** [Gew. %]	**Getrocknete Menge* Lösungsmittel** [Liter]
Benzol	0,07	0,004	10
Chloroform	0,09	0,005	10
Diethylether	1,28	0,01	1,5
Pyridin	0,65	0,02	ca. 0,5

* mit 250 g Aluminiumoxid

Entfernung von Peroxiden aus Ethern mit Aluminiumoxid

Besondere Vorteile bieten die Aluminiumoxide, weil sie aus Flüssigkeiten nicht nur Wasser adsorbieren, sondern aus ihnen auch weitere polare Verbindungen entfernen, z.B. Peroxide aus Ethern oder Stabilisator-Ethanol aus Chloroform.

VORSCHRIFT 18

Aus trockenen Lösungsmitteln lassen sich durch Eluieren über 30 g Aluminiumoxid die Peroxide entfernen aus

- 250 ml Diethylether
- 100 ml Diisopropylether
- 25 ml 1,4-Dioxan.

Vorsicht: Wegen der Explosionsgefahr dürfen die mit Peroxiden beladenen Aluminiumoxide nicht regeneriert werden. Weitere Methoden zur sicheren Entfernung von Peroxiden finden sich im Kapitel "Peroxide in Lösungsmitteln", Seite 46.

Entfernung von Ethanol aus Chloroform mit Aluminiumoxid

VORSCHRIFT 19

Für die IR-Spektroskopie, für die Chromatographie und für zahlreiche organische Reaktionen ist die Verwendung von stabilisatorfreiem Chloroform von Bedeutung. Die schnelle und bequeme Eliminierung gelingt durch Filtration über aktives basisches Aluminiumoxid. Auf einer Säule mit einem Durchmesser von 2,5 cm, gefüllt mit 250 g Aluminiumoxid, können unter gleichzeitiger Entfernung von Wasser- und Säurespuren,

- 350 ml Chloroform mit max. 0,005 % Ethanol

hergestellt werden. Ein geringer Vorlauf von ca. 150 – 200 ml kann wieder auf die Säule gegeben werden. Es ist empfehlenswert, diese Methode erst kurz vor Gebrauch des stabilisatorfreien Chloroforms anzuwenden.

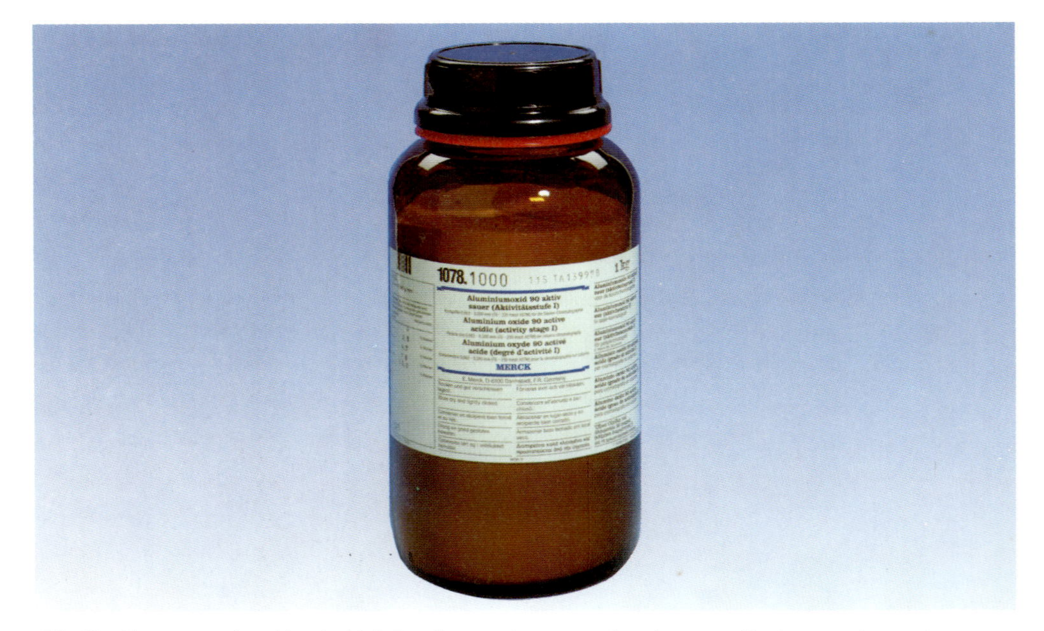

Abb. 35: Aluminiumoxid wird bei der Vorbehandlung von Lösungsmitteln nicht nur zum Trocknen, sondern auch zur Aufreinigung eingesetzt.

3.3.4 Kieselgele zum Trocknen

Besser noch als Aluminiumoxid ist Kieselgel (auch *"Silica-Gel"* genannt) fast uneingeschränkt zur Trocknung von Gasen und Lösungsmitteln geeignet. Mit einer Kapazität für Wasser von 27 Gew.% ist Kieselgel dem Aluminiumoxid weit überlegen. Das gleiche gilt für die Temperaturabhängigkeit: Bei gleicher relativer Feuchte, ist die Kapazität bis zu einer Adsorptionstemperatur von 65 °C nahezu temperaturunabhängig. Die Trocknungsintensität liegt mit 0,002 mg Restwasserdampf pro Liter getrockneter Luft nur unerheblich besser als bei Aluminiumoxid (0,003 mg H_2O-Dampf/Liter). Zu Beginn der Wasserbeladung lassen sich Taupunkte von –55 °C erreichen; Kieselgel wird in dieser Beziehung nur von Molekularsieben übertroffen, die Taupunkte von – 75 °C erlauben. Kieselgele adsorbieren auch Lösungsmittelreste.

Zwei Varianten sind im Labor im Gebrauch:

- Die Perlform (übliche Korngröße 2 – 5 mm) eignet sich wegen des relativ geringen Strömungswiderstandes besonders gut zur Gas-Trocknung.
- Die Sorte mit integriertem Indikator, als "Blau-Gel" im Handel (Korngröße meist 1 – 3 mm), bietet den Vorteil, daß sich die Kapazitäts-Kontrolle leicht visuell verfolgen läßt. Ab etwa 7 g adsorbiertem Wasser pro 100 g Kieselgel wechselt die Farbe von blau nach rosa.

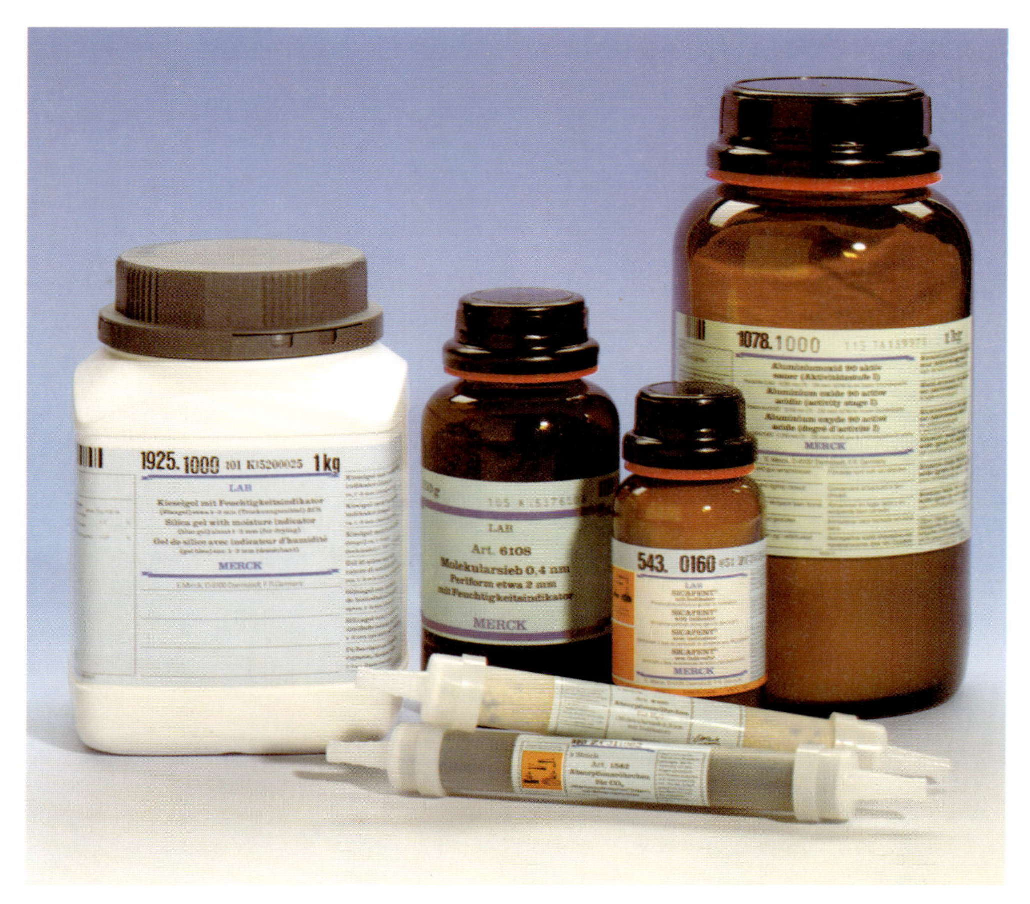

Abb. 36: Für alle Trocknungsprobleme gibt es geeignete Trocknungsmittel.

■ **Regenerierung von Kieselgelen**

VORSCHRIFT 20

Die beiden Trocknungsmittel können beliebig oft im Trockenschrank bei 120 – 180 °C regeneriert werden. Nach etwa 10 Minuten bei 180 °C sind bereits 80 % der aufgenommenen Feuchtigkeit wieder desorbiert. Erhitzen auf höhere Temperaturen sollte vermieden werden, da dann das Gefüge des Kieselgels zerstört und damit die Adsorptionsfähigkeit gemindert wird. Bei Blau-Gel erfolgt oberhalb dieser Temperaturen langsam eine irreversible Dunkelfärbung des Indikators.

Vorsicht: Wenn auch Lösungsmittelreste adsorbiert wurden, sollte man auf eine Regenerierung verzichten, da nicht alle Trockenschränke ex-geschützt sind.

- Geeignet für: Praktisch alle Gase und Flüssigkeiten.
- Nicht geeignet für: Fluorwasserstoff.

3.3.5 Molekularsiebe trocknen Gase und Lösungsmittel

Molekularsiebe sind kristalline, synthetische Aluminiumsilikate (Zeolithe) wechselnder Zusammensetzung. Ihr definierter Porendurchmesser variiert in der folgenden Weise:

K-Form:	0,3 nm	früher: 3, 4 bzw. 5 Å (1 nm = 10 Å)
Na-Form:	0,4 nm	
Ca-Form:	0,5 nm.	

Die problemlose Anwendung und die fast unerschöpfliche Regenerierbarkeit machen die Molekularsiebe zu einem fast universellen Trocknungsmittel im Labor. In bezug auf ihre Verwendbarkeit als Trocknungsmittel vereinen sie in sich die Vorteile der Aluminiumoxide und Kieselgele. Sie eignen sich also fast uneingeschränkt zur Trocknung von Gasen und Lösungsmitteln und bieten darüber hinaus den weiteren Vorteil des *"Sieb-Effektes"*. Das bedeutet, daß sie mit ihrer definierten Porenstruktur auch in der Lage sind, Moleküle nach ihrem kritischen Durchmesser und ihrer Polarität voneinander zu trennen. Hiervon wird bei der Trocknung und Reinigung von Gasen Gebrauch gemacht. Siehe hierzu Kapitel "Einleiten, Trocknung und Reinigung von Gasen", Seite 69.

Mit etwa 20 Gew.% Kapazität für Wasser liegen die Molekularsiebe zwar zwischen den Aluminiumoxiden und den Kieselgelen, sie übertreffen aber beide durch ihre Trocknungsintensität: mit ihnen lassen sich Restwassergehalte von 0,001 mg H_2O-Dampf pro Liter getrockneter Luft erreichen. So wird bei der Trocknung von Gasen ein *Taupunkt* von –75 °C erreicht. Ein weiterer Vorteil beruht darauf, daß ihre Kapazität weniger stark von der relativen Feuchtigkeit und der Temperatur abhängt als bei den beiden anderen Trocknungsmitteln: sie variiert kaum im Bereich von 20 – 100 % relativer Feuchtigkeit und sinkt nur unwesentlich bis zu einer Temperatur von 100 °C ab.

Zur Trocknung von Lösungsmitteln mit Molekularsieben haben sich in der Laborpraxis zwei Methoden bewährt:

■ **Statische Trocknung von Lösungsmitteln mit Molekularsieb**

VORSCHRIFT 21

Das zu trocknende Lösungsmittel wird etwa 24 Stunden über Molekularsieb aufbewahrt und dabei gelegentlich umgeschüttelt. Im allgemeinen sind für 1 Liter Lösungsmittel mit einem Wassergehalt von etwa 1% ungefähr 100 g Molekularsieb erforderlich. Diese Methode empfiehlt sich bei schwieriger zu trocknenden Lösungsmitteln bzw. bei höheren Anfangswassergehalten.

Dynamische Trocknung von Lösungsmitteln mit Molekularsieb

VORSCHRIFT 22

Diese Trocknungsmethode ist der statischen vorzuziehen, da sie intensiver und insgesamt zeitsparender ist. Hierzu empfiehlt es sich, das zu trocknende Lösungsmittel über eine Glassäule (etwa 60 cm Länge bei 2,5 cm Durchmesser) zu eluieren. Wegen der raschen Aufnahme von Luftfeuchtigkeit, ist beim Einfüllen des Molekularsiebs schnelles Arbeiten unerläßlich. Um eine genügende Kontaktzeit mit dem Molekularsieb zu erreichen, stellt man optimal eine Durchlaufgeschwindigkeit bis max. 50 ml pro Minute ein. Die ersten 250 ml werden getrennt aufgefangen und evtl. nochmals über die Säule gegeben, da sie bei dieser Arbeitsweise noch Spuren von Wasser und evtl. Staubanteile des Molekularsiebs enthalten. Das restliche Eluat kann im allgemeinen ohne weitere Reinigung eingesetzt werden.

Molekularsieb mit Feuchtigkeits-Indikator

Um den Erschöpfungszustand des verwendeten Molekularsiebs rechtzeitig visuell zu erkennen, kann man bei der dynamischen Trocknung das untere Ende der Säule mit einer Schicht Molekularsieb mit Feuchtigkeits-Indikator füllen. Beim Durchbruch der Wasserfront wechselt der ursprünglich blaue Indikator die Farbe nach rosa. Der Farbwechsel erfolgt bei einer Wasseraufnahme von etwa 12 g pro 100 g Molekularsieb. Beim Regenerieren gewinnt der Indikator seine blaue Farbe zurück (etwa 2 Stunden bei 150 °C.).

Tabelle 15: **Dynamische Trocknung von Lösungsmitteln mit Molekularsieb**

Lösungsmittel	**Anfangswassergehalt** [Gew. %]	**Restwassergehalt** [Gew. %]	**getrocknete Menge* Lösungsmittel** [Liter]	**Molekularsieb-Typ** [nm]
Acetonitril	0,05 – 0,2	0,003	3 – 4	0,3
Benzol	0,07	0,003	> 10	0,4
Chloroform	0,09	0,002	> 10	0,4
Cyclohexan	0,009	0,002	> 10	0,4
Dichlormethan	0,17	0,002	> 10	0,4
Diethylether	0,12	0,001	10	0,4
Diisopropylether	0.03	0,003	10	0,4
Dimethylformamid **	0,06 – 0,3	0,006	4 – 5	0,4
1,4-Dioxan	0,08 – 0,28	0,002	3 – 10	0,5
Ethanol **	0,04	0,003	10	0,3
Ethylacetat	0,015 – 0,21	0,004	8 – 10	0,4
Methanol **	0,04	0,005	10	0,3
2-Propanol **	0,07	0,006	7	0,3
Pyridin	0,03 – 0,3	0,004	2 – 10	0,4
Tetrachlorkohlenstoff	0,01	0,002	> 10	0,4
Tetrahydrofuran (THF)	0,04 – 0,2	0,002	7 – 10	0,5
Toluol	0,05	0,003	> 10	0,4
Xylol	0,045	0,002	> 10	0,4

* mit 250g Molekularsieb

** Bei einigen dieser Lösungsmittel ist je nach Wassergehalt (bzw. wegen der Hydrophilie und Polarität) eine statische Vortrocknung und die Verwendung größer dimensionierter Säulen zweckmäßig: Durchmesser 5 cm, Füllhöhe 1,5 - 2 m, Durchflußgeschwindigkeit 30 ml pro Minute (2 l/h). In den meisten Fällen reichen Säulen von 60 cm Länge und 2,5 cm Durchmesser.

Um einen optimalen Trocknungseffekt zu erzielen, wählt man die Porengröße so aus, daß nur die Wassermoleküle – nicht aber die Lösungsmittelmoleküle! – in die Poren eindringen können. In dieser Hinsicht ist z.B. zur Trocknung von Acetonitril und Methanol 0,3 nm-Molekularsieb eindeutig dem 0,4 nm-Typ vorzuziehen.

Viskose Lösungsmittel, wie z.B. Ethylenglycol, lassen sich nach Zugabe einer geeigneten Verdünnungsflüssigkeit ebenfalls gut mit Molekularsieben trocknen. Das Abtrennen des Verdünnungsmittels geschieht vorteilhaft mit einem Glasdurchlaufverdampfer, wie in der Monographie von Hrapia beschrieben. Zahlreiche weitere Anwendungsbeispiele: siehe Monographien von Grubner und Breck (siehe "Literatur", Seite 198).

Nicht alle Lösungsmittel lassen sich mit gleicher Leichtigkeit entwässern: der Wasserdurchbruch im Eluat erfolgt vielmehr bei recht unterschiedlicher Wasserbeladung der Molekularsiebe, wie die folgende Tabelle zeigt. Hieraus ist ebenfalls ersichtlich, wie wichtig die gründliche Aktivierung der Molekularsiebe vor dem eigentlichen Trocknungs-Prozeß ist.

Tabelle 16: **Wasserdurchbruch bei einigen Lösungsmitteln**

Lösungsmittel	Wasserdurchbruch
Diethylether	bei etwa 14 %
1,4-Dioxan	bei etwa 4 %
Ethylacetat	bei etwa 6 %
Pyridin	bei etwa 2 %

Die getrockneten Lösungsmittel werden über Molekularsieb aufbewahrt. Hierfür genügt im allgemeinen der Zusatz von etwa 10 g Molekularsieb je Liter Lösungsmittel. Es ist wichtig, hierzu frisch regeneriertes bzw. von Staubanteilen befreites Molekularsieb zu verwenden.

Regenerierung von Molekularsieben

VORSCHRIFT 23

Die Regenerierung sollte bei einer Beladung von max. 20 Gew.% erfolgen. Hierzu wird das gebrauchte Molekularsieb zweckmäßigerweise in eine größere Wassermenge geschüttet, um etwa mitadsorbierte Lösungsmittel zu desorbieren (Abzug!). Diese Maßnahme ist besonders nach der Trocknung von brennbaren Lösungsmitteln unerläßlich, da die meisten Trockenschränke und Ölpumpen nicht explosionsgeschützt sind. Zur restlosen Entfernung evtl. verbliebener organischer Rückstände kann zwischendurch zusätzlich mit Ethanol gewaschen werden. Im Anschluß hieran mehrmals gründlich mit Wasser nachspülen und bei 200 – 250 °C im Trockenschrank vortrocknen. Der verbleibende Restwassergehalt von etwa 3 – 5 % wird bei 300 – 350 °C im Ölpumpenvakuum (10^{-1} bis 10^{-3}mbar) entfernt, wobei wie üblich eine Kühlfalle mit Trockeneis-Kältemischung oder *flüssiger Luft* vorzuschalten ist. Wasserstrahlpumpen sind wegen ihres hohen Wasserdampf-Partialdruckes völlig ungeeignet. Wegen der raschen Wasseraufnahme muß das regenerierte Molekularsieb unter Feuchtigkeitsausschluß abgefüllt und aufbewahrt werden.

Molekularsiebe bieten zahlreiche Vorteile

- Universelles Trocknungsmittel: problemlos anwendbar für Gase und Lösungsmittel.
- Sicherheit: Molekularsiebe sind einfach und sicher auch für solche Lösungsmittel anwendbar, die einer Natrium-Trocknung nicht zugänglich sind, und übertreffen fast durchweg den mit Natrium erreichbaren Trocknungseffekt.
- Wirtschaftlichkeit: durch mechanische und chemische Stabilität fast unerschöpflich regenerierbar, ohne Beeinträchtigung der Wirksamkeit.
- Umweltfreundlich: Molekularsiebe produzieren keine Chemikalien-Abfälle, die entsorgt werden müssen.
- Siebeffekt: die definierte Porenstruktur erlaubt eine selektive Abtrennung von Gasen aus Gasgemischen ohne chemische Veränderung der Gase.
- Peroxide: Molekularsieb mit Feuchtigkeits-Indikator entfernt auch *Peroxide* aus Ethern[1]. Allerdings werden die reaktionsträgen Dialkylperoxide nicht eliminiert. Eine vollständige Vernichtung der Peroxide erreicht man mit Perex-Test® : siehe Kapitel "Peroxide in Lösungsmitteln", Seite 46.
- Entfernung von Ethanol und Phosgen aus Chloroform: die selektive Abtrennung kann mit Molekularsieb 1,0 nm erreicht werden[2].
- Entfernung von Ethanol und anderen polaren Verbindungen: Aldehyde und Aceton lassen sich aus Diethylether mit Molekularsieb 0,4 nm oder 0,5 nm eliminieren[2].

Abb. 37: Molekularsiebe sind universelle, umweltfreundliche, wirtschaftliche und ungefährliche Trocknungsmittel.

---

1 D. R. Burfield, "Deperoxidation of ethers. A novel application of self-indicating molecular sieves", J. Org. Chem. *47* (1982) 3821

2 D. R. Burfield und R. H. Smithers, "Applications of molecular sieves to purification of chloroform and diethylether: selective absorption of ethanol and phosgene", Chem. and Ind. *1980*, 240

3.3.6 Trocknungsmittel im Vergleich

Tabelle 17: **Vergleichende Übersicht einiger Trocknungsmittel**

Trocknungsmittel	Geeignet für	Nicht geeignet für	Kapazität [g H_2O/ 100 g]	Intensität [mg H_2O/ Liter Luft][1]	Regenerierung [°C]
Aluminiumoxid	Ether, aliphatische, olefinische, aromatische und halogenierte Kohlenwasserstoffe	Verbindungen mit Epoxid-, Carbonyl- oder Thiogruppen, Schwefelkohlenstoff	10	0,003	170 – 250
Kieselgel	Gase, organische Lösungsmittel	Fluorwasserstoff	27	0,003	120 – 180
Molekularsiebe	Gase, organische Lösungsmittel, Gas-Trennungen	Fluorwasserstoff	20	0,001	300 – 350
Natrium	Amine, Ether, gesättigte aliphatische und aromatische Kohlenwasserstoffe	Säuren, Säurederivate, Alkohole, Aldehyde, Ketone, Alkyl- und Arylhalogenide			
Natrium-Blei-Legierung	Amine, Ether, gesättigte aliphatische und aromatische Kohlenwasserstoffe, Alkyl- und Arylhalogenide	Säuren, Säurederivate, Alkohole, Aldehyde, Ketone			
Natrium-Kalium-Legierung	Ether, gesättigte aliphatische und aromatische Kohlenwasserstoffe	Säuren, Säurederivate, Alkohole, Aldehyde, Ketone, Alkyl- und Arylhalogenide			
Sicacide® Schwefelsäure, konzentriert	inerte und reaktive Gase, z.B. Chlorwasserstoff, Chlor, Kohlenmonoxid, Schwefeldioxid, aliphatische und aromatische Kohlenwasserstoffe, Exsikkatoren, Trockenpistolen, Trockentürme	Oxidierbare Substanzen, z.B. Schwefelwasserstoff, Iodwasserstoff, ungesättigte Kohlenwasserstoffe, Aldehyde, Alkohole, Fluorwasserstoff	33	0,003	
Sicapent® Phosphorpentoxid	inerte und reaktive Gase, aliphatische und aromatische Kohlenwasserstoffe, Acetylen, Alkyl- und Arylhalogenide, Anhydride, Nitrile, Schwefelkohlenstoff, Exsikkatoren, Trockenpistolen, Trockentürme	Alkohole, Amine, Ether, Ketone, Säuren, Chlorwasserstoff, Fluorwasserstoff	33	< 0,000025	

1 Restwasser-Gehalt in mg H_2O-Dampf pro Liter getrockneter Luft

3.3.7 Absorptionsröhrchen

Zur Qualitäts-Sicherung feuchtigkeits- bzw. kohlendioxid-empfindlicher Substanzen verwendet man vorteilhaft gebrauchsfertige Absorptionsröhrchen für H_2O bzw. CO_2. Die im Handel (Fa. Merck) erhältlichen Kunststoffröhrchen von 15 cm Länge und 2 cm Durchmesser sind mit etwa 30 g absorptionsaktiver Substanz gefüllt und an beiden Enden mit Schlauchanschlußstücken, sog. Oliven, versehen. Sie können, nach Entfernung der kleinen Sicherheitsstöpsel, direkt und ohne unnötigen Zeitverlust zum bequemen "Verschließen" oder Vorschalten bei Apparaturen mit feuchtigkeits- bzw. säure- oder CO_2-empfindlichen Substanzen verwendet werden, z.B. bei Titrationen im wasserfreien Medium und bei Titrationen mit carbonatfreier Natronlauge bzw. Tetrabutylammoniumhydroxid-Lösungen.

- Kapazität des H_2O-Absorptionsröhrchens: 6 g $H_2O \triangleq 1/3$ Mol
- Kapazität des CO_2 -Absorptionsröhrchens: 15 g $CO_2 \triangleq 1/3$ Mol

Die Röhrchen bestehen aus einem durchscheinenden farblosen Kunststoff und erlauben damit die laufende visuelle Kontrolle des Erschöpfungsgrades durch Farbänderung des integrierten Indikators. Im H_2O-Röhrchen wechselt der Indikator beim Beladen die Farbe von blau nach rosa, im CO_2-Röhrchen von schwarz nach weiß. Das H_2O-Röhrchen kann analog den herkömmlichen *Calciumchlorid-Trockenröhrchen* verwendet werden.

Das H_2O-Röhrchen sollte *senkrecht* eingespannt werden, um einen optimalen Kontakt zwischen Gasstrom und Trocknungsmittel zu gewährleisten. Dagegen empfiehlt sich, das CO_2-Röhrchen *waagerecht* einzuspannen, da das entstehende Natriumcarbonat bei senkrechter Anordnung verbacken kann und damit die Gasdurchlässigkeit vermindert. Beide Typen sind zum einmaligen Gebrauch bestimmt und können nicht zur weiteren Verwendung regeneriert werden.

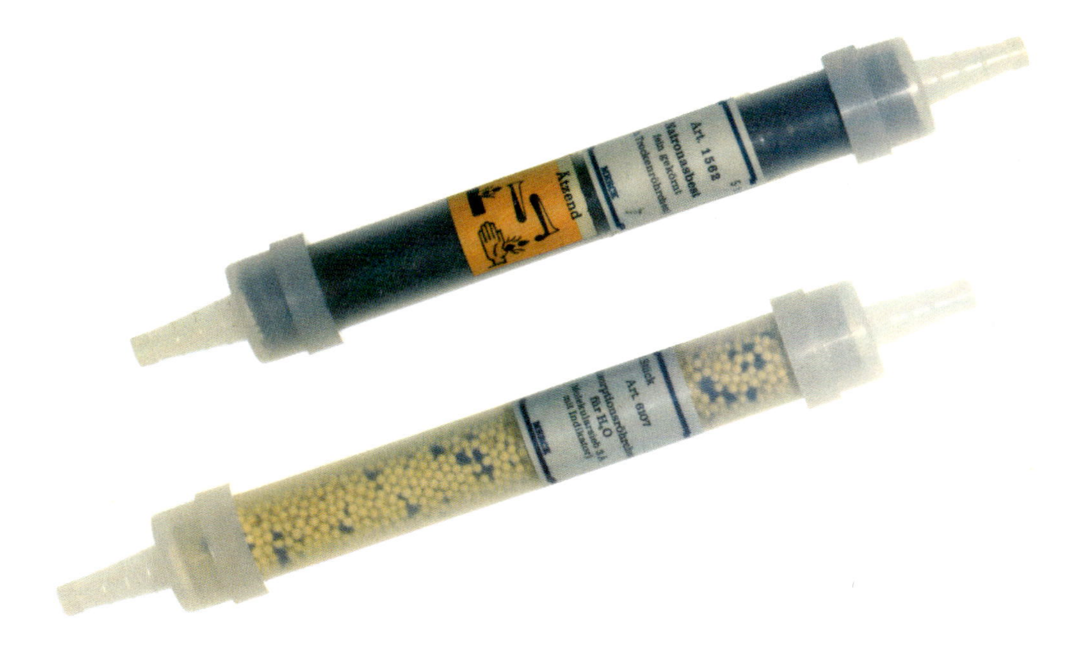

Abb. 38: Absorptionsröhrchen gestatten in bequemer Weise den Schutz von feuchtigkeits- bzw. luftempfindlichen Substanzen.

3.3.8 Trocknen in Trockenschränken

Neben Exsikkatoren und Trockenpistolen ist der Trockenschrank die wichtigste Trocknungs-Apparatur für Substanzen und Glasgeräte im Chemie-Labor. Zum sicheren Umgang mit Exsikkatoren wird bereits im Kapitel "Arbeiten im Vakuum", Seite 67, ausführlich berichtet.

Über Trockenschränke bleibt nur soviel nachzutragen, daß für Trocknungsvorgänge, bei denen sich eine explosionsgefährliche Atmosphäre ausbilden kann (z.B. durch Lösungsmittel-Dämpfe), nur *ex-geschützte* Geräte verwendet werden dürfen. Explosive Substanzen, die vom Hersteller zur sicheren Handhabung phlegmatisiert worden sind, dürfen selbstverständlich nicht in solchen Schränken "zur Trockene" eingedampft werden; weitere Details zu dieser Thematik finden sich im Kapitel "Explosionsgefährliche Chemikalien", Seite 55.

3.3.9 Trocknung von Lösungsmitteln

Zur Entscheidungsfindung sind in unten stehender Tabelle einige gängige Lösungsmittel und bewährte Trocknungsmittel zusammengestellt. Molekularsiebe eignen sich prinzipiell zur Trocknung von Lösungsmitteln; die Angabe "Molekularsieb" findet sich nur dort, wo mit einem Molekularsieb definierter Porengröße ein optimaler Effekt erzielt wird. Die Flammpunkte der Lösungsmittel finden Sie in der Tabelle "Brennbare Lösungsmittel", Seite 44, und die entsprechenden MAK-Werte in der Tabelle "MAK-Werte von Laborchemikalien", Seite 29.

Gebrauchsfertige *trockene Lösungsmittel* mit max. 0,01% Wasser sind auch im Handel (bei Fa. Merck) erhältlich z.B. Benzol, Diethylether, Dimethylsulfoxid, 1,4-Dioxan, Methanol, Pyridin, Tetrahydrofuran (siehe Anhang "Trockene Lösungsmittel", Seite 202).

Tabelle 18: **Trocknungsmethoden für Lösungsmittel**

Lösungsmittel	**Siedepunkt** [°C]	**Dichte** d 20° / 4°	**Brechungsindex** n 20° / D	**Trocknungsmittel**
Aceton	56	0,791	1,359	Molekularsieb 0,3 nm K_2CO_3
Acetonitril	82	0,782	1,344	Molekularsieb 0,3 nm $CaCl_2$; P_2O_5; K_2CO_3
Anisol	154	0,995	1,518	$CaCl_2$; Destillation; Na
Benzol	80	0,879	1,501	Molekularsieb 0,4 nm Destillation $CaCl_2$; Na; Na/Pb
1-Butanol	117	0,810	1,399	Molekularsieb 0,4 nm K_2CO_3; Destillation
2-Butanol	100	0,808	1,398	Molekularsieb 0,4 nm K_2CO_3; Destillation
tert-Butanol	82	0,786	1,384	Molekularsieb 0,4 nm CaO; Ausfrieren
n-Butylacetat	127	0,882	1,394	Molekularsieb 0,4 nm $MgSO_4$; $CaSO_4$;
Chlorbenzol	132	1,106	1,525	Molekularsieb 0,4 nm $CaCl_2$; Destillation; P_2O_5
Chloroform	62	1,486	1,448	Molekularsieb 0,4 nm $CaCl_2$; P_2O_5; Na/Pb

Lösungsmittel	Siedepunkt [°C]	Dichte d 20° / 4°	Brechungsindex n 20° / D	Trocknungsmittel
Cyclohexan	81	0,779	1,426	Molekularsieb 0,4 nm Na; Na/Pb; $LiAlH_4$
Decahydronaphthalin (Dekalin)	189/191	0,886	1,48	$CaCl_2$; Na; Na/Pb Destillation
Dichlormethan (Methylenchlorid)	40	1,325	1,424	Molekularsieb 0,4 nm $CaCl_2$; Na/Pb
Diethylcarbonat	126	0,975	1,384	K_2CO_3; Na_2SO_4 Destillation
Diethylenglycol-dibutylether	255	0,885	1,423	$CaCl_2$; Na
Diethylenglycol-diethylether	188	0,906	1,412	$CaCl_2$; Na
Diethylenglycol-dimethylether	155 165	0,945	1,407	Molekularsieb 0,4 nm $CaCl_2$; Na
Diethylether	34	0,714	1,353	Molekularsieb 0,4 nm $CaCl_2$; Na; Na/Pb; $LiAlH_4$
Diisopropylether	68	0,726	1,368	Molekularsieb 0,4 nm $CaCl_2$; Na
Dimethylformamid	153	0,950	1,430	Molekularsieb 0,4 nm Destillation
Dimethylsulfoxid	189	1,101	1,478	Molekularsieb 0,4 nm Destillation
1,4-Dioxan	101	1,034	1,422	Molekularsieb 0,5 nm $CaCl_2$; Na
Essigsäure	118	1,049	1,372	$CuSO_4$; P_2O_5
Essigsäureanhydrid	136	1,082	1,390	$CaCl_2$; P_2O_5
Ethanol	79	0,791	1,361	Molekularsieb 0,3 nm CaO; Mg; MgO
Ethylacetat	77	0,901	1,372	Molekularsieb 0,4 nm K_2CO_3; P_2O_5; Na_2SO_4
Ethylenglycol	197	1,109	1,432	Molekularsieb 0,4 nm Destillation; Na_2SO_4
Ethylenglycol-monoethylether	135	0,930	1,408	Destillation; $CaSO_4$; K_2CO_3
Ethylenglycol-monomethylether	125	0,965	1,402	Destillation; $CaSO_4$; K_2CO_3
Ethylformiat	54	0,924	1,360	$MgSO_4$; Na_2SO_4; P_2O_5
Ethylmethylketon	80	0,806	1,379	K_2CO_3; $CaSO_4$
Formamid	211	1,134	1,447	Molekularsieb 0,3 nm Na_2SO_4; CaO
Glycerin	290	1,260	1,475	Destillation
n-Hexan	69	0,659	1,375	Molekularsieb 0,4 nm Na; Na/Pb; $LiAlH_4$

Lösungsmittel	Siedepunkt [°C]	Dichte d 20° / 4°	Brechungsindex n 20° / D	Trocknungsmittel
Isobutanol	108	0,803	1,396	Molekularsieb 0,4 nm K_2CO_3; CaO; Mg
Isobutylmethylketon	117	0,801	1,396	K_2CO_3; $CaSO_4$
Methanol	65	0,792	1,329	Molekularsieb 0,3 nm Mg; CaO
Methylacetat	57	0,933	1,362	K_2CO_3; CaO; P_2O_5
Nitrobenzol	211	1,204	1,556	$CaCl_2$; P_2O_5; Destillation
n-Pentan	36	0,626	1,358	Na; Na/Pb
1-Propanol	97	0,804	1,385	Molekularsieb 0,3 nm CaO; Mg
2-Propanol (Isopropanol)	82	0,785	1,378	Molekularsieb 0,5 nm CaO; Mg
Pyridin	116	0,982	1,510	Molekularsieb 0,4 nm KOH; BaO
Schwefelkohlenstoff	46	1,263	1,626	$CaCl_2$; P_2O_5
Tetrachlorkohlenstoff	77	1,594	1,460	Molekularsieb 0,4 nm Destillation; $CaCl_2$; P_2O_5
Tetrahydrofuran	66	0,887	1,405	Molekularsieb 0,5 nm
Tetrahydronaphthalin (Tetralin)	208	0,973	1,541	Destillation $CaCl_2$; Na
Toluol	111	0,867	1,496	Molekularsieb 0,4 nm Destillation; Na; $CaCl_2$
Trichlorethylen	87	1,462	1,477	Molekularsieb 0,4 nm Destillation; $NaSO_4$; K_2CO_3
Xylol (Isomerengemisch)	137	~0,86	~1,50	Molekularsieb 0,4 nm Destillation; Na; $CaCl_2$

In der Monographie "Purification of Laboratory Chemicals" von Perrin und Armarego (siehe Literatur-Anhang, Seite 198) sind auch die *Reinigungsmethoden für Lösungsmittel* zusammengefaßt. Dabei wurden auch die in der Original-Literatur verstreuten Trocknungs-Methoden zusammengetragen.

3.3.10 Konstante Luftfeuchtigkeit

Im Gegensatz zum absoluten Trocknen kann in besonderen Fällen auch die Einstellung einer definierten Restfeuchte erforderlich sein. Mit gesättigten Lösungen (mit viel Bodenkörper!) bestimmter Salze lassen sich ohne großen Aufwand in geschlossenen Systemen, z.B. in Exsikkatoren, definierte Werte der *relativen Luftfeuchtigkeit* einstellen. Die nachstehende Tabelle zeigt eine Auswahl von Beispielen, die nach steigenden Werten der erreichbaren Luftfeuchtigkeit geordnet sind.

Tabelle 19: **Konstante Luftfeuchtigkeit in geschlossenen Gefäßen**

Salze	relative Luftfeuchtigkeit [% bei 20 °C]	Salze	relative Luftfeuchtigkeit [% bei 20 °C]
Kaliumacetat	20	Natriumchlorid	76
Calciumchlorid-Hexahydrat	35	Ammoniumsulfat	80
Kaliumcarbonat	45	Kaliumchlorid	86
Calciumnitrat-Tetrahydrat	55	Natriumcarbonat-Decahydrat	92
Ammoniumnitrat	63	Blei(II)-nitrat	98
Natriumnitrat	65		

Definition: Beim Abkühlen feuchter Luft wird der sogenannte *Taupunkt* erreicht. Es ist diejenige Temperatur, bei der gerade die Kondensation der in ihr gelösten Feuchtigkeit erfolgt. Die "Löslichkeit" von Wasserdampf in Luft nimmt nämlich mit fallender Temperatur ab: so ist Luft

- bei 17 °C mit 14,5 g H_2O/m^3 und
- bei 10 °C bereits mit 10 g H_2O/m^3

gesättigt. Diese Wasserdampfwerte sind die bei der jeweiligen Temperatur erreichbaren Höchstwerte an gelöster Feuchtigkeit, d.h. es sind Sättigungswerte. Im Vergleich hierzu sind die relativen Werte der Luftfeuchtigkeit die tatsächlich gemessenen H_2O-Gehalte bezogen auf die Sättigungswerte.

Abb. 39: Mit definierten Chemikalien lassen sich bequem konstante Luftfeuchtigkeiten einstellen.

3.4 Verschüttete Chemikalien

Alle Vorsichtsmaßnahmen in Labor und Lager müssen stets darauf ausgerichtet sein, Unfälle mit Chemikalien zu vermeiden. Ist der Unfall aber erst passiert, dann gilt es, ihn schnell und zuverlässig zu beherrschen und seine direkten Folgen einzudämmen (z.B. Brand) und gefährliche Konsequenzen zu verhindern (z.B. Vergiftung).

Gefährliche Chemikalien, die explosionsgefährliche, brandfördernde, hochentzündliche, leichtentzündliche, entzündliche, sehr giftige, giftige und mindergiftige, ätzende oder reizende Eigenschaften aufweisen, müssen – wenn sie in nicht bruchsicheren Gefäßen abgepackt sind – mit erhöhter Vorsicht gehandhabt werden. Als besondere Schutzmaßnahme empfiehlt sich das Arbeiten im Abzug, das Aufstellen von Auffangwannen mit einer ausreichenden Menge eines inerten *Absorptionsmittels* und gegebenenfalls die Verwendung von Schutzscheiben.

3.4.1 Chemizorb® absorbiert aggressive Flüssigkeiten

Beim Verschütten brennbarer Flüssigkeiten oder beim Ausströmen brennbarer Gase müssen sofort alle Zündgefahren (z.B. Bunsen-Brenner, Elektromotoren) ausgeschaltet werden. Beim Vergießen von ätzenden und rauchenden Chemikalien empfiehlt es sich, sie unverzüglich mit chemisch inerten, aber absorptionsaktiven Mitteln abzudecken und restlos aufzunehmen. Hierzu eignet sich Chemizorb®, Pulver oder Granulat, das unabhängig von der chemischen Natur der verschütteten Chemikalie universell und problemlos anwendbar ist. In zugigen Räumen und im Freien soll bevorzugt das grobkörnige Granulat eingesetzt werden. Chemizorb® absorbiert innerhalb 30 Sekunden bis zu 100 % seines Eigengewichts.

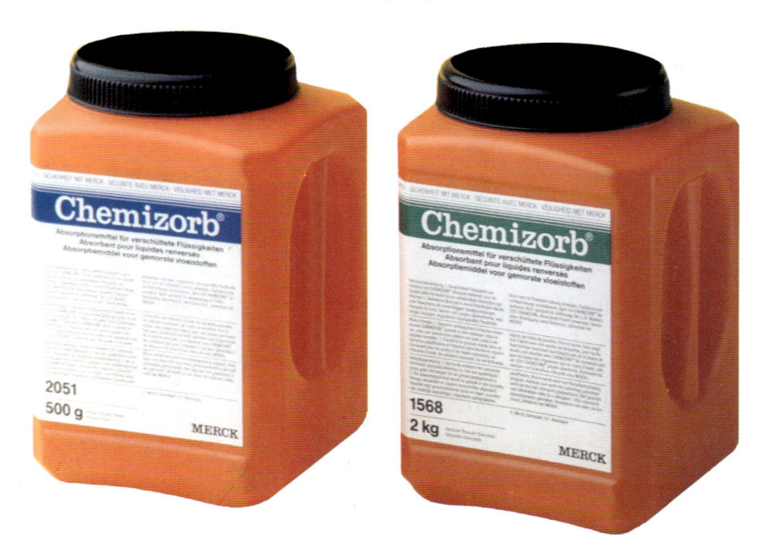

Abb. 40: Die pulver- oder granulatförmigen Chemizorb® Absorptionsmittel in den weithalsigen roten Flaschen ermöglichen eine schnelle Eingrenzung der Gefahr bei verschütteten Chemikalien.

Tabelle 20: **Chemizorb® Pulver und Granulat im Vergleich**

Zur Absorption von	**sind erforderlich**	Granulat	**Pulver**
10 g Salzsäure konz.		10 g	4 g
10 g Schwefelsäure 10 %		17,5 g	5,5 g
10 g Ölbad		40 g	7 g

Metallalkyle, die sich an der Luft spontan entzünden, werden üblicherweise mit trockenem Sand gelöscht. Verspritzte und ausgelaufene Metallalkyle können auch mit Chemizorb® Pulver großzügig abgedeckt werden: dadurch wird die Ausbreitung des Brandes eingedämmt. Beim vorsichtigen Durchmischen (Lederhandschuhe und Schutzbrille!) mit einem langstieligen Spatel reagiert das Reagenz dann kontrolliert unter Aufflammen an der Luft ab.

Absorption verschütteter Flüssigkeiten

VORSCHRIFT 24

Verschüttete Säuren und Laugen, Säurechloride, wässerige Lösungen, organische Lösungsmittel, Paraffinöle etc. mit Chemizorb®, Granulat oder Pulver, ausreichend abdecken und mit Spatel/Löffel/Schaufel bis zur vollständigen Absorption gut vermischen. Das beladene Absorptionsmittel in einem Polyethylen-Beutel unter Beachtung der einschlägigen Gesetze entsorgen. Bei einigen Chemikalien sind besondere Vorbereitungen erforderlich:

- *Brom*: Vor der Absorption mit Thiosulfat-Lösung umsetzen und mit Granulat bzw. Pulver abdecken.
- *Flußsäure*: Vor der Absorption mit Chemizorb® (Pulver oder Granulat) vorsichtig mit Natronlauge neutralisieren. Undurchlässige Schutzhandschuhe tragen!
- *Ölbäder*: Zähflüssige Öle dieser Art können schnell und zuverlässig nur mit Chemizorb® Pulver absorbiert werden.

3.4.2 Chemizorb® Hg absorbiert verschüttetes Quecksilber

Quecksilber gibt bereits bei Raumtemperatur Dämpfe ab, die zu Vergiftungen führen können. MAK-Wert: 0,01 ml/m^3 bzw. 0,1 mg/m^3. Deshalb vor dem Arbeitsbeginn Gefahrenhinweise und Sicherheitsratschläge auf dem Etikett beachten:

R 23	Giftig beim Einatmen.
R 33	Gefahr kumulativer Wirkungen.
S 7	Behälter dicht geschlossen halten.
S 44	Bei Unwohlsein ärztlichen Rat einholen (wenn möglich das Etikett vorzeigen)

Weitere Sicherheitsmaßnahmen sind in dem Merkblatt "Quecksilber und seine Verbindungen" der Berufsgenossenschaft Chemie zusammengefaßt (siehe Druckschriften-Anhang, Seite 200).

Arbeiten mit Quecksilber sind im Abzug und über einer Wanne auszuführen, die verschüttetes Quecksilber sicher auffängt. Soweit es die Arbeit zuläßt, sollen geschlossene Gefäße verwendet werden. In offenen Gefäßen ist das Quecksilber nach Möglichkeit abzudecken, z.B. mit flüssigem Paraffin. Öffnungen von Apparaturen, die Quecksilber enthalten, können über ein Iodkohle-Röhrchen belüftet werden.

Ist versehentlich Quecksilber verschüttet worden (Thermometer-, Manometer-Bruch etc.), so ist unbedingt darauf zu achten, daß es nicht mit *Acetylen* oder *Ammoniak* in Kontakt kommt. "Quecksilber-Unfälle" können rückstandslos mit Chemizorb® Hg beseitigt werden. Es handelt sich um einen vollständigen Reagenzien-Set mit allen erforderlichen Hilfsmitteln.

Absorption von verschüttetem Quecksilber

VORSCHRIFT 25

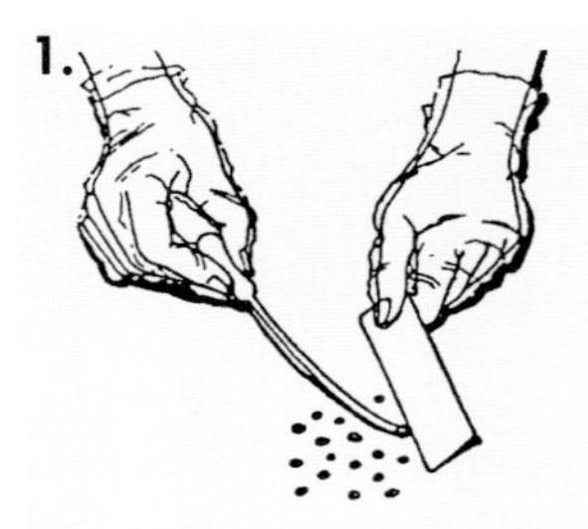

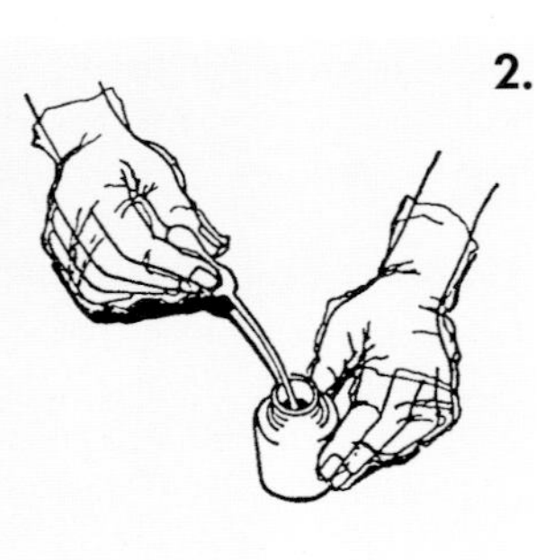

1. Vor allen Operationen die der Packung Chemizorb® Hg beiliegenden Handschuhe anziehen. Zunächst die Quecksilber-Tröpfchen mit Hilfe eines Kunststoffspatels an einer oder mehreren Stellen konzentrieren.

2. Mit der beigefügten Pipette soviel Quecksilber wie möglich vom Untergrund aufsaugen und in die dafür vorgesehene Sammelflasche für flüssige Quecksilber-Abfälle geben.

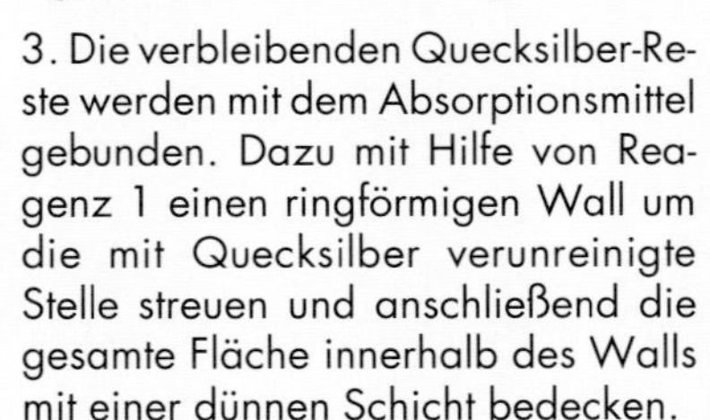

3. Die verbleibenden Quecksilber-Reste werden mit dem Absorptionsmittel gebunden. Dazu mit Hilfe von Reagenz 1 einen ringförmigen Wall um die mit Quecksilber verunreinigte Stelle streuen und anschließend die gesamte Fläche innerhalb des Walls mit einer dünnen Schicht bedecken.

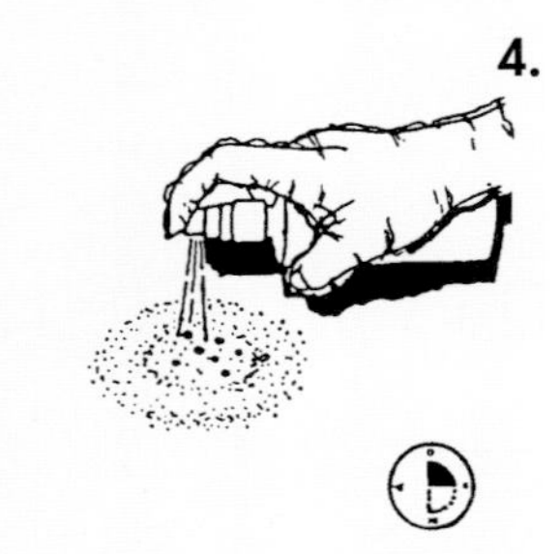

4. Um die Reaktion in Gang zu setzen, Reagenz 2 über die bedeckte Fläche sprühen, wobei das Absorptionsmittel nur schwach befeuchtet werden soll. Nach etwa 15 Minuten ist die Reaktion beendet.

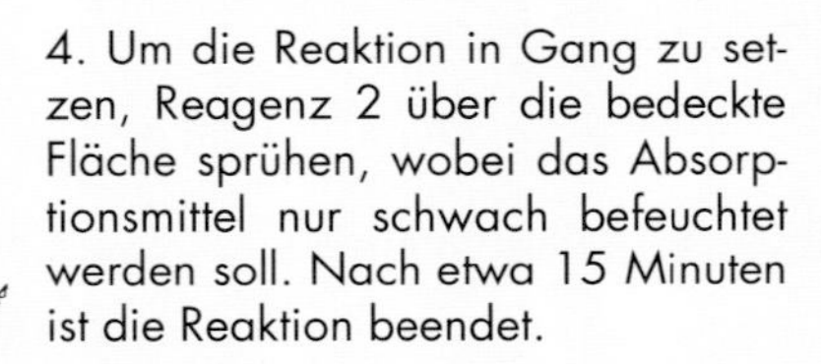

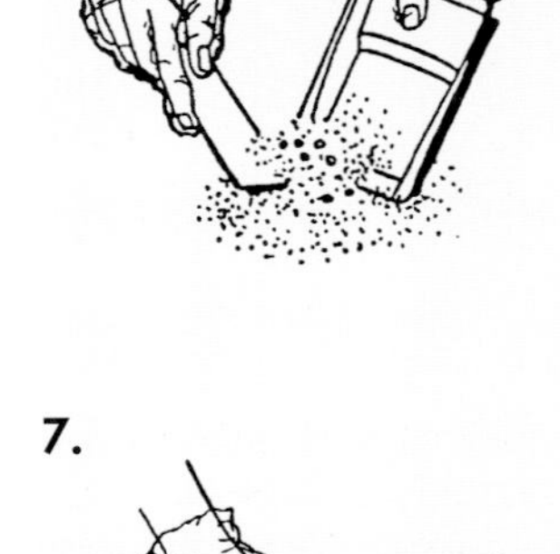

5. Nach etwa 30 Minuten das Absorptionsmittel mit Hilfe der beigefügten Schaufel und eines Kunststoffspatels vom Untergrund aufnehmen und ...

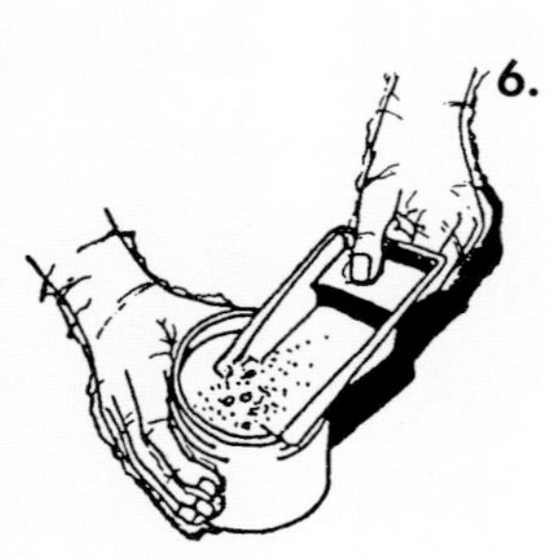

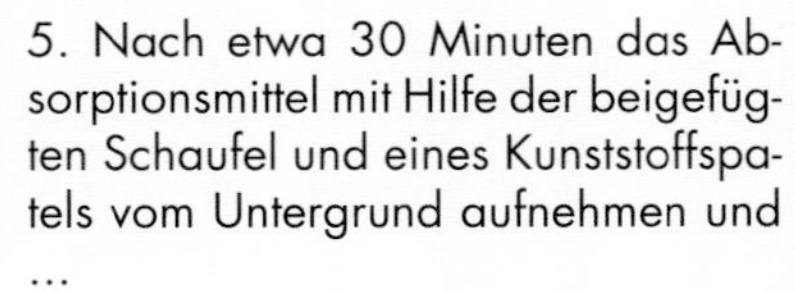

6....in die kleine Aluminiumdose überführen.

7.Die verbleibenden Rückstände mit dem Wischtuch aufnehmen.

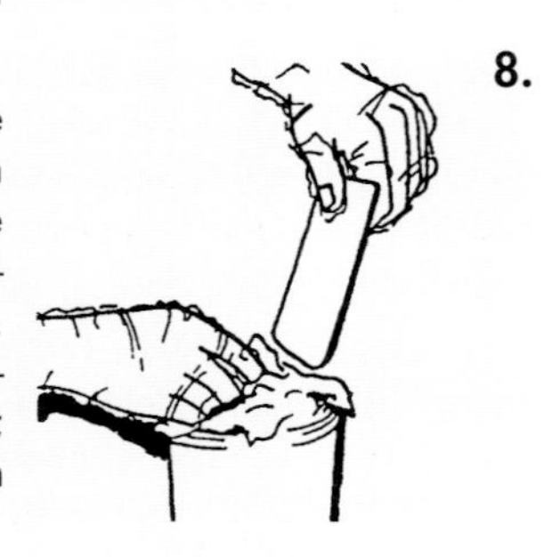

8.Alle verwendeten Hilfsgeräte wie Spatel, Pipette, Schaufel, Wischtuch und Handschuhe werden in die große Dose für quecksilberhaltige Arbeitsmittel und Abfälle gegeben. Schaufel und Spatel können selbstverständlich mehrmals benutzt werden; sie sind nach jedem Einsatz gründlich mit dem Wischtuch zu reinigen.

Nach Aufbrauchen aller Reagenzien und Hilfsmittel den gesamten Set an einen anerkannten Quecksilber-Entsorgungsbetrieb weiterleiten (siehe Anhang: "Adressen" Seite 218).

3.5 Sicheres Reinigen

Die zu reinigenden Laborgeräte müssen vor (!) der eigentlichen Reinigung von gefährlichen Rückständen gründlich befreit werden, so daß während der Reinigung keine Gefährdung für das Laborpersonal besteht. Man denke nur an die fatalen Konsequenzen, die daraus resultieren, wenn Natrium-Reste aus der Trocknung von Benzol oder Diethylether in die Kanalisation gelangen (Brand- und Explosionsgefahr!). So müssen Abfälle, die zur Selbstentzündung neigen, z.B. Filter mit leicht entzündlichen Substanzen, Katalysator-Reste etc., in besonderen verschließbaren Gefäßen aus nicht brennbarem Material separat gesammelt werden. Zu den Rückständen, die mit Wasser gefährlich reagieren können, gehören u.a. Alkalimetalle, Metallhydride und -alkyle, Carbide, Phosphide. Diese reagieren mit Wasser, Säuren oder Laugen zu leicht entzündlichen Gasen, andere (z.B. Natriumsulfid, Alkalicyanide) reagieren unter Freisetzung giftiger Gase und Dämpfe.

Gerade aus Gründen des *Umweltschutzes* (Abwasserbelastung) müssen auch "harmlose" Rückstände vorher restlos aus den Reaktionsgefäßen entfernt, sorgfältig abreagiert und zur fachgerechten Entsorgung getrennt gesammelt werden. Ausführliche Hinweise zur Desaktivierung von Laborabfällen finden sich in Kapitel "Entsorgung von Laborabfällen", Seite 171.

3.5.1 Herkömmliche Reinigungsmittel

Destillations- und Reaktionsrückstände widersetzen sich oft hartnäckig den üblichen Reinigungsprozeduren. Deshalb haben sich im Labor stark reagierende Reinigungsmittel eingebürgert, die nicht immer problemlos zu handhaben sind, z.B. *konzentrierte Schwefelsäure, Chromschwefelsäure, konzentrierte Salpetersäure,* eventuell mit weiteren Zusätzen wie *Wasserstoffperoxid* etc. Auch organische Lösungsmittel, wie z.B. Aceton, Spül-Methanol etc. haben sich durchgesetzt, obwohl sie aus heutiger Sicht des Umweltschutzes abzulehnen sind, wenn sie nicht separat zur Entsorgung gegeben werden.

In vielen Fällen eignet sich zum oxidativen Abbau von Rückständen statt Chromschwefelsäure eine *alkalische Permanganat-Lösung.* Hierzu wird gesättigte Kaliumpermanganat-Lösung in dem zu reinigenden Gefäß mit dem gleichen Volumen 20 %iger Natronlauge versetzt.

In analoger Weise kann man auch die Kombination von Aceton oder Isopropanol mit starker Kalilauge verwenden. Fast ausnahmslos lassen sich diese "Hausmittel" durch handelsübliche Labor-Reiniger problemlos ersetzen.

3.5.2 Chromschwefelsäure

Chromschwefelsäure (auch als "Bichromat-Schwefelsäure" bekannt) ist trotz ihrer gefährlichen Eigenschaften auch heute noch ein weit verbreitetes Reinigungsmittel im Labor, obwohl die meisten dort anfallenden Verschmutzungen auf Glas und sonstigen Laborgeräten leicht und gefahrlos mit z.B. Extran® Reinigungsmitteln beseitigt werden können.

Hartnäckig anhaftende organische Rückstände, die sich nur in seltenen Fällen mit Extran® nicht sofort entfernen lassen, können durch Behandlung mit Chromschwefelsäure oxidativ zerstört werden. Die Wirkung beruht auf dem vorhandenen Chrom(VI)-oxid CrO_3, einem sehr starken Oxidationsmittel. Während des Oxidationsvorgangs wird das rotbraune Chrom(VI)-oxid zur grünen dreiwertigen Stufe des Chroms reduziert. Der Erschöpfungsgrad kann also ohne weiteres am Farbwechsel verfolgt werden: frische Chromschwefelsäure ist rotbraun, verbrauchte grün gefärbt.

Vorsichtsmaßnahmen

Zum sicheren Umgang mit Chromschwefelsäure sind folgende Ratschläge unbedingt einzuhalten. Wegen der ätzenden und stark oxidierenden Eigenschaften ist beim Arbeiten mit Chromschwefelsäure äußerste Vorsicht geboten. Bei chlorhaltigen Rückständen bildet sich das sehr giftige Chromylchlorid (Chrom[VI]-oxidchlorid). Deshalb müssen Reinigungsprozeduren mit Chromschwefelsäure in einem gut ziehenden Abzug erfolgen. Außerdem sind Schutzkleidung, undurchlässige Handschuhe und Schutzbrille zu tragen. Benetzte Hautstellen sofort mit einem trockenen Lappen abwischen und dann reichlich mit kaltem Wasser abspülen; benetzte Kleidung unverzüglich ablegen.

Wegen der starken Wärmeentwicklung beim Vermischen mit Wasser darf Chromschwefelsäure niemals durch Hinzugießen von Wasser verdünnt werden (stark ätzende Spritzer!). Ist ein Verdünnen doch erforderlich, so darf dies nur durch Eingießen der Säure in Wasser unter Rühren erfolgen.

Gefahrlose Entsorgung

Verbrauchte Chromschwefelsäure niemals ins Abwasser geben, sondern vorsichtig durch Eintragen in Wasser verdünnen und anschließend mit Natronlauge neutralisieren. Als chromhaltige Lösung gekennzeichnet dem zuständigen Sondermüllbetrieb zur umweltschonenden Entsorgung übergeben. Entsprechende Anschriften erfährt man über die Verbände der Entsorgungswirtschaft, siehe "Adressen", Seite 218.

Verschüttete Chromschwefelsäure niemals mit Watte, Zellstoff, Sägespänen aufsaugen, sondern mit Chemizorb®, Granulat oder Pulver, gefahrlos absorbieren und in einem verschlossenen Gefäß entsorgen.

3.5.3 Extran® Labor-Reiniger

Die Firma Merck hat unter der Markenbezeichnung Extran® eine Reihe von Spezialreinigern für das Labor entwickelt. Es ist ein vollständiges Sortiment für die manuelle oder apparative Reinigung aller Laborgeräte aus Glas oder Metall. Eine ausführliche Gebrauchsanweisung findet sich auf dem Etikett jeder Einzelpackung. Die Produkt-Übersicht mit Artikelnummern finden Sie auf den folgenden Seiten.

Extran® Reiniger bieten viele Vorteile

- Sicherheit: Alle Typen sind bei vorschriftsgemäßer Anwendung gefahrlos zu handhaben. Gebrauchsanweisung auf dem Etikett beachten.
- Extran® ist chlorfrei: Es enthält kein Hypochlorit, so daß sich auch beim Zusammentreffen mit sauren Verschmutzungen kein gesundheitsschädliches Chlor bilden kann.
- Umweltfreundlich: Alle Bestandteile sind biologisch abbaubar, es sind also keine ökologischen Probleme in biologischen Kläranlagen zu erwarten. Einige Typen sind gleichzeitig phosphatfrei.
- Zuverlässig: Extran® reinigt analytisch rein (rückstandsfrei) und schonend alle Geräte aus Glas und Metall.
- Ultraschall: Alle MA-Typen sind für Ultraschallbäder geprüft, dadurch kürzere Einwirkzeiten auch bei hartnäckigen Verschmutzungen.

Abb. 41: Extran® Labor-Reiniger sind auf die problematischen Verschmutzungen im Labor ausgerichtet. MA-Typen sind speziell für die manuelle Reinigung, AP-Typen für den apparativen Einsatz entwickelt worden.

Manuelle Reinigung

Konzentrate zur Herstellung selbsttätig reinigender Tauch-Bäder und zum Einsatz in Ultraschall-Bädern.

7555 Extran® MA 01 alkalisch — flüssig

Universalreiniger für starke Verschmutzung. Selbst für hartes Wasser bis 40° d. Auch zum Reinigen von Tischen, Fliesen, Fußböden im Labor. Für die *radioaktive Dekontamination* geprüft.

7553 Extran® MA 02 neutral — flüssig

Spezialreiniger für Präzisionsmeßgeräte aus Glas, Quarz oder empfindlichen Metallen.

7550 Extran® MA 03 phosphatfrei — flüssig

Universalreiniger für starke Verschmutzung. Auch bei großer Wasserhärte ohne Einschränkung verwendbar.
Umweltfreundlich, da phosphatfrei.

Apparative Reinigung

Nichtschäumende Typen zum Einsatz in Labor-Spülautomaten.

– *Alkalische Reiniger*

7558 Extran® AP 11 mild alkalisch — Pulver

Schonende Reinigung z.B. im analytischen Labor.
Reinigungswirkung entspricht AP 14 flüssig.

7563 Extran® AP 12 alkalisch — Pulver

Energische Reinigung. Besonders bei Stärke- und Eiweiß-Rückständen.

7565 Extran® AP 13 alkalisch mit Detergentien — Pulver

Energische Reinigung. Besonders bei Fett-Rückständen.

7573 Extran® AP 14 mild alkalisch — flüssig

Schonende Reinigung in Maschinen mit Flüssig-Dosierung z.B. im analytischen Labor.
Umweltfreundlich, da phosphatfrei.
Reinigungswirkung entspricht AP 11 Pulver.

7575 Extran® AP 15 alkalisch — flüssig

Energische Reinigung in Maschinen mit Flüssig-Dosierung.
Umweltfreundlich, da phosphatfrei.
Reinigungswirkung enspricht AP 12 Pulver.

– *Saure Spülmittel*

7559 Extran® AP 21 sauer mit Phosphorsäure — flüssig

Vorspülen bei Rückständen von Carbonaten, Hydroxiden, Proteinen, Aminen, etc. Nachspülen mit Neutralisationswirkung. Auch für schonenden Hauptspülgang. Verhindert Kalkablagerungen.

7561 Extran® AP 22 sauer mit Citronensäure — flüssig

Schonendes Vor- bzw. Nachspülen mit Neutralisiationswirkung. Verhindert Kalkablagerungen.
Umweltfreundlich, da phosphatfrei.

– *Hilfsmittel*

7560 Extran® AP 31 Entschäumer — flüssig

Zusatz bei schäumenden Rückständen, wie z.B. Proteine, Fette, Seifen, Emulgatoren aller Art.

7556 Extran® AP 32 Klarspüler — flüssig

Nachspülung: ergibt fleckenfreies Spülgut, auch bei hartem Wasser.
Umweltfreundlich, da phosphatfrei.

7570 Extran® AP 41 enzymatisch — Pulver

Für das medizinische, biochemische und biologische Labor. Zur Entfernung von Schleim, Speichel, Blut etc.
Temperatur: 55 – 65 °C

7571 Extran® AP 42 Fettemulsion — flüssig

Für das medizinische und biologische Labor. Zur Rückfettung von Gelenk-Instrumenten. Enthält ein Bacteriostaticum.
Apparativ: im Endspülgang.
Manuell: im Tauchverfahren 100 ml/l – 5 Minuten.

7584 Extran® AP 43 bakterizid — flüssig

Für das medizinische, biochemische und biologische Labor. Für Desinfektionsgang nach Hauptspülgang. Temperatur: 40 – 60 °C – 15 Minuten.
Umweltfreundlich, da phosphatfrei.

4. Besondere Vorsichtsmaßnahmen

Während in einem vorangegangen Kapitel allgemeine Vorsichtsmaßnahmen behandelt wurden, zielt dieser Abschnitt besonders auf Vorsichtsmaßnahmen ab, wie sie beim Umgang mit definierten gefährlichen Chemikalien einzuhalten sind. Eine besondere Bedeutung kommt hier den krebserzeugenden Stoffen und den radioaktiven Substanzen zu, aber auch dem Aspekt "Schwangerschaft und Chemikalien". Auch muß Chemie nicht immer gefährlich sein: In den letzten Jahren ist es zu einer zunehmenden Herausforderung für die Reagenzien-Hersteller geworden, besonders gefährliche Chemikalien durch sichere Alternativen abzulösen.

4.1 Gefährliche Chemikalien

Im Rahmen des begrenzten Umfanges dieses Buches verfolgt das vorliegende Kapitel nicht das Ziel einer lückenlosen Aufstellung gefährlicher Chemikalien und ihrer sicheren Handhabung. Vielmehr wurde die Auswahl nach dem Gesichtspunkt getroffen, einige gefährliche und oft benutzte Reagenzien herauszustellen, auch deshalb, weil zusammenfassende Darstellungen über deren sichere Handhabung oft nur schwer zugänglich sind und sie in einem "Laborbuch" eigentlich nicht fehlen dürfen. Zweck ist auch, anhand von ausgewählten Beispielen besondere Vorsichtsmaßnahmen exemplarisch darzustellen, die sinngemäß auf analoge Fälle übertragbar sind. In diesem Sinne sind auch die Kapitel "Besondere Gefahren im Labor", Seite 42 und "Gefährliche Laborarbeiten", Seite 64, aufzufassen.

4.1.1 Allgemeine Schutzmaßnahmen

Da in diesem Buch Wert auf eine möglichst übergreifende Darstellung der Sicherheitsaspekte im Labor gelegt wurde, sei hier noch auf einige Merkblätter der BG Chemie mit allgemeinem Inhalt hingewiesen, die diese Informationen sinnvoll ergänzen können (Bezug über den Jedermann-Verlag, Adresse siehe "Druckschriften mit Anschriften", Seite 200).

- Allgemeine Arbeitsschutzmaßnahmen für den Umgang mit Gefahrstoffen
- Reizende Stoffe und ätzende Stoffe
- Lösemittel
- Chlorkohlenwasserstoffe

Allgemeine Empfehlungen für persönliche Schutzmaßnahmen (z.B. Atemschutz, Augenschutz, Körperschutz) finden Sie im Kapitel "Persönliche Schutzausrüstung", Seite 89.

4.1.2 Bromcyan

Vorsichtsmaßnahmen

R 26/27/28	Sehr giftig beim Einatmen, Verschlucken und Berührung mit der Haut.
R 34	Verursacht Verätzungen.
S 9	Behälter an einem gut belüfteten Ort aufbewahren.
S 26	Bei Berührung mit den Augen gründlich mit Wasser abspülen und Arzt konsultieren.
S 45	Bei Unfall oder Unwohlsein sofort Arzt zuziehen (wenn möglich das Etikett vorzeigen).

Bromcyan ist eine bereits bei Raumtemperatur stark flüchtige Festsubstanz von stechendem Geruch. Wegen des hohen Gefahrenpotentials dürfen alle Manipulationen nur durch Personen erfolgen, die über die notwendigen Kenntnisse zum gefahrlosen Umfang mit der Substanz verfügen.

Schutzkleidung, Gummihandschuhe, dicht anliegende Schutzbrille sowie umluftunabhängiges Atemschutzgerät sind beim Arbeiten mit Bromcyan unerläßlich. Alle Arbeiten nur in einem gut ziehenden Abzug durchführen und zugleich für gute Durchlüftung des Arbeitsraumes sorgen. Mit Wasser erfolgt Zersetzung unter Bildung von Blausäuregas. Explosionsgefahr! Deshalb nur explosionsgeschützte Geräte einsetzen.

Eigenschaften und Aufbewahrung

Schmelzpunkt	52 °C
Siedepunkt	61 – 62 °C
Flüchtigkeit	491 g/m^3 (bei 20 °C)
Dampfdruck	113 hPa (bei 20 °C)

Bromcyan ist löslich in Wasser (unter Zersetzung), Ether und Alkoholen. Es reagiert mit anderen Substanzen wie z.B. Alkalien, Säuren, Oxidationsmitteln. Diese Reaktionen können mitunter sehr stürmisch erfolgen, wobei hochgiftige Gase entstehen.

Bromcyan ist wärmeempfindlich und muß daher im Kühlschrank (0 – 6 °C) aufbewahrt werden. Die Haltbarkeit ist jedoch auch bei kühler und trockener Lagerung nur begrenzt. Sie wird in der Literatur für absolut reines Bromcyan mit einigen Monaten angegeben.

Es sei darauf hingewiesen, daß hin und wieder ohne ersichtlichen Grund ein spontaner Zerknall einer Packung vorgekommen ist. Die Aufbewahrung muß daher unter entsprechenden Vorsichtsmaßnahmen erfolgen (Schutz durch Überblech oder dergleichen).

Gefahrlose Entsorgung

Die gefahrlose Beseitigung von Labormengen geschieht durch Oxidation mit Calcium- oder Natriumhypochlorit-Lösung unter kräftigem Rühren bis zur vollständigen Umsetzung. Danach neutralisieren. Rückstände nie in den Ausguß gießen, sondern in geschlossenen Behältern sammeln und einem zugelassenen Unternehmen (Anschriften siehe Kapitel "Adressen", Seite 218) zur Entsorgung übergeben.

Erste Hilfe

Benetzte Haut sofort mit viel Wasser abwaschen, da Gefahr der Hautresorption besteht. Nach versehentlichem Verschlucken sofort Kochsalz-Lösung (1 Eßlöffel auf 1 Glas Wasser) zu trinken geben und Erbrechen bewirken. Bei Atemstillstand Wiederbelebung durch künstliche Atmung. In allen Fällen sofort Arzt herbeiholen.

4.1.3 Diazomethan

Vorsichtsmaßnahmen

Der Umgang mit Diazomethan erfordert erhöhte Vorsicht in mehrfacher Hinsicht:

- *Explosionsgefährlichkeit der Ausgangsstoffe*

  In der Literatur werden zur Darstellung von Diazomethan verschiedene Reagenzien beschrieben u.a. N-Nitroso-N-methylharnstoff; dieses Reagenz darf wegen seiner Instabilität nie länger als ein paar Stunden außerhalb des Kühlschranks gehandhabt werden.

  Explosionsartige Zersetzungen von N-Nitroso-N-methylharnstoff sind in der Literatur beschrieben: die Ursachen werden auf die Verwendung von Metallspateln und unkontrollierten Kontakt mit Kalilauge zurückgeführt.

- *Explosivität von Diazomethan*

  Diazomethan ist bei Raumtemperatur gasförmig und kondensiert bei etwa – 25 °C zu einer dunkelgelben, leicht beweglichen Flüssigkeit. Durch unvorsichtige Handhabung kann es explosionsartig zerfallen.

- *Cancerogenität von Diazomethan*

  Diazomethan ist krebserzeugend, wie Ergebnisse aus Tierversuchen eindeutig belegen. Siehe "Liste der krebserzeugenden Stoffe", Seite 135.

Problemlose Darstellung

Zur problemlosen Darstellung[1,2] von Diazomethan eignet sich besonders N-Methyl-N-nitroso-4-toluolsulfonamid: im Gegensatz zu anderen Diazomethan-Reagenzien ist es bei Raumtemperatur lagerfähig und zeichnet sich durch gute Löslichkeit in Chloroform, Diethylether, Tetrachlorkohlenstoff und Toluol aus.

Arbeiten mit Diazomethan unter dem Abzug hinter einer Schutzscheibe durchführen und jeglichen Hautkontakt vermeiden; Schutzbrille und Sicherheitshandschuhe tragen. Keine scharfkantigen Schliffe und Glasgeräte verwenden. Wenn möglich, Schliffe durch Gummistopfen ersetzen. Spatel aus Horn oder Porzellan (nicht Metallspatel!) sowie Teflon® kaschierten Magnetrühre verwenden.

VORSCHRIFT 26

In einem 150 ml-Zweihalskolben mit Tropftrichter wird eine Lösung von 6 g Kaliumhydroxid in 10 ml Wasser, sowie 10 ml Diethylether und 35 ml Diethylenglycolmonomethylether vorgelegt. Dieser Kolben wird über einen Trockeneis-Kühler[2] an einen Schliff-Erlenmeyer mit 250 ml Diethylether angeschlossen, der über ein Einleitungsrohr mit einem zweiten Erlenmeyer verbunden ist; das Einleitungsrohr taucht in 35 ml Diethylether. Diese beiden Erlenmeyer werden mit einer Eis-Kochsalz-Mischung gekühlt. Über den Tropftrichter wird unter Erwärmen (70 – 75 °C im Wasserbad) und Rühren (Teflon®-Magnetrührer!) eine Lösung von 21,5 g (0,1 Mol) N-Methyl-N-nitroso-4-toluolsulfonamid in 125 ml Diethylether innerhalb 15 – 20 Minuten hinzugetropft. Anschließend werden noch 50 – 100 ml Diethylether hinzugetropft, bis das Destillat farblos wird.
Das Destillat enthält 2,7 – 2,9 g Diazomethan. Ausbeute: 64 – 69%

---

1 Th. J. de Boer und H. J. Backer: Org. Synth. Coll. Vol. 4,250 (1963)
2 M. Hudlicky: J. Org. Chem. 45, 5377 (1980)

Gefahrlose Entsorgung

Aus unverbrauchten etherischen Lösungen darf das N-Methyl-N-nitroso-4-toluolsulfonamid nicht durch Abdestillieren des Diethylethers wiedergewonnen werden: Das auskristallisierende Reagenz kann ohne weiteres explodieren. Zur gefahrlosen Beseitigung von nicht umgesetztem N-Methyl-N-nitroso-4-toluol-sulfonamid empfiehlt es sich, dieses durch Zugabe von Kaliumhydroxid erst zu Diazomethan und dann mit Essigsäure zu Methylacetat umzusetzen.

4.1.4 Eisenpentacarbonyl und Nickeltetracarbonyl

Kennzeichnung und Eigenschaften

– *Eisenpentacarbonyl*

F T+

Leichtentzündlich Sehr giftig

R 11	Leichtentzündlich.
R 26/27/28	Sehr giftig beim Einatmen, Verschlucken und Berührung mit der Haut.
S 3/7/9	Behälter dicht geschlossen halten und an einem kühlen, gut gelüfteten Ort aufbewahren.
S 36	Bei der Arbeit geeignete Schutzkleidung tragen.
S 45	Bei Unfall oder Unwohlsein sofort Arzt zuziehen (wenn möglich das Etikett vorzeigen).

Schmelzpunkt	– 20 °C	Dampfdruck	35 hPa (bei 20 °C)
Siedepunkt	105 °C	Flammpunkt	– 15 °C
Dichte (d 20°/4°)	1,45	Explosionsgrenze	3,7 – 12,5 Vol.%
		MAK-Wert	0,1 ml/m^3

Eisenpentacarbonyl ist eine gelb-rote, flüchtige Flüssigkeit, die sich an der Luft von selbst entzünden kann. Die Dämpfe sind sehr viel schwerer als Luft und können mit Luft explosionsfähige Gemische bilden. Durch Licht, insbesondere durch Sonneneinstrahlung, erfolgt Zersetzung unter Bildung von Kohlenmonoxid.

Eisenpentacarbonyl ist in Wasser unlöslich, aber gut löslich in den meisten organischen Lösungsmitteln, wie Aceton, Ether, Ethylacetat, Petrolether, Schwefelkohlenstoff, Tetrachlorkohlenstoff, Toluol. In Alkohol ist es nur mäßig löslich und praktisch unlöslich in flüssigem Ammoniak. Es reagiert mit Halogenen, Säuren und brandförderndem Material.

– *Nickeltetracarbonyl*

F T+

Leichtentzündlich Sehr giftig

R 45	Kann Krebs erzeugen.
R 11	Leichtentzündlich.
R 26	Sehr giftig beim Einatmen.
S 9	Behälter an einem gut gelüfteten Ort aufbewahren.
S 23	Dampf nicht einatmen.
S 45	Bei Unfall oder Unwohlsein sofort Arzt zuziehen (wenn möglich das Etikett vorzeigen).

Schmelzpunkt	– 25 °C	Dampfdruck	420 hPa (bei 20 °C)
Siedepunkt	43 °C	Flammpunkt	– 20 °C
Dichte (d 200/40)	1,30	Explosionsgrenze	2 – 34 Vol.%

Nickeltetracarbonyl ist eine farblose, flüchtige Flüssigkeit. Die Dämpfe sind sehr viel schwerer als Luft und können mit Luft leicht explodieren. Die Substanz steht in der Liste der *krebserzeugenden* Stoffe, die bislang nur im Tierversuch als solche erkannt wurden. Aufbewahrung unter Licht- und Luftausschluß, vorteilhaft im Freien.

Nickeltetracarbonyl ist in Wasser wenig löslich, aber gut löslich in organischen Lösungsmitteln wie Chloroform, Ether, Ethylalkohol, Toluol. Es reagiert langsam mit Salzsäure und Schwefelsäure, aber heftig mit Halogenen und Salpetersäure.

Vorsichtsmaßnahmen

Beide Substanzen verursachen Kopfschmerzen, Übelkeit, Schwindelgefühl, Erstickungsgefahr. Schädigung der Lungen, des Zentralnervensystems, sowie der Leber und Nieren sind möglich. Deshalb dürfen alle Manipulationen nur durch Personen erfolgen, die über die notwendigen Kenntnisse der Eigenschaften dieser Stoffe und Erfahrung im Umgang damit verfügen.

Schutzkleidung, Schutzbrille, Gummihandschuhe, Frischluft-Maske oder umluftunabhängiges Atemschutzgerät sind unerläßlich. Atemfilter für Kohlenmonoxid sind nicht ausreichend. Alle Arbeiten dürfen nur in einem gut ziehenden Abzug durchgeführt werden; zugleich ist für gute Durchlüftung des Arbeitsraumes zu sorgen. Der Arbeitsplatz selbst muß mit auffallenden Warnaufschriften gesperrt werden. Da kaum wahrnehmbarer Geruch, ist Kontrolle der Dampfkonzentration, z.B. mit *Dräger-Prüfröhrchen* (siehe Anhang "Geräte und andere Hilfsmittel", Seite 212) erforderlich.

Laborapparaturen sind über eine Kühlfalle (Aceton/Trockeneis) und eine Flasche mit Bromwasser direkt in den Abzugsschacht zu entlüften.

Beim Öffnen der Eisenpentacarbonyl-Flasche ist Vorsicht geboten, da ein leichter Überdruck im Gefäß herrschen kann. Da die Dämpfe mit Luft in weiten Grenzen selbstentzündliche explosionsfähige Gemische bilden, muß das Öffnen unter Stickstoff erfolgen. Die Entnahmegeräte (z.B. Pipetten mit Gummiball) und Apparaturen sind vor Gebrauch mit Stickstoff oder einem Edelgas zu spülen. Nur explosionsgeschützte Hilfsgeräte verwenden. Maßnahmen gegen elektrostatische Aufladungen treffen. Eisenpentacarbonyl ist wegen seiner geringeren Flüchtigkeit weniger gefährlich als Nickeltetracarbonyl. Sorgfältiges Arbeiten, gute Entlüftung und Ausschluß von Hautkontakt sind die Voraussetzungen für den sicheren Umgang mit diesen Substanzen.

Nickeltetracarbonyl wird in Lecture Bottles geliefert. Zur gefahrlosen Entnahme siehe Kapitel "Umgang mit Laborgasen", Seite 57. Zu Nickeltetracarbonyl existiert ein Merkblatt der Berufsgenossenschaft der chemischen Industrie (Bezug über Jedermann-Verlag, Anschrift siehe "Druckschriften mit Anschriften", Seite 200).

Gefahrlose Entsorgung

Zur gefahrlosen Beseitigung kleiner Mengen der beiden Carbonyle im Labor mit Wasser abdecken und tropfenweise unter Rühren mit konzentrierter Salpetersäure zu Eisen- bzw. Nickelnitrat umsetzen. Rückstände nie in den Ausguß gießen, sondern in Blechkannen sammeln und einem anerkannten Entsorgungs-Unternehmen zur Beseitigung übergeben. Anschriften finden Sie im Kapitel "Adressen", Seite 218.

Erste Hilfe

Benetzte Haut sofort mit viel Wasser abwaschen, da Gefahr der Hautresorption besteht. Durchtränkte Kleidung sofort wechseln und erst nach ihrer gründlichen Reinigung wieder benutzen.

Nach Inhalation, auch kleinster Mengen, Verunglückten nur liegend unverzüglich in ärztliche Behandlung bringen. Bei Intoxikation Sauerstoff-Beatmung durchführen.

4.1.5 Etherperoxide

Mit Ausnahme der stark verzweigten Ether, wie z.B. tert-Butylmethylether (TBME), hat diese Substanzklasse die Eigenschaft, bei Kontakt mit der Luft hochexplosive Etherperoxide zu bilden.

Etherperoxide werden beim Abdestillieren des Lösungsmittels im Destillationssumpf angereichert und verursachen ab einer bestimmten Konzentration äußerst heftige Explosionen. Falls bei einer Destillation die Präsenz von Peroxiden im Reaktionsgemisch nicht eindeutig geklärt ist, so muß sie wegen der Explosionsgefahr unbedingt unterbrochen werden, sobald mindestens noch ein Viertel des Ausgangsvolumens im Destillationskolben vorhanden ist! Da Ether im Labor zu den vielbenutzten Lösungsmitteln gehören, empfiehlt es sich dringend, diese laufend auf Peroxide zu prüfen und vorhandene Peroxide sofort restlos zu zerstören. Ausführliche Hinweise hierzu finden Sie im Kapitel "Peroxide in Lösungsmitteln", Seite 46.

4.1.6 Metallalkyle

Metallorganische Verbindungen (z.B. Aluminium-, Lithium- und Zinkalkyle) sind hochaktive Reagenzien, die mit Luft, Wasser und zahlreichen anderen Substanzen heftig reagieren. Die dabei freiwerdende Energie ist so groß, daß sie sich dabei spontan entzünden. Die Berührung mit der Haut führt in vielen Fällen zu starken Verbrennungen; deshalb *Lederhandschuhe* tragen. Aus diesen Gründen können sie nur mit äußerster Vorsicht, unter Abschluß von Luftfeuchtigkeit und -Sauerstoff, am besten unter trockenem Stickstoff oder Argon, sicher gehandhabt werden. Glasgefäße mit selbstentzündlichen Metallalkylen dürfen nur in speziellen Tragekästen oder Eimern transportiert werden, die mit einem inerten Absorptionsmittel, z.B. Chemizorb® Pulver oder Vermiculit, gefüllt sind. Ausführliche Hinweise zur Dosierung und Handhabung von Metallalkylen finden sich im Kapitel "Arbeiten mit metallorganischen Verbindungen", Seite 80. In diesem Zusammenhang sei auch auf das Merkblatt "Aluminiumalkyle" der Berufsgenossenschaft der chemischen Industrie hingewiesen (Bezug über Jedermann-Verlag, Adresse siehe "Druckschriften mit Anschriften", Seite 200).

4.1.7 Perchlorsäure

Vorsichtsmaßnahmen

C

Ätzend

O

Brandfördernd

R 5	Beim Erwärmen explosionsfähig.
R 8	Feuergefahr bei Berührung mit brennbaren Stoffen.
R 35	Verursacht schwere Verätzungen.
S 23	Dampf/Aerosol nicht einatmen.
S 26	Bei Berührung mit den Augen gründlich mit Wasser abspülen und Arzt konsultieren.
S 36	Bei der Arbeit geeignete Schutzkleidung tragen.

Reine, 72 %ige Perchlorsäure ist außerordentlich ätzend, aber nicht explosiv. Bei Normaldruck kann sie ohne weiteres bei offener Flamme bis zum Siedepunkt erhitzt werden. Wenn jedoch nur geringste *Spuren oxidierbarer Verunreinigungen* vorhanden sind, oder die Säure mit irgendeiner organischen Substanz in Kontakt kommt (selbst eine hölzerne Arbeitsplatte bedeutet Gefahr!), kann sie explosionsartig zerfallen. Mit der Reaktionstemperatur steigt das Explosionsrisiko. Auch einige Schwermetall-Perchlorate sind extrem explosionsgefährlich. Deshalb Perchlorsäure sorgfältig aufbewahren und äußerst vorsichtig handhaben.

Aufbewahrung

Perchlorsäure sollte in einem speziellen eigenen Abzug aufbewahrt werden. Er darf nicht aus Holz und nicht mit Farbe gestrichen sein. Abzüge aus besonders widerstandsfähigen Materialien, speziell für diesen Zweck, sind im einschlägigen Handel erhältlich.

Die Säure sollte im Labor nicht in Gefäßen über 2,5 l Inhalt aufbewahrt werden und die Flaschen sollten zusätzlich in einer massiven PVC-, Glas- oder Keramikwanne mit Chemizorb® Granulat oder Pulver, stehen, die bei Bruch den Flascheninhalt aufnehmen kann. Verfärbte und verunreinigte Säure sollte man sofort durch Eingießen in Wasser verdünnen und anschließend neutralisieren.

Die Lagerbestände von Perchlorsäure sind gelegentlich auf Bruchgefahr zu kontrollieren.

Sichere Handhabung

Der Experimentator muß bestens mit allen möglichen Risiken im Umgang mit der Säure vertraut sein, andernfalls sollte ein erfahrener Kollege zu Rate gezogen werden. Beim Umgang mit Perchlorsäure sind folgende Schutzmaßnahmen zu ergreifen:

- im Abzug arbeiten
- Gesichtsschutzschild sowie Schürze, Hand- und Armschutz tragen
- bei allen Arbeiten einen CO_2-Feuerlöscher griffbereit halten.

Besteht der Verdacht, daß eine Probe, die mit Perchlorsäure zur Reaktion gebracht werden soll, organisch verunreinigt ist, muß unbedingt zuerst Salpetersäure zugesetzt werden, um die organischen Substanzen durch Oxidation unschädlich zu machen. Bei Aufschlüssen bewirkt ein Zusatz von HNO_3 eine Absenkung der Reaktionstemperatur, da das Gemisch aus HNO_3 + $HClO_4$ niedriger siedet als reine $HClO_4$.

Außerdem sollte der Abzug einige Minuten vor und mehrere Minuten nach der Reaktion leer laufen: Vorher, um eventuell vorhandene organische Partikel aus der Luft zu entfernen und hinterher, um die schweren Säuredämpfe vollständig abzusaugen.

Gefahrlose Entsorgung

Niemals Sägespäne, Papier, Lappen oder anderes organisches Material benutzen, um Spritzer aufzusaugen, sondern mit Chemizorb®, Granulat oder Pulver, absorbieren. Anschließend die verschmutzte Stelle reichlich mit Wasser abwaschen.

Sind große Mengen verschüttet worden, sollte man die Säure mit den obengenannten Absorptionsmitteln aufsaugen, um eine weitere Ausbreitung zu verhindern. Anschließend das getränkte Chemizorb® mit wässeriger Kalilauge neutralisieren (pH-Papier!) und in einer Glasflasche zur Entsorgung geben. Auch bei diesen Arbeiten sind unbedingt Gesichtsschutz, Schutzhandschuhe, Schürze und evtl. Stiefel zu tragen.

4.1.8 Wasserstoff und katalytische Hydrierung

Vorsichtsmaßnahmen

Wasserstoff ist ein brennbares Gas, das im Gemisch mit Sauerstoff oder Luft das hochexplosive Knallgas bildet. Wasserstoff wird in Druckgasflaschen geliefert, deren sichere Handhabung im Kapitel "Umgang mit Laborgasen", Seite 57, abgehandelt ist. Das Etikett enthält folgende Sicherheitshinweise:

R 12	Hochentzündlich.
S 7/9	Behälter dicht geschlossen an einem gut gelüfteten Ort aufbewahren.

F+

Hochentzündlich

Hydrierungen mit Wasserstoff werden im Labor normalerweise katalytisch oder unter Druck durchgeführt. Die Vorsichtsmaßnahmen, die bei Reaktionen unter Druck einzuhalten sind, werden im Kapitel "Arbeiten unter Druck", Seite 68, ausführlich beschrieben.

Bei katalytischen Hydrierungen werden *Edelmetall-Katalysatoren* verwendet. Ihre Handhabung erfordert besondere Vorsicht, da sie im trockenen Zustand in Gegenwart von Wasserstoff zu glühen beginnen. Brennbare Lösungsmittel (z.B. Aceton, Benzol, Diethylether, Ethanol, Methanol, etc.) werden durch trockene Katalysatoren in Gegenwart von Luft entzündet. *Raney-Nickel* brennt bereits in trockenem Zustand an der Luft. Es ist ganz besonders darauf zu achten, daß sich an den Händen und an der Arbeitskleidung keine Katalysator-Reste befinden, da sie leicht die Ursache von gefährlichen Bränden sein können.

Wegen der gefährlichen Eigenschaften des Wasserstoffs und der Katalysatoren sind alle Reaktionsschritte bei der Hydrierung mit ganz besonderer Sorgfalt und Zuverlässigkeit, am besten in einem separaten Hydrierlabor, vorzubereiten und auszuführen.

7 Regeln für die katalytische Hydrierung

Um Hydrierungen mit Edelmetall-Katalysatoren zuverlässig durchzuführen, sind in jedem Falle folgende Sicherheitsmaßnahmen streng einzuhalten:

VORSCHRIFT 27

1. Vor Reaktionsbeginn muß die Luft aus der Reaktions-Apparatur durch Spülen mit Stickstoff entfernt werden.
2. Edelmetall-Katalysatoren sind stets unter Stickstoff mit Lösungsmittel zu befeuchten.
3. Die Katalysatoren werden ausnahmslos zuletzt in das Reaktionsgemisch eingebracht. Hierzu ausschließlich Katalysator-Suspensionen verwenden, niemals Katalysatoren trocken einsetzen!
4. Auch vor dem Einleiten von Wasserstoff muß die Luft aus der Reaktions-Apparatur vollständig durch Stickstoff verdrängt werden.
5. Während der Hydrierung muß für gute Durchmischung (Magnetrührer!) gesorgt werden.
6. Nach Beendung der Reaktion muß zuerst der Wasserstoff aus der Reaktions-Apparatur durch Stickstoff verdrängt werden, bevor vom Katalysator abgesaugt werden kann.
7. Katalysator-Reste sind stets nur mit Papier aufzunehmen. Auf keinen Fall dürfen dazu Stoff-Lappen verwendet werden!

4.1.9 Wasserstoffperoxid und Percarbonsäuren

Vorsichtsmaßnahmen

Außer flüssigem Wasserstoffperoxid (Perhydrol® enthält 30 % H_2O_2) und festem Wasserstoffperoxid-Harnstoff (Percarbamid, Perhydrit®, Zersetzung ab 60 °C) finden oft als Oxidationsmittel Verwendung: *Peressigsäure, Perbenzoesäure, 3-Chlorperbenzoesäure, tert-Butylperbenzoat* u.a. Peressigsäure findet außerdem zunehmend als umweltfreundliches Desinfektionsmittel Verwendung.

MAK-Wert für Wasserstoffperoxid: 1 ml/m^3 bzw. 1,4 mg/m^3.

Bei sachgerechter Lagerung – geschützt vor Sonnenlicht und Hitze – sind Wasserstoffperoxid und Percarbonsäuren zwar nicht unbegrenzt, aber problemlos aufzubewahren. Wasserstoffperoxid wird zu diesem Zweck in dunklen Polyethylen-Flaschen mit Entgasungs-Ventil verpackt, Percarbonsäuren werden durch inerte Zusätze *phlegmatisiert* (zur Phlegmatisierung siehe Kapitel "Explosionsgefährliche Chemikalien", Seite 55). Verunreinigungen und zu hohe Temperaturen können aber zu heftiger Zersetzung führen, wobei große Mengen an Gas (Sauerstoff) und Energie frei werden. Verunreinigungen, die die Zersetzung einleiten können, sind z.B. Baumwolle, Wolle, Papier, Staub, Metalle, vor allem Übergangsmetalle und deren Salze.

Arbeiten im Abzug mit Schutzbrille und Schutzhandschuhen durchführen. Bei versehentlichem Kontakt von Wasserstoffperoxid mit der Haut kommt es zu kurzfristigen, juckenden weißen Flecken: deshalb sofort gründlich mit Wasser abspülen. Organische Peroxide üben je nach Substanz eine sehr unterschiedliche entzündliche und ätzende Wirkung auf die Haut und die Schleimhäute aus. Manche führen noch in starker Verdünnung und in kleinsten Mengen zu tiefgreifenden Haut- oder Corneal-Nekrosen mit Verlust des Auges. Die Einatmung der Dämpfe ruft unterschiedlich starke Reizerscheinungen an den Atemwegen hervor. Die Gefahr einer resorptiven Wirkung ist in der Praxis gering. Sensibilisierungen sind beobachtet worden.

Ausreichende Wassermengen zur Verfügung halten, um verschüttete Flüssigkeit sofort zu verdünnen. Mit Wasser stark verdünntes Wasserstoffperoxid kann in die Kanalisation gespült werden.

Sichere Handhabung

Vor Versuchsbeginn müssen die benutzten Glasgeräte gründlich von organischen Verunreinigungen und Metallsalzen gereinigt werden. Anstelle von Quecksilber-Thermometern nur solche mit Alkoholfüllung verwenden.

Als Lösungsmittel niemals Aceton verwenden, da die Bildung von leicht kristallisierendem Acetonperoxid zu befürchten ist, das hochexplosiv reagiert. Statt dessen lassen sich chlorierte Lösungsmittel, Ester und Alkohol einsetzen. Die Reaktions-Apparatur sollte so ausgelegt sein, daß bei unvorhersehbarer Zersetzung (Gasentwicklung!) ein direkter Druckausgleich ermöglicht wird.

Oxidationen mit Per-Verbindungen

Beim Umgang mit größeren Mengen Wasserstoffperoxid wird zusätzlich auf die Empfehlungen in den *Merkblättern* "Wasserstoffperoxid" und "Organische Peroxide" der Berufsgenossenschaft der chemischen Industrie hingewiesen: Bezug über Jedermann-Verlag, Anschrift siehe "Druckschriften mit Anschriften", Seite 200.

VORSCHRIFT 28

Während des Oxidations-Prozesses wird das Oxidationsmittel langsam in das zu oxidierende Reaktionsgemisch eingetragen, wobei für gute Durchmischung und ständige Temperaturkontrolle (exotherme Reaktion!) zu sorgen ist. Niemals darf die Reaktion in umgekehrter Weise durchgeführt werden! Aus Sicherheitsgründen darf der Überschuß an Oxidationsmittel niemals 20 Gew. % H_2O_2 überschreiten; oberhalb dieser Grenze kann es zu Explosionen kommen.

Vor Beginn der Zugabe sollte das Reaktionsgemisch bis 5 °C unterhalb der vorgesehenen Reaktions-Temperatur vorgeheizt werden. Um ein "Durchgehen" der Reaktion zu verhindern, müssen ausreichende Kühlmöglichkeiten vorbereitet werden. Peroxide lassen sich auf bequeme Weise mit den Teststäbchen Merckoquant® Peroxid bzw. mit Perex-Test® (siehe Seiten 47 und 48) bestimmen.

Gefahrlose Entsorgung

Auch beim Aufarbeiten des Reaktions-Ansatzes (Destillation oder Kristallisation) ist darauf zu achten, daß es zu keiner starken Anreicherung an Peroxiden kommt. Zum Entfernen des Oxidationsmittels aus dem Reaktionsgemisch genügt normalerweise Waschen mit Wasser. Peroxide können auch durch Bisulfit oder Eisen(II)-salze reduziert werden. Wenn Wasser bei der Aufarbeitung stört, kann die reduktive Zerstörung auch mit Hydrazin, Thioessigsäure oder gasförmigem Schwefeldioxid durchgeführt werden.

4.1.10 Weitere gefährliche Chemikalien

Wie eingangs zu diesem Kapitel dargelegt, wurden aus Platzgründen Einschränkungen bei der Stoffauswahl getroffen. Sollten trotzdem darüber hinausgehende Detail-Informationen erforderlich sein, so sei auf die nachfolgende Liste von Merkblättern der Berufsgenossenschaft der chemischen Industrie verwiesen, die in willkommener Weise die Empfehlungen in diesem Kapitel vervollständigen.

Diese *Merkblätter* enthalten in leicht verständlicher Form Angaben über gefährliche Eigenschaften und gefahrlose Aufbewahrung, Hinweise über Gesundheitsgefahren und Maßnahmen zum Gesundheitsschutz und zur *Ersten Hilfe*. Die Merkblätter können über den Jedermann-Verlag (Anschrift siehe "Druckschriften mit Anschriften", Seite 200) angefordert werden.

- Acrylnitril
- Aluminiumalkyle
- Arsen und seine Verbindungen
- Benzol
- Benzyl-, Benzalchlorid, Benzotrichlorid
- Brom
- 1,3-Butadien
- Cadmium und seine Verbindungen
- Chlor
- Cyanwasserstoff (Blausäure) und Cyanide
- Dichlordimethylether und Monochlordimethylether
- Dimethylcarbamidsäurechlorid
- Dimethylsulfat
- Epichlorhydrin
- Ethylenimin
- Ethylenoxid
- Fluorwasserstoff und Fluoride
- Formaldehyd
- Hydrazin
- Natrium
- Nitrocellulose
- 2-Nitropropan
- Ozon
- Phenol, Kresole und Xylenole
- Phosgen
- Phthalsäureanhydrid und Maleinsäureanhydrid
- Quecksilber und seine Verbindungen
- Salpetersäure und Stickstoffoxide
- Sauerstoff
- Schwefelwasserstoff
- Tetrahydrofuran
- Vinylchlorid (Chlorethylen)
- Zinnverbindungen, organische

4.2 Spezielle toxische Wirkungen

Der Umgang mit Chemikalien erfordert wegen ihrer sehr unterschiedlichen Auswirkungen auf die Gesundheit die Einhaltung allgemeiner Vorsichtsmaßnahmen. Diese Thematik wird ausführlich in den vorangehenden Kapiteln behandelt, besonders im Abschnitt "Gefährliche Chemikalien", Seite 124. Eine ganz besondere Art der Gefährdung geht von den Stoffen aus, die *irreversible* Schädigungen der Gesundheit bewirken oder durch Kumulation negative Wirkungen auf die Gesundheit ausüben können. Chemikalien mit diesem Gefährdungspotential sind gemäß den gesetzlichen Vorschriften eindeutig gekennzeichnet.

4.2.1 Irreversible Gesundheitsschädigungen

Nach der Art der durch sie verursachten Schädigungen der Gesundheit kann man zwischen nachstehenden Gefährdungsgruppen unterscheiden:

- Krebserzeugende Stoffe – *Cancerogene* (*Carcinogene*)

  Das besondere Risiko bei krebserzeugenden Stoffen ist, daß in vielen Fällen eine lange *Latenzzeit* zwischen Exposition und Auftreten eines erkennbaren Schadens vergeht, so daß der Zusammenhang zwischen Ursache und Wirkung oft nicht eindeutig festzustellen ist. Diese Substanzen können bei Menschen oder im Tierversuch die Entstehung bösartiger Geschwülste (*Tumoren*) oder Leukämie verursachen. Zwischen Einwirkungszeit und Ausbruch der Krankheit können oft Jahre vergehen.

- Fruchtschädigende Stoffe – *Teratogene*

  Die Wirkung dieser Substanzen beruht darauf, daß sie während der Schwangerschaft zu irreversiblen Mißbildungen am Embryo führen können (*Fruchtschädigung*). Wegen der Möglichkeit derartiger Wirkungen ist besonders während der Schwangerschaft erhöhte Vorsicht beim Umgang mit Chemikalien geboten (siehe Kapitel "Schwangerschaft und Chemikalien", Seite 141). Die verursachten Schäden treten also beim direkten Nachwuchs auf.

- Erbgutverändernde Stoffe – *Mutagene*

  Substanzen dieser Gruppe haben *erbgutverändernde* Eigenschaften, d.h. sie verursachen Veränderungen des Informationsgehaltes des genetischen Materials (Mutationen) an Keimzellen; solche Veränderungen können sowohl bei Genen (Punkt-Mutationen) als auch bei Chromosomen (Chromosomen-Mutationen) verursacht werden. Veränderungen dieser Art führen zu Schäden, die erst bei den Nachkommen erkennbar werden, bisweilen erst nach mehreren Generationen.

Das zunehmende Wissen um krebserzeugende Wirkungen hat dazu geführt, daß viele früher bedenkenlos benutzte Chemikalien und Reagenzien vom Markt verschwunden sind, z.B. β-*Naphthylamin* sowie *Benzidin* und seine Salze.

In diesem Zusammenhang muß auch auf die Verursachung von Bronchial-Krebs durch inhalatives *Zigarettenrauchen* hingewiesen werden, sowie auf die Krebsgefährdung von Nichtrauchern durch Inhalation von Zigarettenrauch (sog. *Passiv-Rauchen*!).

4.2.2 Kennzeichnung und Einteilung

Stoffe, welche die oben dargestellten Wirkungen aufzeigen, sind in den Katalogen und auf den Etiketten durch die nachstehenden Gefahrenhinweise gekennzeichnet:

R 33	Gefahr kumulativer Wirkungen.
R 39	Ernste Gefahr irreversiblen Schadens.
R 40	Irreversibler Schaden möglich.
R 45	Kann Krebs erzeugen.
R 46	Kann vererbbare Schäden verursachen.
R 47	Kann Mißbildungen verursachen.
R 48	Gefahr ernster Gesundheitsschäden bei längerer Exposition.

Stoffe, die nach heutiger Kenntnis ein krebserzeugendes Potential aufweisen, werden in den nachfolgenden Listen nach drei Gesichtspunkten eingeteilt:

- *Stoffe, die beim Menschen* erfahrungsgemäß bösartige Geschwülste zu verursachen vermögen.

  Beispiel: Benzol

- *Stoffe, die sich bislang nur im Tierversuch* als cancerogen erwiesen haben, und zwar unter Bedingungen, die mit der möglichen Exponierung des Menschen am Arbeitsplatz vergleichbar sind.

  Beispiel: Diazomethan

- *Stoffe mit begründetem Verdacht* auf krebserzeugendes Potential, die dringend einer weiteren Abklärung bedürfen.

  Beispiel: Dichlormethan (Methylenchlorid)

Diese Beispiele zeigen, daß auch vielbenutzte und lange Zeit als harmlos angesehene Chemikalien nach neueren Erkenntnissen mit erhöhter Vorsicht zu handhaben sind.

4.2.3 Liste der krebserzeugenden Stoffe

Die Liste dieser Stoffe wird von einer Kommission der DFG (Deutsche Forschungsgemeinschaft) zur Prüfung gesundheitsschädlicher Arbeitsstoffe (Anschrift siehe "Adressen", Seite 218) laufend nach neuesten Erkenntnissen überarbeitet, ergänzt und publiziert.

Für Stoffe, die eindeutig als krebserzeugend ausgewiesen sind, enthält die MAK-Liste keine Konzentrationswerte, da derzeit noch keine als unbedenklich anzusehenden Konzentrationen angegeben werden können. Bei einigen dieser Stoffe bildet auch die Aufnahme durch die unverletzte Haut eine große Gefahr. Diese Stoffe sind in der MAK-Liste, Seite 30, durch die Bemerkung "Krebserzeugende Stoffe" gekennzeichnet.

Die nachstehenden Listen enthalten nur Stoffe, die im Labor von Bedeutung sind.

Tabelle 21: **Beim Menschen eindeutig krebserzeugende Stoffe**

4-Aminodiphenyl
Arsentrioxid und Arsenpentoxid, arsenige Säure, Arsensäure und ihre Salze
Asbest[1] (Chrysotil, Krokydolith, Amosit, Anthophyllit, Aktinolith, Tremolit) als Feinstaub und asbesthaltiger Feinstaub
Benzidin und seine Salze
Benzol
Bis(chlormethyl)-ether (Dichlordimethylether) [2]
4-Chlor-o-toluidin
Dichlordiethylsulfid
N-Methyl-bis(2-chlorethyl)-amin
Monochlordimethylether [3]
2-Naphthylamin (ß-Naphthylamin)
Nickel (in Form atembarer Stäube/Aerosole von Nickelmetall, Nickelsulfid und sulfidischen Erzen, Nickeloxid und Nickelcarbonat, wie sie bei der Herstellung und Weiterverarbeitung auftreten können)
Pyrolyse-Produkte aus organischem Material [4]
Vinylchlorid
Zinkchromat

Tabelle 22: **Im Tierversuch eindeutig krebserzeugende Stoffe**

Acrylamid
Acrylnitril
o-Aminoazotoluol
2-Amino-4-nitrotoluol
Antimontrioxid
Auramin
Beryllium und seine Verbindungen
1,3-Butadien
2,4-Butansulton
Cadmium und seine Verbindungen, Cadmiumchlorid, Cadmiumoxid, Cadmiumsulfat, Cadmiumsulfid und andere bioverfügbare Verbindungen (in Form atembarer Stäube/Aerosole)
4-Chloranilin
1-Chlor-2,3-epoxypropan (Epichlorhydrin)
Chlorfluormethan
N-Chlorformyl-morpholin
Chrom(VI)-Verbindungen (in Form von Stäuben/Aerosolen; ausgenommen die in Wasser praktisch unlöslichen wie z.B. Bleichromat, Bariumchromat) (aber Zinkchromat, siehe vorige Liste)
Cobalt und seine Verbindungen (in Form atembarer Stäube/Aersole)
2,4-Diaminoanisol
4,4'-Diaminodiphenylmethan
Diazomethan
1,2-Dibrom-3-chlorpropan
1,2-Dibromethan
Dichloracetylen
3,3'-Dichlorbenzidin
1,4-Dichlor-2-buten
1,2-Dichlorethan
1,3-Dichlorpropen (cis und trans)
1,3-Dichlor-2-propanol
Diethylsulfat
3,3'-Dimethoxybenzidin (o-Dianisidin)
3,3'-Dimethylbenzidin (o-Tolidin)
Dimethylcarbamidsäurechlorid
3,3'-Dimethyl-4,4'- diamino-diphenylmethan
1,1-Dimethylhydrazin
1,2-Dimethylhydrazin
Dimethylsulfamoylchlorid
Dimethylsulfat
Dinitrotoluole (Isomerengemische)
1,2-Epoxybutan
1,2-Epoxypropan (1,2-Propylenoxid)
Ethylcarbamat
Ethylenimin
Ethylenoxid
Hexamethylphosphorsäuretriamid (HMPT)
Hydrazin

---

1 Zigarettenraucher tragen ein erhöhtes Bronchialkrebs-Risiko
2 Nicht zu verwechseln mit dem asymmetrischen (Dichlormethyl)-methylether
3 Die Einstufung bezieht sich auf technischen Monochlordimethylether, der nach vorliegenden Erfahrungen bis zu 7 % Dichlordimethylether als Verunreinigung enthalten kann.
4 Siehe auch Tabellen 22 und 23

Iodmethan (Methyliodid)
4,4'-Methylen-bis(2-chloranilin)
4,4'-Methylen-bis(N,N-dimethylanilin)
Nickeltetracarbonyl
5-Nitroacenaphthen
4-Nitrobiphenyl
2-Nitronaphthalin
2-Nitropropan
N-Nitrosodi-n-butylamin
N-Nitrosodiethanolamin
N-Nitrosodiethylamin
N-Nitrosodimethylamin
N-Nitrosodi-iso-propylamin
N-Nitrosodi-n-propylamin
N-Nitrosoethylphenylamin
N-Nitrosomethylethylamin
N-Nitrosomethylphenylamin
N-Nitrosomorpholin
N-Nitrosopiperidin
N-Nitrosopyrrolidin
4,4'-Oxydianilin
Pentachlorphenol
1,3-Propansulton
ß-Propiolacton
Propylenimin
Pyrolyse-Produkte aus organischem Material [1]
2,3,7,8-Tetrachlordibenzo-p-dioxin
4,4'-Thiodianilin
o-Toluidin
2,4-Toluylendiamin
2,3,4-Trichlor-1-buten
2,4,5-Trimethylanilin
4-Vinyl-1,2-cyclohexendiepoxid

Tabelle 23: **Stoffe mit begründetem Verdacht auf krebserzeugendes Potential**

Neben den zwei vorangehenden Listen erfordern neuere Befunde der Krebsforschung die Berücksichtigung weiterer Stoffe, bei denen ein nennenswertes krebserzeugendes Potential zu vermuten ist: Sie bedürfen dringend einer weiteren Abklärung. Sofern für diese Stoffe bisher MAK-Werte vorlagen, sollen sie beim Umgang berücksichtigt werden. Im Interesse eines *präventiven Arbeitsschutzes* sollten aber auch sie mit den gleichen Vorsichtsmaßnahmen gehandhabt werden, wie die eindeutig als krebserzeugend eingestuften Stoffe: Sie sind in der MAK-Liste, Seite 30, durch die Bemerkung "Präventiver Arbeitsschutz" gekennzeichnet.

Acetaldehyd
Acetamid
3-Amino-9-ethylcarbazol
Anilin
Bleichromat
Brommethan (Methylbromid)
1,4-Butansulton
2-Butenal
1- n-Butoxy-2,3-epoxypropan
1- tert-Butoxy-2,3-epoxypropan
Chlordan
Chlordecon (Kepone)
Chlorethan (Ethylchlorid)
Chlorierte Biphenyle (technische Produkte)
Chlormethan (Methylchlorid)
3-Chlorpropen (Allylchlorid)
5-Chlor-o-toluidin
α–Chlortoluol (Benzylchlorid)
Chromcarbonyl
3,3'-Diaminobenzidin und sein Tetrahydrochlorid
1,1-Dichlorethen (Vinylidenchlorid)
Dichlormethan (Methylenchlorid)
1,2-Dichlormethoxyethan
α,α-Dichlortoluol (Benzalchlorid)
Diethylcarbamidsäurechlorid
1,1-Difluorethan
Diglycidylether
N,N-Dimethylanilin
Dimethylhydrogenphosphit
Dinitrobenzol (alle Isomeren)
Dinitronaphthaline (alle Isomeren)
1,4-Dioxan
Formaldehyd
Heptachlor
1,1,2,3,4,4-Hexachlor-1,3-butadien
Isopropylöl (Rückstand bei der iso-Propylalkohol-Herstellung)
Kühlschmierstoffe, die Nitrit oder nitritliefernde Verbindungen und Reaktionspartner für Nitrosamin-Bildung enthalten

1 Siehe auch Tabellen 21 und 23

Künstliche Mineralfasern
(Durchmesser < 1 µm)
Michler-Keton (4,4'-Bis[dimethylamino]-benzophenon)
2-Nitro-4-aminophenol
1-Nitronaphthalin
2-Nitro-p-phenylendiamin
Nitropyrene
(Mono-, Di-, Tri-, Tetra-) (Isomere)
Phenylglycidylether
Phenylhydrazin
N-Phenyl-2-naphthylamin
Pyrolyse Produkte aus organischem Material[1]
1,1,2,2-Tetrachlorethan
Tetrachlorethen
Tetrachlormethan (Tetrachlorkohlenstoff)
Thioharnstoff
p-Toluidin
1,1,2-Trichlorethan
Trichlorethen (Trichlorethylen)
Trichlormethan (Chloroform)
α,α,α–Trichlortoluol (Benzotrichlorid)
Trimethylphosphat
2,4,7-Trinitrofluorenon
2,4,6-Trinitrotoluol (und Isomeren in technischen Gemischen)
2,4-Xylidin

4.2.4 Vorsichtsmaßnahmen

Der Umgang mit krebserzeugenden und potentiell krebserzeugenden Stoffen erfordert erhöhte Vorsicht und sicherheitsbewußtes Arbeiten. Wenn die Verwendung der Stoffe in den vorangehenden Listen technisch unumgänglich ist, sind besondere Schutz- und Überwachungsmaßnahmen erforderlich. Hierzu gehören:

1. Die regelmäßige *Kontrolle der Luft* am Arbeitsplatz und der Einsatz der für den jeweiligen Zweck geeigneten, d.h. genügend empfindlichen Analysenmethode.

2. Die besondere *ärztliche Überwachung* exponierter Personen, bei denen routinemäßig z.B. zu prüfen ist, ob die Stoffe oder ihre Metaboliten im Organismus nachweisbar sind.

Durch fortgesetzte technische Verbesserung sollte erreicht werden, daß diese Stoffe nicht in die Luft am Arbeitsplatz gelangen bzw. direkt auf die hier tätigen Personen einwirken. Ist dieses Ziel zum gegebenen Zeitpunkt nicht zu erreichen, so sind zusätzliche Schutzmaßnahmen (z.B. individueller Atem- und Körperschutz, befristeter Einsatz im Gefährdungsbereich, etc.) erforderlich, damit die Exposition so gering wie möglich gehalten wird. Der Umfang der notwendigen Maßnahmen richtet sich auch nach den speziellen physikalischen Eigenschaften des Stoffes und der Art und Stärke seiner krebsverursachenden Wirkung.

Technische Richtkonzentrationen (TRK)

Die Gefahrstoffverordnung der Bundesrepublik Deutschland weist unter dem Titel "Vorsorgemaßnahmen" auf folgenden Grundsatz hin:

"Der Arbeitgeber hat dafür zu sorgen, daß die Technischen Richtkonzentrationen (TRK) unterschritten werden."

Definition: Unter der Technischen Richtkonzentration (TRK) eines gefährlichen Stoffes versteht man diejenige Konzentration – als Gas, Dampf oder Schwebstoff in der Luft – die nach dem Stand der Technik erreicht werden kann und die als Anhalt für die zu treffenden Schutzmaßnahmen und die meßtechnische Überwachung am Arbeitsplatz heranzuziehen ist. Technische Richtkonzentrationen werden nur für solche gefährlichen Stoffe benannt, für die z.Z. keine toxikologisch-arbeitsmedizinisch begründeten MAK-Werte aufgestellt werden können. Die Einhaltung der Technischen Richtkonzentrationen am Arbeitsplatz soll das Risiko einer

1 Siehe auch Tabellen 21 und 23

Beeinträchtigung der Gesundheit vermindern, vermag dieses jedoch nicht vollständig auszuschließen.

Die Technische Richtkonzentration orientiert sich an den technischen Gegebenheiten und den Möglichkeiten der technischen Prophylaxe unter Heranziehung arbeitsmedizinischer Erfahrungen im Umgang mit dem gefährlichen Stoff und toxikologischer Erkenntnisse.

Da bei Einhaltung der Technischen Richtkonzentration das Risiko einer Beeinträchtigung der Gesundheit nicht vollständig auszuschließen ist, sind durch fortgesetzte Verbesserungen der technischen Gegebenheiten und der technischen Schutzmaßnahmen Konzentrationen anzustreben, die möglichst weit unterhalb der technischen Richtkonzentrationen liegen.

Tabelle 24: **TRK-Werte von Labor-Chemikalien**

Die Tabelle enthält nur die Stoffe, die als Labor-Chemikalien von Bedeutung sind.

Bezeichnung	[ml/m³]	[mg/m³]
Acrylnitril	3	7
Arsentrioxid, Arsenpentoxid, Arsenite und Arsenate	–	0,1
Benzol	5	16
1,3-Butadien	5	11
Cobalt (Metall), Cobaltoxid	–	0,1
1,2-Dibromethan	0,1	0,8
Diethylsulfat	0,03	0,2
Dimethylsulfat	0,04	0,2
1,2-Epoxypropan	2,5	6
Ethylenoxid	1	2
Hydrazin	0,1	0,13
Nickel (Aerosol)	–	0,05
Nickel (Staub)	–	0,5
Nickeltetracarbonyl	0,1	0,7
Vinylchlorid	2	5

Die gesetzlichen Grundlagen (Arbeitsbereichüberwachung, Meßverpflichtung, Analysenverfahren, etc.) sind in einer Unfallverhütungsvorschrift niedergelegt (siehe "Monographien", Seite 199):

"Schutzmaßnahmen beim Umgang mit krebserzeugenden Arbeitsstoffen".

9 Empfehlungen für den Umgang mit Cancerogenen

Für den sicheren Umgang mit krebserzeugenden Stoffen gelten prinzipiell die gleichen Sicherheitsgrundregeln, wie sie im Kapitel "8 wichtige Sicherheitsregeln", Seite 10, aufgeführt sind. Gründliche Kenntnis der Substanzeigenschaften, Hygiene, Sauberkeit am Arbeitsplatz und sicherheitsbewußte Arbeitsweise sind die beste Voraussetzung, um nachteilige Einwirkungen zu verhindern.

Weitere Hinweise sind darüberhinaus in folgenden Monographien (siehe Anhang "Monographien", Seite 199) zu finden:

- R. Reidenstücker und U. Wölcke:
  Krebserregende Stoffe
- G. Büttner:
  Zur Frage unbedenklicher Konzentrationen von Benzol am Arbeitsplatz
- Unfallverhütungsvorschrift:
  Schutzmaßnahmen beim Umgang mit krebserzeugenden Arbeitsstoffen

Zusätzlich können noch folgende Empfehlungen gegeben werden:

1. Wegen der Möglichkeit *kumulativer* und *irreversibler* Wirkungen müssen bei den Schutzmaßnahmen auch gering erscheinende Dosen und potentiell krebserzeugende Substanzen berücksichtigt werden.
2. Auf jeden Fall muß die früher übliche Prozedur der Reinigung von Händen mit Benzol unterbleiben!
3. Schutzhandschuhe benutzen und vor dem Ausziehen durch "Händewaschen" reinigen. Am besten Einmal-Handschuhe verwenden.
4. Wenn sich eine Gefährdung durch Dämpfe, Aerosole oder Stäube beim Arbeiten in Abzügen nicht vermeiden läßt, muß in Handschuhkästen gearbeitet werden.
5. Ausweichen auf andere Methoden oder ungefährliche Chemikalien, z.B.:
   - Hexamethylphosphorsäuretriamid kann z.B. durch Dimethylsulfoxid, 1-Methyl-2-pyrrolidon, Sulfolan ausgetauscht werden.
   - Benzol wird gegenwärtig in vielen Fällen durch Toluol[1] oder Xylole ersetzt.
   - Benzidin kann durch 3,5,3',5'-Tetramethylbenzidin ersetzt werden.
6. Laborabfälle, insbesondere Lösungsmittel, die Cancerogene enthalten, nicht mit üblichen Laborabfällen vermischen, sondern in besonderen Gefäßen sammeln und der Verbrennung zuführen (siehe "Entsorgung von Laborabfällen", Seite 171).
7. Verschüttete Lösungen mit Chemizorb® Granulat oder Pulver absorbieren, in dichten Kunststoffbeuteln verpacken und sachgemäß verbrennen oder besser zur fachgerechten Entsorgung (siehe "Entsorgung von Laborabfällen", Seite 171) geben.
8. Zur Reinigung von Laborgeräten empfiehlt sich der Einsatz stark detergierender Reinigungsmittel wie Extran®. In Glasgeräten werden mit *Chromschwefelsäure* sämtliche organische Cancerogene durch Oxidation restlos zerstört.
9. Stark mit Cancerogenen verschmutzte Laborkleidung in Plastikbeuteln verpacken und zur Verbrennung geben.

[1] Im Kapitel "Fruchtschädigende Stoffe", Seite 142 wird Toluol in die Gruppe B eingestuft, bei der ein Risiko der Fruchtschädigung als wahrscheinlich unterstellt wird.

4.3 Schwangerschaft und Chemikalien

Seit dem *"Contergan-Fall"* ist die Öffentlichkeit erstmals auf den Zusammenhang zwischen der Aufnahme von Wirkstoffen während der Schwangerschaft und schweren körperlichen Mißbildungen aufmerksam geworden.

Das Wissen über fruchtschädigende Chemikalien ist noch lückenhaft. Gerade deswegen kommt den vorbeugenden Maßnahmen eine besondere Bedeutung zu. Der Begriff *"fruchtschädigend"* muß in diesem Zusammenhang im weitesten Sinne verstanden werden: er beinhaltet jegliche veränderte Entwicklung des kindlichen Organismus, die prä- oder postnatal zum Tod oder zu bleibenden körperlichen oder funktionellen Schädigungen führen kann. Zahlreiche Arbeitsstoffe wurden nicht oder nicht ausreichend auf fruchtschädigende Wirkung hin untersucht. Die bisher vorliegenden Prüfungen auf eine solche Wirkung wurden nicht nur nach verschiedenen Methoden sondern auch unterschiedlich intensiv durchgeführt.

4.3.1 Bedeutung der MAK-Werte

MAK-Werte können nicht vorbehaltlos für den Zustand der Schwangerschaft übernommen werden, weil ihre Einhaltung nicht in jedem Fall den sicheren Schutz des ungeborenen Kindes vor fruchtschädigenden Wirkungen gewährleistet. In der Liste "MAK-Werte von Laborchemikalien", Seite 29, sind die betroffenen Stoffe durch die Bemerkung "Schwangerschaft" gekennzeichnet.

Die MAK-Werte gefährlicher Chemikalien sind festgelegte Richtwerte, bei deren Einhaltung die Gesundheit der Beschäftigten im allgemeinen nicht beeinträchtigt wird. Die Senatskommission der DFG ist mit der laufenden Prüfung gesundheitsschädlicher Stoffe beauftragt: Die Ergebnisse werden jährlich in der Monographie "Maximale Arbeitsplatz-Konzentrationen und Biologische Arbeitsstoff-Toleranzwerte" (Bezug über VCH, siehe "Druckschriften mit Anschriften", Seite 200) zusammengefaßt. Sie enthält auch die BAT-Werte für etwa 30 Stoffe.

Aus den bislang vorliegenden Prüfungen ist ein Risiko der Fruchtschädigung für den Menschen meist weder sicher zu begründen noch zu quantifizieren, weil im Einzelfall – sowohl bei negativen Tierversuchen als auch bei wesentlich geringeren (als den im Tierversuch als fruchtschädigend ermittelten) Grenzdosen – ein solches Risiko für den Menschen durchaus gegeben sein kann. Aus diesem Grund möchten wir ausdrücklich auf den nachstehenden Original-Wortlaut der betreffenden Paragraphen der *Gefahrstoff-Verordnung* hinweisen.

4.3.2 § 26 Beschäftigungsbeschränkungen

"(5) Der Arbeitgeber darf *werdende* oder *stillende Mütter* mit sehr giftigen, giftigen, mindergiftigen oder in sonstiger Weise den Menschen chronisch schädigenden Gefahrstoffen nicht beschäftigen. Satz 1 gilt nicht, wenn die Auslöseschwelle nicht überschritten wird. Der Arbeitgeber darf werdende oder stillende Mütter mit Stoffen, Zubereitungen oder Erzeugnissen, die ihrer Art nach erfahrungsgemäß Krankeitserreger übertragen können, nicht beschäftigen, wenn sie den Krankheitserregern ausgesetzt sind. § 4 Abs. 2 Nr. 6 des *Mutterschutzgesetzes* bleibt unberührt.

(6) Der Arbeitgeber darf werdende Mütter mit krebserzeugenden, fruchtschädigenden oder erbgutverändernden Gefahrstoffen nicht beschäftigen. Satz 1 gilt nicht, wenn die werdenden Mütter bei bestimmungsgemäßem Umgang den Gefahrstoffen nicht ausgesetzt sind. Der Arbeitgeber darf stillende Mütter mit Gefahrstoffen nach Satz 1 nicht beschäftigen, wenn die Auslöseschwelle überschritten ist."

4.3.3 § 38 Mutterschutzgesetz

"(1) Ordnungswidrig im Sinne des § 21 Abs. 1 Nr. 4 des Mutterschutzgesetzes handelt, wer als Arbeitgeber vorsätzlich oder fahrlässig eine werdende oder stillende Mutter entgegen § 26 Abs. 5 Satz 1 oder Abs. 6 Satz 1 oder Satz 3 mit einem der dort genannten Stoffe beschäftigt oder entgegen § 26 Abs. 5 Satz 3 Krankheitserregern aussetzt.

(2) Wer durch eine in Absatz 1 bezeichnete vorsätzliche Zuwiderhandlung eine Frau in ihrer Arbeitskraft oder Gesundheit gefährdet, ist nach § 21 Abs. 3, 4 des Mutterschutzgesetzes strafbar."

4.3.4 Fruchtschädigende Stoffe

In der Liste "MAK-Werte von Laborchemikalien", Seite 29, sind in einer Spalte die fruchtschädigenden Stoffe nach folgenden Gruppen eingeteilt. Die unten stehende Tabelle faßt die so eingestuften Stoffe auf einen Blick zusammen.

- *Gruppe A*

  Ein Risiko der Fruchtschädigung ist *sicher nachgewiesen*. Bei Exposition Schwangerer kann auch bei Einhaltung des MAK-Wertes und des BAT-Wertes eine Schädigung der Leibesfrucht auftreten.

- *Gruppe B*

  Nach dem vorliegenden Informationsmaterial muß ein Risiko der Fruchtschädigung als *wahrscheinlich* unterstellt werden. Bei Exposition Schwangerer kann eine solche Schädigung auch bei Einhaltung des MAK-Wertes und des BAT-Wertes nicht ausgeschlossen werden.

- *Gruppe C*

  Ein Risiko der Fruchtschädigung braucht bei Einhaltung des MAK-Wertes und des BAT-Wertes *nicht befürchtet* zu werden.

- *Gruppe D*

  Eine Einstufung in eine der Gruppen A – C ist *noch nicht* möglich, weil die vorliegenden Daten wohl einen Trend erkennen lassen, aber für eine abschließende Bewertung nicht ausreichen. Der Bearbeitungsstand ist dem Kapitel "MAK-Werte und Schwangerschaft" in der Sammlung "Toxikologisch-Arbeitsmedizinische Begründung von MAK-Werten" (siehe "Druckschriften mit Anschriften", Seite 200) zu entnehmen.

Tabelle 25: **Fruchtschädigende Stoffe**

Bezeichnung	Gruppe
Ammoniak	C
Anilin	D
Blei*	B
2-Brom-2-chlor-1,1,1-trifluorethan	B
2-Butanon (Ethylmethylketon)	D
2-Butoxyethanol**	C
2-Butoxyethylacetat**	C
n-Butylacrylat	D
ε-Capolactam	C
Chlor	C
Chlorbenzol	C
2-Chlor-1,3-butadien	D
2-Chlorethanol	C
Chlorierte Biphenyle	B
Chlormethan (Methylchlorid)	B
α-Chlortoluol	D
Chlorwasserstoff	C
Cyclohexanon	C
1,2-Diaminoethan	D
1,2-Dichlorbenzol	C
1,4-Dichlorbenzol	C
Dichlordifluormethan	C
1,1-Dichlorethan	D
1,1-Dichlorethen	C
Dichlormethan (Methylenchlorid)	D
Diethylether	D

Bezeichnung	Gruppe
Di(2-ethylhexyl)-phthalat	C
N,N-Dimethylacetamid	C
Dimethylether	D
Dimethylformamid	B
1,4-Dioxan	D
Ethanol	D
2-Ethoxyethanol**	B
2-Ethoxyethylacetat**	B
Ethylacrylat	D
Ethylformiat	D
Kohlendisulfid	B
Kohlenmonoxid	B
Methanol	D
2-Methoxyethanol**	B
2-Methoxyethylacetat**	B
2-Methoxypropanol-1	B
2-Methoxypropylacetat-1	B
Methylacetat	D
Methylformiat	D
Methylmethacrylat	C
N-Methyl-2-pyrrolidon	D
Methylquecksilber	A
Monochlordifluormethan	C
iso-Propanol	D
Styrol	C
Tetrachlorethen	C
Tetrachlormethan (Tetrachlorkohlenstoff)	D
Tedrahydrofuran	C
Toluol	B
Tri-n-butylzinn-Verbindungen	C
Trichlorbenzol (alle Isomeren)	D
1,1,1-Trichlorethan	C
Trichlorethen	C
Trichlorfluormethan	C
Trichlormethan (Chloroform)	B
Xylol (alle Isomeren)	D

* BAT-Wert: 30 mg/dl Blut (Frauen unter 45 Jahren)

** Ethylenglycol-Derivate

4.3.5 Vorsichtsmaßnahmen

Man ist heute noch weit davon entfernt, eine vollständige Liste von fruchtschädigenden Stoffen aufstellen zu können. Auch sei an dieser Stelle auf die schädigenden Wirkungen von *Drogen, Alkohol* und *Zigarettenrauchen* während der Schwangerschaft hingewiesen. Selbstverständlich gelten auch folgende Vorsichtsmaßnahmen:

1. "8 wichtige Sicherheitsregeln", Seite 10
2. "Persönliche Schutzausrüstung", Seite 89
3. Einatmen und Verschlucken (Pipettieren!) gefährlicher Chemikalien sowie Kontakt mit Augen und Haut vermeiden.
4. Nach Arbeitsende und vor dem Essen in Pausen Hände gründlich mit Wasser und Seife waschen.
5. Im Laboratorium weder essen, trinken noch rauchen und keine Lebensmittel aufbewahren.

Von der Berufsgenossenschaft der chemischen Industrie kann ein spezielles Merkblatt für Mitarbeiterinnen und betriebliche Führungskräfte über den Jedermann-Verlag (siehe Anhang "Monographien", Seite 199) angefordert werden:

"Fruchtschädigungen – Schutz am Arbeitsplatz".

4.4 Radioaktive Substanzen

Anders als in Isotopen-Labors wird in üblichen chemisch-analytischen Laboratorien nur mit geringen Mengen an radioaktiven Substanzen (auch *"Radionuklide"* genannt) gearbeitet, wie zum Beispiel mit *Uran-* bzw. *Thorium*-Salzen.

Die anerkannten Reagenzien-Hersteller liefern Uran- und Thorium-Präparate in Packungsgrößen, die so bemessen sind, daß sie den gesetzlichen Freigrenzen der Strahlenschutzverordnung der Bundesrepublik Deutschland in der Fassung vom 18.05.1989 entsprechen: Diese Mengen liegen üblicherweise zwischen 100 g bis über 1.000 g (siehe Tabelle Seite 147). Der Umgang[1] innerhalb dieser Freigrenzen ist demnach genehmigungs- und anzeigefrei.

Die von diesen Produkten in ihren handelsüblichen Verpackungen ausgehende Strahlung ist so gering, daß eine zusätzliche Abschirmung meist nicht notwendig ist. Aus Sicherheitsgründen sollten diese radioaktiven Stoffe allerdings nicht über längere Zeit in der Nähe von Arbeitsplätzen aufbewahrt werden und nur in den für die durchzuführenden Arbeiten notwendigen Mengen gehandhabt werden.

4.4.1 Dimensionen und Einheiten

- **Physikalische Einheit der Aktivität**

Die physikalische Einheit der Aktivität von Radionukliden ist im Internationalen SI-Einheitensystem (SI = Système International d'Unités) das *Becquerel = Bq*

$$1 \text{ Becquerel} = 1 \text{ Bq} = 1 \text{ s}^{-1} = 1 \text{ Zerfall pro Sekunde}$$

Die früher übliche Einheit *Curie = Ci* basiert auf der Radioaktivität von 1 g Radium, d.h. $3{,}7 \cdot 10^{10}$ Zerfälle pro Sekunde.

Demnach ist: $1 \text{ Ci} = 3{,}7 \cdot 10^{10} \text{ s}^{-1} = 3{,}7 \cdot 10^{10} \text{ Bq}$

$$= 37 \cdot 10^{9} \text{ Bq}$$

$$1 \text{ Curie} = 1 \text{ Ci} = 37 \text{ GBq}$$

oder umgekehrt: $1 \text{ Bq} = \frac{1}{3{,}7 \cdot 10^{10}} \text{ Ci} = 27 \cdot 10^{-12} \text{ Ci}$

$$1 \text{ Bq} = 27 \text{ pCi}$$

- **Biologische Strahlen-Belastung**

Die biologische Strahlen-Belastung durch radioaktive Strahlung wird durch die Äquivalent-Dosis *Sievert* = Sv ausgedrückt. Sie steht mit der früher üblichen Einheit *rem* (Abk. für **R**oentgen **e**quivalent **m**an) in folgender Beziehung:

$$1 \text{ Sievert} = 1 \text{ Sv} = 1 \text{ J/kg} = 100 \text{ rem}$$

Zum Vergleich: Die Strahlen-Belastung des Menschen durch natürliche Strahlung beträgt etwa 100 mrem pro Jahr = 1 mSv pro Jahr.

---

1 Umgang = Erwerb, Abgabe, Lagerung und Verarbeitung, sonstige Verwendung, Beseitigung

Diese Einheiten wurden nach folgenden Wissenschaftlern benannt:

- Henri Becquerel (1852 – 1908)
  Französischer Professor für Physik an der Ecole Polytechnique, Paris. Nobel-Preis für Physik 1903.
- Marie Curie (1867 – 1934), geb. Sklodowska
  Polnische Professorin für Physik an der Sorbonne, Paris. Nobel-Preis für Chemie 1911.
- Pierre Curie (1859 – 1906)
  Französischer Professor für Physik und Chemie an der Sorbonne, Paris. Ehemann von Marie Curie. Nobel-Preis für Physik 1903.
- Rolf Maximilian Sievert (1896 – 1966)
  Schwedischer Radiologe. Lebte und wirkte in Stockholm. Maßgeblich an der Entwicklung des Strahlenschutzes und der Strahlenmeßtechnik beteiligt.

4.4.2 Wirkungen

Die im Handel erhältlichen Uran- und Thorium-Verbindungen basieren auf den natürlichen Isotopen U^{238} bzw. Th^{232}. Bei den Uran-Salzen handelt es sich üblicherweise um abgereicherte Produkte, deren U^{235}-Gehalt nur noch etwa die Hälfte des in der Naturform vorkommenden Urans beträgt.

Diese Substanzen sind α-Strahler, d.h. sie zerfallen unter Aussendung von Helium-Kernen mit Halbwertszeiten von $4{,}5 \cdot 10^9$ bzw. $14 \cdot 10^9$ Jahren zu den darauffolgenden Isotopen. In den Zerfallsreihen treten auch β- und γ-Strahlen auf, die für die Abschätzung der Strahlenbelastung zu berücksichtigen sind (siehe Tabelle "Strahlenbelastung").

Zur Ergänzung:

- *α-Strahlen* sind positiv geladene *Helium-Kerne* von geringer Reichweite: etwa 10 cm in Luft bei Normaldruck. Aufgrund ihrer Teilchen-Struktur werden sie bereits durch eine 0,1 mm dicke Aluminium-Folie (oder gar Schreibpapier!) vollständig abgeschirmt. Das bedeutet auch, daß durch die verwendeten Glasflaschen keine α-Strahlung in die Umgebung gelangt.
- *β-Strahlen* sind negativ geladene *Elektronen*, deren Reichweite in Luft im Meter-Bereich liegt. Sie werden bereits durch Aluminium-Folien von 0,5 mm Dicke zurückgehalten.
- *γ-Strahlen* sind energiereiche *elektromagnetische Wellen* (Wellenlänge $10^{-9} – 10^{-14}$m) von hohem Durchdringungsvermögen. Sie kommen in der natürlichen kosmischen Strahlung vor.

Zur Abschätzung der Strahlenbelastung beim Umgang mit Kleingebinden wurden an zwei Beispielen folgende Werte für die Dosisleistung ermittelt:

Tabelle 26: **Strahlenbelastung bei Kleinmengen**

Menge	**Radioaktive Substanz**	**Dosisleistung (gemessen auf der Oberfläche)** [mSv/h]
50 g	Uran-Plättchen	
	Verpackung: Glasflasche und PE-Beutel	1,4
	zusätzlich: Blechdose und äußerer PE-Beutel	1,0
25 g	Thorium(IV)-oxid	
	Verpackung: Glasflasche und PE-Beutel	5,0
	zusätzlich: Blechdose und äußerer PE-Beutel	3,0
Zum Vergleich: Die Grenze des Kontrollbereiches, innerhalb dessen bestimmte Schutzmaßnahmen für die darin beschäftigten Personen eingehalten werden müssen, liegt bei		7,5

4.4.3 Vorsichtsmaßnahmen

Wie stets beim Umgang mit gesundheitsgefährdenden Stoffen ist die Inkorporation (d.h. die Aufnahme dieser Stoffe in den menschlichen Körper) und die Kontamination von Personen oder Sachgütern streng zu vermeiden.

Bei den Uran-Präparaten ist zusätzlich auf deren chemische *Toxizität* hinzuweisen, so daß auch deshalb schon jeglicher Kontakt mit dem menschlichen Körper unterbleiben muß. Sie sind mit dem Gefahrensymbol "Totenkopf" und der Gefahrenbezeichnung "sehr giftig" sowie folgenden Gefahren- und Sicherheitshinweisen gekennzeichnet:

R 26/28	Sehr giftig beim Einatmen und Verschlucken.
R 33	Gefahr kumulativer Wirkungen.
S 20/21	Bei der Arbeit nicht essen, trinken, rauchen.
S 45	Bei Unfall oder Unwohlsein sofort Arzt zuziehen (wenn möglich, das Etikett vorzeigen).

Der Umgang mit Uran- und Thorium-Verbindungen oberhalb der in der Tabelle genannten Freigrenzen ist nach der *Strahlenschutz-Verordnung* (Bezug, siehe "Druckschriften mit Anschriften", Seite 200) anzeige- bzw. genehmigungspflichtig. Aber auch beim Umgang mit Mengen unterhalb der Freigrenzen müssen zur Vermeidung von Strahlen-Belastung folgende Vorsichtsmaßnahmen eingehalten werden:

6 Ratschläge für den Umgang mit radioaktiven Substanzen

1. Jede unnötige Strahlen-Exposition oder Kontamination von Personen, Sachgütern oder Umwelt vermeiden.
2. Jede Strahlen-Exposition oder Kontamination unter Beachtung des Standes von Wissenschaft und Technik so gering wie möglich halten.
3. Ausreichenden Abstand von radioaktivem Material halten.
4. Kurze Aufenthaltszeiten anstreben.
5. Mit nicht mehr als der benötigten Menge umgehen (die Dosisleistung ist proportional zur Masse).
6. Keine Vorräte in unmittelbarer Nähe eines ständig besetzten Arbeitsplatzes aufbewahren.

4.4.4 Entsorgung

Abfälle aus dem genehmigungsfreien Umgang müssen (gemäß § 4 Abs. 4, 2e Strahlenschutz-Verordnung) erst dann als radioaktive Abfälle an die zuständige Landessammelstelle abgeliefert werden, wenn die spezifische Aktivität des Abfalls das

10^{-4} fache der Freigrenze pro g

überschreitet (Abfälle aus genehmigungspflichtigem Umgang müssen grundsätzlich an Landessammelstellen abgeliefert werden). Im Einzelfall kann die zuständige Behörde (z.B. das örtliche Gewerbeaufsichtsamt) genehmigen, daß die Entsorgung auf anderem Wege erfolgt.

Tabelle 27: **Spezifische Aktivitäten und Freigrenzen für Uran- und Thorium-Verbindungen**
gemäß Strahlenschutzverordnung der Bundesrepublik in der Fassung vom 18.05.89

Merck Art.-Nr.	Radioaktive Substanz	Chemische Formel	Molare Masse	Spezifische Aktivität	Gesetzliche Freigrenzen			Katalog-Packungen
			[g/mol]	[kBq/g]	[Bq]	[g]	[g]	[g]
	Uran (natürlich/ abgereichert)	U	238	25	$5 \cdot 10^6$	197		
	Thorium (natürlich)	Th	232	8	$5 \cdot 10^4$	6,2	(100)*	
12995/ 15136	Thorium(IV)-fluorid	ThF_4	308	6	$5 \cdot 10^4$	8,2	(133)*	100
8162	Thoriumnitrat-Pentahydrat	$Th(NO_3)_4 \cdot 5\ H_2O$	570	3	$5 \cdot 10^4$	15,2	(246)*	10
12373	Thorium(IV)-oxid	ThO_2	264	7	$5 \cdot 10^4$	7,05	(114)*	25
8472	Uran-Plättchen	U	238	25	$5 \cdot 10^6$	197		50
8473	Uranylacetat-Dihydrat	$(CH_3COO)_2UO_2 \cdot 2\ H_2O$	424	14	$5 \cdot 10^6$	352		25, 100, 500
8476	Uranylnitrat-Hexahydrat	$UO_2(NO_3)_2 \cdot 6\ H_2O$	502	12	$5 \cdot 10^6$	416		25,100
12390	Uranylsulfat-3,5-Hydrat	$UO_2SO_4 \cdot 3{,}5\ H_2O$	429	14	$5 \cdot 10^6$	355		100
12391	Zinkuranylacetat	$UO_2(CH_3COO)_2 \cdot 6\ Zn(CH_3COO)_2$	453	4	$5 \cdot 10^6$	1.231		25

* Für analytische oder präparative Zwecke ist der Umgang in der Bundesrepublik Deutschland anzeige- und genehmigungsfrei.

4.4.5 Ausbildung und Lehrgänge

Zur Weiterbildung im Umgang mit radioaktiven Stoffen bietet z.B. die Schule für Kerntechnik am Kernforschungszentrum Karlsruhe eine Reihe von Kursen mit praktischen Übungen an:

- *Grundkurs im Strahlenschutz*
  Gesetzliche Grundlagen, Empfehlungen und Richtlinien, Aufgaben und Pflichten des Strahlenschutzbeauftragten, Strahlenschutzmeßtechnik, Strahlenschutztechnik, Strahlenschutzsicherheit.
- *Radioisotopen-Kurs*
  Theoretische und insbesondere praktische Grundlagenkenntnisse aus Kernphysik, Meßtechnik, Strahlenschutz und Radiochemie, die für die Handhabung und Messung offener und umschlossener radioaktiver Stoffe erforderlich sind.
- *Grundkurs in Umweltchemie und Schadstoff-Analytik*
  Analysentechnik im Umweltschutz und Verfahren zur Emissionsminderung.

Für weitere Informationen wenden Sie sich bitte direkt an:

Kernforschungszentrum Karlsruhe GmbH
Schule für Kerntechnik
Postfach 36 40
D-7500 Karlsruhe 1

4.5 Sichere Alternativen

Seit Generationen von Forschern werden im Labor zahlreiche wichtige Reaktionen mit erprobten Reagenzien durchgeführt. Die Optimierungsversuche liefen bislang immer darauf hinaus, die erzielten Ausbeuten zu verbessern. Nur in vereinzelten Fällen konnte dabei der Aspekt "Sicherheit" auch Berücksichtigung finden, z.B. der Ersatz von Natrium durch Natrium-Blei-Legierung (Seite 99). Seitdem auch die Erkenntnisse über krebserzeugende Stoffe zunehmend an Bedeutung gewinnen, bemühen sich die Reagenzien-Hersteller vermehrt darum, sichere Alternativen für gefährliche Reagenzien zu entwickeln und anzubieten. Als Beispiele seien hier nur die Vorschläge angeführt, Benzol durch Toluol und Benzidin durch Tetramethylbenzidin zu ersetzen (siehe Seite 140).

4.5.1 Asbest ist cancerogen

Asbest ist bekanntlich schon vor Jahren eindeutig als krebserzeugend eingestuft worden: Erfahrungsgemäß vermag es beim Menschen bösartige Geschwülste zu verursachen, wobei *Zigarettenraucher* sogar ein erhöhtes Bronchialkrebs-Risiko tragen. Seit dieser Erkenntnis ist man natürlich bemüht, diesen Arbeitsstoff durch alternative, für Mensch und Umwelt unschädliche Produkte zu ersetzen.

Filtrationen im Labor lassen sich mit gleichem Erfolg mit einem Fasermaterial auf Aluminiumoxid-Basis durchführen, das gesundheitlich unbedenklich ist. Darüber hinaus läßt sich dieser Werkstoff durch seine große thermische Stabilität bis ca. 1000 °C sehr gut auch zur Hochtemperatur-Isolierung einsetzen (Bezug, siehe "Sichere Alternativen", Seite 208).

4.5.2 tert-Butylmethylether – ein peroxidfreier Ether

Zahlreiche Ether bilden hochexplosive *Peroxide*. Die von diesen Peroxiden ausgehende Gefahr ist besonders in der Rückstands-Analytik sehr groß, da sie sich bei der Konzentrierung der Lösungen stark anreichern können. tert-Butylmethylether (MTBE) bildet keine Peroxide in nennenswertem Ausmaß. Seine Eigenschaften gleichen denen von Diethylether weitgehend. In puncto

Sicherheit sind besonders zu erwähnen: Sein höherer Siedepunkt von 55 °C (34 °C) und sein günstiger Flammpunkt von – 28 °C (– 40 °C). Die Dämpfe von tert-Butylmethylether sind nur in einem engen Konzentrationsbereich von 1,6 – 8,4 Vol.% zündfähig (Diethylether zum Vergleich: 1,7 – 36 Vol.%).

Hinweis: siehe Tabelle "Eigenschaften von tert-Butylmethylether", Seite 53.

4.5.3 Dimethylcarbonat contra Dimethylsulfat

Dimethylsulfat gehört zu den Stoffen, die beim Menschen erfahrungsgemäß bösartige Geschwülste zu verursachen vermögen. Versuche haben gezeigt, daß DMC in vielen Fällen Dimethylsulfat als Methylierungs-Reagenz ersetzen kann. Die Reaktionsführung ist einfach, die Reaktionsbedingungen jedoch drastischer als bei Verwendung von Dimethylsulfat: Temperaturen von 90 °C (Rückfluß) bis 180 °C (Autoklav) sind erforderlich.

Literatur M. Lissel, A. R. Rohani-Dezfuli, Kontakte (Darmstadt) 1990 (1), 20

4.5.4 DMEU und DMPU – sichere Alternativen für HMPT

Die beiden cyclischen Harnstoffe DMEU = Dimethylethylenurea (1,3-Dimethyl-2-imidazolidinon) und DMPU = Dimethylpropylenurea (1,3-Dimethyltetrahydro-2(1H)-pyrimidinon) sind ungefährliche polare Lösungsmittel, die ähnlich gute Lösungseigenschaften aufweisen wie das bekanntlich krebserzeugende HMPT = Hexamethylphosphorsäuretriamid. HMPT kann aber auch durch die bekannten Lösungsmittel Dimethylsulfoxid, 1-Methyl-2-pyrrolidon oder Sulfolan ausgetauscht werden.

Literatur

DMEU:
1. MS-INFO 84-2
2. Merck-Spectrum 2/86, 39
3. D. Seebach et al., Chem. Ber. *115,* 1705 (1982)
4. C. J. Gilmore et al., Tetrahedron Lett. *1983,* 3269
5. U. Schöllkopf, R. Lonsky, Synthesis *1983,* 675
6. A. R. Bassindale, T. Stout, Tetrahedron Lett. *1985,* 3403

DMPU:
1. MS-INFO 84-2
2. Merck-Spectrum 2/85, 20
3. T. Hiyama et al., Tetrahedron Lett. *1983,* 4113
4. D. Seebach et al., Chem. Ber. *115,* 1705 (1982)
5. T. Mukhopadhyay, D. Seebach, Helv. Chim. Acta *65,* 385 (1982)
6. A. R. Bassindale, T. Stout, Tetrahedron Lett. *1985,* 3403

4.5.5 MMPP – ein sicherer Ersatz für 3-Chlorperbenzoesäure

Bei der Persäure-Oxidation einer Vielzahl funktioneller Gruppen gilt 3-Chlorperbenzoesäure seit langem als bewährtes Reagenz. Da die Verbindung jedoch Sprengstoff-Eigenschaften zeigt, darf sie nur in *phlegmatisierter* Form versandt und gelagert werden: Sie wird deshalb mit 15% 3-Chlorbenzoesäure und 35% Wasser verdünnt in den Handel gebracht.

Mit MMPP = Magnesiummonoperoxyphthalat steht ein Ersatz für 3-Chlorperbenzoesäure zur Verfügung, der keine Sprengstoff-Eigenschaften aufweist. Dadurch ist ein wesentlich sichereres Arbeiten im Labor und insbesondere im technischen Maßstab möglich.

Außerdem ist MMPP, bezogen auf aktiven Sauerstoff, deutlich preiswerter als 3–Chlorperbenzoesäure. MMPP ist ein weißes, kristallines Pulver, löslich in Wasser und niederen Alkoholen; es liegt als Hexahydrat vor und enthält 15 % Magnesiumbisphthalat. Das nach der Oxidation ebenfalls vorliegende Magnesiumbisphthalat ist auch wasserlöslich.

Literatur 1. MS-INFO 88-1
2. P. Brougham et al., Synthesis *1987,* 1015

4.5.6 Diphosgen und Triphosgen ersetzen gasförmiges Phosgen

Wer kennt nicht die Probleme, die das Arbeiten mit dem gasförmigen Phosgen mit sich bringt? Der hohen Toxizität wegen sind strenge Sicherheitsvorschriften einzuhalten, die Substanz ist schwer zu handhaben und schlecht zu dosieren. Deshalb sind die erzielten Ausbeuten häufig auch nicht reproduzierbar. Chemikalien, die als Phosgen-Ersatz in Frage kommen und ein gefahrloses Arbeiten ermöglichen, sind daher von großem Interesse.

Diphosgen = Trichlormethylchlorformiat, der flüssige Ester aus Chlorameisensäure und Trichlormethanol, ist ein derartiger Phosgen-Ersatz. Es entspricht in seinen chemischen Eigenschaften zwei äquivalenten Phosgen. Es ist thermisch stabil und kann bei 128 °C problemlos destilliert werden. Erst oberhalb 250 °C erfolgt Zersetzung unter Bildung von 2 Mol Phosgen.

Triphosgen = Bis(trichlormethyl)-carbonat, ist ein weiterer Phosgen-Ersatz: Es ist der Diester der Kohlensäure mit Trichlormethanol. Der kristalline, bei 80 °C schmelzende Feststoff erlaubt eine noch einfachere Dosierung als bei Diphosgen; außerdem ist jedes Risiko bei Transport und Lagerung einer Flüssigkeit ausgeschaltet. Triphosgen ist thermisch weitgehend stabil; erst am Siedepunkt bei 206 °C tritt geringfügige Zersetzung zu Phosgen ein.

Literatur

Diphosgen: 1. MS-INFO 86-9
2. H. Ogura et al., Tetrahedron Lett. *1979, 4745*
3. K. Kunita, Y. Iwakura, Org. Synth. *59,* 195 (1980)
4. A. Etraty et al., J. Org. Chem. *45,* 4059 (1980)
5. H. Ueda et al., Synthesis *1983,* 908
6. H. Ogura et al., Bull. Chem. Soc. Jpn. *56,* 2485 (1983)
7. R. Katakai, Y. Iizuka, J. Org. Chem. *50,* 715 (1985)

Triphosgen: 1. MS-INFO 88-3
2. H. Eckert, B. Forster, Angew. Chem. *99,* 922 (1987)

4.5.7 Schwefelwasserstoff-Herstellung leicht gemacht

Ein sehr ergiebiger H_2S-Generator ist Sulfidogen®, eine geschmolzene Schwefel-Paraffin-Mischung. Beim Erhitzen auf 200 °C wird Schwefelwasserstoff-Gas in hoher Ausbeute frei. Da die Gasentwicklung sofort aufhört, wenn das Präparat nicht mehr erhitzt wird, entsteht keine Geruchsbelästigung. Sulfidogen® ist haltbar und unempfindlich gegen Säuren und Alkalien. Ohne Vorbehandlung sofort einsatzbereit, ist es wegen seiner problemlosen Handhabung auch und besonders für den Chemie-Unterricht geeignet.

4.5.8 Tetrabutylammoniumhexafluorophosphat statt -perchlorat

In der Vergangenheit wurden (z.B. bei voltametrischen Analysen oder elektrochemischen Synthesen in homogener Phase) oft Tetraalkylammoniumperchlorate als Leitsalz eingesetzt. Diese Verbindungen besitzen jedoch erhebliche Nachteile. So entsteht beim Trocknen dieser Salze Explosionsgefahr und bei der Elektrolyse ist die Bildung anderer, instabiler Perchlorate möglich. Hier stellt Tetrabutylammoniumhexafluorophosphat (abgekürzt: $TBAPF_6$) eine sichere Alternative dar:

- es ist nicht explosiv, d.h. gefahrlose Trocknung ist möglich
- in den wichtigen aprotischen organischen Lösungsmitteln ist es gut löslich.

Literatur 1. "The Electrochemical Oxidation of some Aliphatic Hydrocarbons in Acetonitrile". M. Fleischmann, D. Pletcher: Tetrahedron Lett. *1968, 6225*

2. "Cyclovoltammetrie – die Spektroskopie des Elektrochemikers". J. Heinze: Angew. Chem. *96,* 823 (1984)

4.5.9 Trifluormethansulfonsäure statt Perchlorsäure

Zur Titration von Halogensalzen organischer Basen in nicht wässerigen Lösungsmitteln läßt sich Trifluormethansulfonsäure als gleichwertiger Ersatz für Perchlorsäure verwenden. Im Vergleich zu Perchlorsäure ist die ebenfalls starke Trifluormethansulfonsäure nicht explosionsgefährlich und brandfördernd und deshalb in der Anwendung wesentlich sicherer.

Literatur Merck Spectrum 2/90, 15

4.5.10 Xenondifluorid – ein sicheres Fluorierungs-Reagenz

Während klassische Fluorierungs-Methoden nur komplexe Reaktionsgemische liefern oder besondere Vorsichtsmaßnahmen und Spezialapparaturen für den Umgang mit elementarem Fluor erforderlich machen, sind Fluorierungs-Reaktionen mit Xenondifluorid selektiv und mild. Das kristalline Reagenz reagiert bei vielen Reaktionen unter milden Bedingungen (Raumtemperatur) und liefert hohe Ausbeuten.

Literatur 1. MS-INFO 84-8
2. T. B. Patrick et al., Can. J. Chem. *64,* 138 (1986)

4.6 Sichere Biotechnologie

Außer den herkömmlichen Gefahren beim Umgang mit gefährlichen Chemikalien, wie sie in den vorausgehenden Kapiteln behandelt werden, gibt es durch die Entwicklungen der modernen Gen- und Biotechnologie Gefahren, die bislang kaum Beachtung fanden. Dies gilt insbesondere für Laboratorien, in denen die Erforschung und Entwicklung von Verfahren und Produkten betrieben wird, die den Umgang mit gesundheitsgefährdenden Mikroorganismen und Viren erfordern. In diesen Fällen kann eine Gefährdung von Mensch und Umwelt nur durch geeignete technische, organisatorische und persönliche Schutzmaßnahmen in Verbindung mit einem hohen Ausbildungsstand der Beschäftigten vermieden werden.

4.6.1 Forschungsgebiete

Zukunftsorientierte Biotechnologie wird in Laboratorien der folgenden Forschungsrichtungen betrieben:

- mikrobiologische Laboratorien
- biochemische Laboratorien
- gentechnische Laboratorien
- Screening-Laboratorien
- Test-Laboratorien
- virologische Laboratorien
- Zellkultur-Laboratorien

sowie Laboratorien, in denen Agenzien gehandhabt werden, die durch Einführung von *in vitro* neukombinierten Nucleinsäuren Träger heterologer Nucleinsäuren geworden sind.

4.6.2 Merkblätter der Berufsgenossenschaft

Im Rahmen dieses Buches kann nicht auf die Details der hierfür notwendigen Vorsichts- und Schutzmaßnahmen eingegangen werden. Vielmehr sei hier auf die einschlägigen Merkblätter "Sichere Biotechnologie" der Berufsgenossenschaft der chemischen Industrie (siehe Anhang "Monographien", Seite 199) verwiesen:

- Beurteilungskriterien für die Einstufung natürlicher biologischer Agenzien in verschiedene Risikogruppen
- Beurteilungskriterien für die Einstufung gentechnisch veränderter biologischer Agenzien in Risikogruppen
- Laboratorien – Ausstattung und organisatorische Maßnahmen
- Unfallverhütungsvorschrift Biotechnologie

Desweiteren sei auf Weiterbildungskurse "Sicherheit in der Biotechnologie" hingewiesen, die die DECHEMA (Anschrift siehe "Adressen", Seite 218) veranstaltet.

5. Sicherheit bei Lagerung und Transport

Unter den Aspekt Sicherheit bei Lagerung und Transport fällt nicht nur seitens des Herstellers die Verwendung von adäquatem und geprüftem Verpackungsmaterial. Auch seitens des Verwenders sind für die Lagerung gefährlicher Chemikalien Verpflichtungen und Empfehlungen einzuhalten, die das Gefahrenrisiko einengen sollen. Es versteht sich von selbst, daß auch kleine Mengen gefährlicher Chemikalien nur mit speziellen Transporteimern oder Tragekästen transportiert werden dürfen. Die Einhaltung optimaler Bedingungen bei der Aufbewahrung in Labor und Lager tragen auch zur Qualitätssicherung bei.

5.1 Sichere Verpackung

Chemikalien erfordern bei Transport, Lagerung und Handhabung eine sichere Verpackung. In diesem Gesamtkonzept für Sicherheit steckt sowohl der Karton als sichere Außenverpackung als auch die Styropor-Polsterteile und nicht zuletzt die bruchsichere Flasche. Das chemisch inerte Glas darf keine Restspannung aufweisen und die verwendeten Kunststoffe müssen chemisch ausreichend resistent sein. Nicht zuletzt kommt es aber auf den richtigen und sicheren Verschluß an: Er soll einerseits flüssigkeitsdicht und in manchen Fällen sogar gleichzeitig druckentlastend sein. Die Sicherheit der Verpackung muß zusätzlich vor dem Hintergrund gesehen werden, daß Chemikalien bei Transport (per LKW, Bahn, Schiff) und Lagerung auch großen Temperaturschwankungen (z.B. nordische und tropische Klimaten!) und groben Behandlungen ausgesetzt sind. Auch sind in vielen Fällen die Auflagen der Gesetzgebung einzuhalten.

Sichere Verpackung dient nicht nur dem Aspekt Sicherheit gegenüber möglichen Gefahren, sondern gleichzeitig auch dem Anspruch auf Zuverlässigkeit im Sinne von Qualitätssicherung. Die sichere Verpackung ist also in vielfacher Hinsicht eine Verpflichtung des Herstellers.

5.1.1 S 40–Verschluß

Seit mehreren Jahren verwendet die Firma Merck den sogenannten S 40–Verschluß nach der neuen DIN–Norm 55 525, an deren Entwicklung sie entscheidenden Anteil hatte. Dieser Verschluß bietet mehr Sicherheit durch erhöhte Dichtigkeit, denn durch das *Sägezahnprofil* (S!) des Gewindes sitzt der Verschluß wesentlich fester auf der Flaschenmündung. Verschiedene Versionen dieser Schraubkappe liefern angepaßte Problemlösungen für unterschiedliche Forderungen bei aggressiven Chemikalien und Reagenzien, z.B. für Ameisensäure, Flußsäure oder Wasserstoffperoxid (siehe nächste Seiten).

5.1.2 Konzentrierte Ameisensäure entwickelt Druck

Bei der Beurteilung des Gefahrenpotentials von Ameisensäure wird zumeist nur ihre ätzende Wirkung hervorgehoben. Weit weniger Beachtung findet hingegen der Umstand, daß die hochkonzentrierte Säure sich allmählich in Kohlenmonoxid und Wasser zersetzen kann:

$HCOOH \rightarrow H_2O + CO \uparrow$

Die daraus resultierende Gasbildung bewirkt eine Zunahme des *Flaschen-Innendrucks,* der im Extremfall bis zur Explosion der Flasche führen kann (der Hinweis auf einen möglichen Innendruck steht auf dem Etikett der Merck-Flaschen.)

Der Zersetzungsprozeß beschleunigt sich bereits merklich bei Temperaturen über 30 °C, wodurch der Druck in der Flasche stetig ansteigt. Auch nimmt die Zersetzungsgeschwindigkeit mit steigender Konzentration zu. Aber bereits die Absenkung der Konzentration von 100 % auf 99 % oder 98 %, durch Zugabe von Wasser, bewirkt eine deutlich höhere Stabilität. Daher wird Ameisensäure oft auch mit niedrigeren Konzentrationen in den Handel gebracht.

Seit Anfang 1984 werden bei Merck für die 98 – 100 %igen Ameisensäure-Qualitäten auch Sicherheits-Schraubkappen mit einem *Druckausgleichsventil* verwendet, welches bei 0,2 bar Innendruck anspricht und diesen Überdruck entweichen läßt. Zu erkennen sind diese Verschlüsse an dem Abgasventil, welches auf der Schraubkappe sitzt (siehe Abb.). Falls dieses Ventil auf der Verschlußkappe fehlt, sollte die Flasche vorsichtig geöffnet werden, um den Innendruck langsam abzubauen.

Aus diesen Gründen sollte Ameisensäure grundsätzlich an einem kühlen (unter + 20 °C), lichtgeschützten und gut belüfteten Ort aufbewahrt werden.

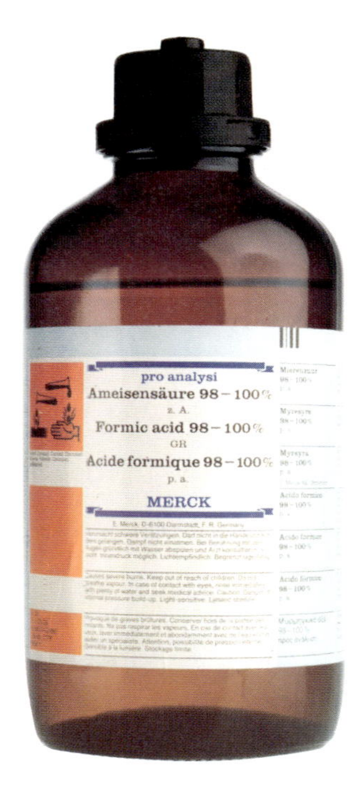

Abb. 42: Ameisensäure-Flasche mit Druckausgleichsventil.

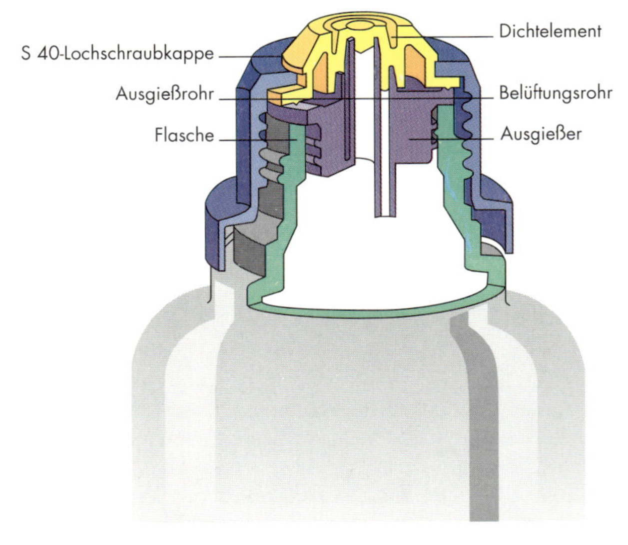

Abb. 43: Die Flußsäure-Flasche von Merck hat einen Spezialverschluß zum sicheren Ausgießen.

5.1.3 Wasserstoffperoxid zersetzt sich

Es ist eine bekannte Tatsache, daß sich Wasserstoffperoxid (bei Merck auch unter dem Warenzeichen Perhydrol® mit 30 % H_2O_2 erhältlich), besonders bei höheren Lagertemperaturen und unter dem Einfluß von Licht, zersetzt, gemäß der Gleichung:

$$H_2O_2 \rightarrow H_2O + 1/2\ O_2 \uparrow$$

Trotz Zusatz von Stabilisierungsmitteln läuft dieser Zersetzungsprozeß langsam ab, so daß sich mit der Zeit in den Vorratsflaschen beträchtlicher *Innendruck* entwickeln kann. Aus diesem Grund wurde bei Merck eine Flasche aus schwarzem Kunststoff entwickelt, die durch ihre besondere Bodenkonstruktion diesen Innendruck auffängt. Gleichzeitig ist sie mit dem bei der Ameisensäure beschriebenen Schraubverschluß versehen, der durch ein besonders konstruiertes *Überdruckventil* den Innendruck abbaut.

Wasserstoffperoxid-Lösungen verursachen auf der Haut stark juckende weiße Flecken, die allerdings nach kurzer Zeit wieder verschwinden. Außer dem Gefahrensymbol "ätzend" enthalten die Etiketten folgende Gefahrenhinweise und Sicherheitsratschläge:

R 34	Verursacht Verätzungen.
S 28	Bei Berührung mit der Haut sofort abwaschen mit viel Wasser.
S 39	Schutzbrille/Gesichtsschutz tragen.

5.1.4 Sicherheitsflasche für Flußsäure

Flußsäure verursacht auf der Haut sehr schwer heilende und schmerzhafte Wunden. Deshalb darf der Umgang mit Flußsäure nur unter größter Vorsicht erfolgen: Flüssigkeitsdichte *Sicherheitshandschuhe* sind für die Handhabung unerläßlich.

Aber auch der Hersteller hat eine Verpflichtung, ein Höchstmaß an Sicherheit selbst in die Verpackung zu integrieren. So hat die Firma Merck seit Jahren eine handliche *Flußsäure-Flasche* aus dickwandigem und chemisch resistentem Kunststoff entwickelt, die sicher in der Hand liegt und gegen unbeabsichtigtes Eindrücken stabil ist. Die Sicherheits-Ausgießgarnitur auf dieser Flasche bietet weitere Vorteile:

- Durch den roten Pfeil im Pictogramm kann die Flußsäure sicher ausgegossen werden.
- Die Flußsäure fließt mit einem sauberen Strahl kontinuierlich aus und kann aber auch tropfenweise exakt dosiert werden.
- Der letzte Tropfen fließt sicher in die Flasche zurück: Dadurch wird die Verätzungsgefahr durch unsichtbare Rückstände auf der Flaschen-Außenseite vermieden.
- Der S 40–Verschluß garantiert absolute Dichtigkeit und Resistenz gegen Flußsäure.

Das Sicherheitsetikett trägt außer den Gefahrensymbolen "sehr giftig" und "ätzend" folgende Gefahrenhinweise und Sicherheitsratschläge:

R 26/27/28	Sehr giftig beim Einatmen, Verschlucken und Berührung mit der Haut.
R 35	Verursacht schwere Verätzungen.
S 7/9	Behälter dicht geschlossen an einem gut gelüfteten Ort aufbewahren.
S 26	Bei Berührung mit den Augen gründlich mit Wasser abspülen und Arzt konsultieren.
S 36/37	Bei der Arbeit geeignete Schutzhandschuhe und Schutzkleidung tragen.
S 45	Bei Unfall oder Unwohlsein sofort Arzt zuziehen (wenn möglich das Etikett vorzeigen).

5.1.5 Kunststoff-Flaschen altern

Kunststoff-Flaschen können – besonders nach längerem Stehen am Licht – so altern, daß sie beim Anfassen explosionsartig zerfallen. Dies ist dadurch bedingt, daß die Weichmacher – die die Flexibilität der Kunststoffe bewirken – mit der Zeit aus dem Kunststoff herausdiffundieren. Obwohl kein Werkstoff das Glas in puncto chemische Resistenz übertrifft, müssen viele Chemikalien in Kunststoff-Flaschen abgefüllt werden (z.B. Ameisensäure und Wasserstoffperoxid).

Trotz aller Verbesserungen auf dem Gebiet moderner Kunststoffe ist es deshalb ratsam, Kunststoff-Flaschen kühl und vor Licht geschützt aufzubewahren. Darüber hinaus tragen alle Kunststoff-Flaschen der Firma Merck auf dem Flaschenboden den Sicherheitshinweis:

"Nach 5 Jahren umfüllen – Flasche versprödet."

5.1.6 Kunststoff-ummantelte Glasflasche

Besonders gefährliche Flüssigkeiten werden in Glasflaschen verpackt, die mit einem fest anhaftenden Kunststoffmantel umgeben sind. Bei etwaigem Bruch wird dadurch der augenblickliche Zerfall der Flasche verhindert, so daß ausreichend Zeit bleibt, um gefahrenmindernde Gegenmaßnahmen zu ergreifen. Chemikalien, die bei der Firma Merck in solchen Spezialflaschen abgepackt werden, sind in nachstehender Liste mit ihrer Artikelnummer aufgeführt:

Merck Art.-Nr	Chemikalie	Merck Art.-Nr	Chemikalie
31	Acetylchlorid	1245	Isopentylnitrit
822252	Acetylchlorid	820966	n-Pentylnitrit
801804	Benzoylchlorid	822339	Phosphorylchlorid
801647	Bortrifluorid-Ethylether-Komplex	822321	Phosphortribromid
1948	Brom	822322	Phosphortrichlorid
820171	Brom	455	Salpetersäure 100 %
820247	Butylnitrit	721	Schwefelsäure 30 % SO_3
802411	Chloracetylchlorid	807997	Sulfurylchlorid
800220	Chlorsulfonsäure	808154	Thionylchlorid
818602	1,1-Dichloraceton	808264	Toluylen-2,4-diisocyanat
803628	Dichloracetylchlorid	821667	Trichlorethylsilan
818982	Ethylnitrit (10 % in Xylol)	822205	Trichlorsilan

Wegen der Glasbruchgefahr sollen auch Chemikalien in normalen Glasflaschen nie locker am Flaschenhals transportiert werden, sondern ausschließlich in Sicherheitseimern.

5.1.7 Gase in handlichen Druckflaschen

Wenn auch die im Labor verwendeten Gase in großen Flaschen preiswerter sind, so gibt es doch viele Gelegenheiten, bei denen die Verwendung kleiner Stahlflaschen, sogenannter "*Lecture bottles*", angebracht ist, z.B. in der Vorlesung, im Unterricht, im Demonstrationslabor. Dies empfiehlt sich schon allein aus Sicherheitsgründen, da die kleinen handlichen Flaschen (0,44 l Außenvolumen) leicht zu transportieren und zu handhaben sind. Für die sichere Gasentnahme sollten nur die vom Hersteller in den Katalogen empfohlenen Manometer, Druckminderer und Entnahmeventile benutzt werden.

5.1.8 Korrosions-resistente Blechdosen

Viele gefährliche Chemikalien, die in Glasflaschen abgefüllt sind, müssen aus Sicherheitsgründen für Lagerung und Transport zusätzlich in Blechdosen verpackt werden. Zum Beispiel fallen Alkalimetalle unter diese Schutzmaßnahme, da sie bei Glasbruch eine erhöhte Gefahr bedeuten. Zum Schutz gegen Luft und Feuchtigkeit werden sie unter einer inerten Schutzflüssigkeit (z.B. Petroleum) in Glas verpackt und gegen Bruch in festschließende Blechdosen eingesetzt, die zusätzlich mit einem mineralischen Adsorptionsmittel (z.B. *Vermiculit*) ausgefüllt sind.

Da in aggressiver Labor- und Lager-Atmosphäre normale Blechdosen innerhalb kurzer Zeit verrosten, hat die Firma Merck vor einigen Jahren korrosions-resistente runde Blechdosen mit blauer Iriodin®-Lackierung eingeführt. Auch ein farbloser Innenlack schützt das Verpackungsgut vor unerwünschter Wechselwirkung mit dem Dosenmaterial. Runde Verpackungen weisen im Vergleich zu rechteckigen eine ganze Reihe von weiteren Vorteilen auf:

- Leichtgängiges Öffnen und Verschließen.
- Verbesserte Dichtigkeit zwischen Deckel und Dosenkörper = Qualitätssicherung.
- Höhere Formstabilität und Stapelstauchdruck-Festigkeit.

5.2 Optimale Aufbewahrung

Reagenzien und Chemikalien sind, von wenigen Ausnahmen abgesehen, stabile Substanzen, so daß sich die bei Pharma-Produkten und Lebensmitteln übliche Angabe eines *Herstell-* bzw. *Verfalldatums* erübrigt. Das bedeutet aber keineswegs, daß es nicht für einige Sonderfälle optimale Lagerbedingungen gibt, die zur Qualitätssicherung eingehalten werden sollten.

Reagenzien werden beim Hersteller vor ihrer Einführung einer strengen Prüfung in bezug auf *Haltbarkeit* bei der Lagerung unterzogen; einige Substanzen, die nicht unbegrenzt lagerstabil sind, werden durch erprobte Stabilisatoren in ihrer Haltbarkeit verbessert. Hierzu gehört ebenso die Entwicklung einer geeigneten und zulässigen Verpackung. Es ist also kein Zufall, wenn Reagenzien zum Teil in Glas, andere in Kunststoff-Flaschen oder in Ampullen – Silbernitrat bei Merck sogar in schwarzen Ampullen! – abgefüllt werden. Dies ist das Resultat einer langwierigen Verpackungsprüfung, die außerdem die Vorschriften für den Versand per Bahn, Straße oder See berücksichtigen muß.

Wenn in Katalogen und auf Etiketten keine besonderen Empfehlungen angegeben sind, sollte die allgemeingültige Regel eingehalten werden:

> Chemikalien gut verschlossen, trocken und vor Licht geschützt
> an einem kühlen Ort aufbewahren.

5.2.1 Eindeutige Kennzeichnung

Reagenzien und Chemikalien werden bereits vom Hersteller mit den erforderlichen Hinweisen für sicheren Umgang und Lagerung auf den Etiketten gemäß der Gefahrstoff-Verordnung durch *Gefahrensymbole, Gefahrenhinweise* und *Sicherheitsratschläge* gekennzeichnet. Diese Verordnung gilt aber genauso für eigens hergestellte Präparate im Labor. Auch hier soll die eindeutige Kennzeichnung mit Hinweisen auf mögliche Gefahren dem Schutz der Gesundheit dienen. Zu diesem Zweck eignen sich Scriptosure® *Selbstklebe-Etiketten,* die ausreichenden Platz für eigene Beschriftungen und Gefahrensymbol-Etiketten enthalten. Jeder Packung liegt eine ausführliche Gebrauchsanweisung bei.

5.2.2 Oxidationsempfindliche Präparate

Einige Substanzklassen von Reagenzien erfordern besondere Maßnahmen zur Qualitätssicherung, z.B. Kühl-Lagerung. Trotzdem gibt es Substanzeigenschaften, die sich durch keine Maßnahme beeinflussen lassen. Hierzu gehört z.B. die Oxidationsempfindlichkeit von *Anilinen* und *Phenolen.* Substanzen dieser Verbindungsklassen können sich nach wiederholtem Öffnen der Vorratsflaschen durch den Kontakt mit Luftsauerstoff dunkel färben; für Anwendungen in der organischen Synthese sind diese Verfärbungen meist ohne Belang, insbesondere auch deshalb, weil sie vor dem Gebrauch durch einfache Destillation bzw. durch Umkristallisieren leicht entfernt werden können.

5.2.3 Feuchtigkeitsempfindliche Chemikalien

Eine besondere Aufmerksamkeit in bezug auf Verpackung und Lagerung erfordern feuchtigkeitsempfindliche Chemikalien. Hierzu zählen insbesondere die *Alkoholate* der Alkalimetalle Lithium, Natrium und Kalium sowie ihre reaktiven *Hydride,* wie z.B. Lithiumaluminiumhydrid. Letztere erfordern schon deshalb eine hermetisch dichte Verpackung, weil sie im Kontakt mit Luftfeuchtigkeit Wasserstoff entwickeln, das leicht zu Knallgas-Explosionen führen kann. Gemäß Gefahrstoff-Verordnung der Bundesrepublik sind sie u.a. mit folgendem R-Satz gekennzeichnet:

R 15 Reagiert mit Wasser unter Bildung leicht entzündlicher Gase.

Aber auch der Aspekt der Qualitätssicherung fordert zusätzliche Maßnahmen: So werden diese Präparate bereits beim Hersteller in Polyethylenbeutel eingeschweißt und in feuchtigkeitssicheren Blechdosen zum Versand gebracht. Aus den erwähnten Gründen empfiehlt es sich, angebrochene Packungen im *Exsikkator* über einem guten Trockenmittel, z.B. Sicapent®, aufzubewahren und möglichst bald zu verbrauchen.

Labor-Apparaturen mit feuchtigkeitsempfindlichen Produkten (z.B. bei Titrationen im wasserfreien Medium) kann man vorteilhaft mit *Absorptionsröhrchen* für H_2O (siehe Seite 111) "abschließen". Das Röhrchen enthält zur Sicherheit einen optischen Indikator.

5.2.4 Laborluftempfindliche Präparate

Fertigplatten für die Dünnschicht-Chromatographie zeichnen sich durch eine ausgeprägte *Adsorptions-Aktivität* aus: Deshalb müssen sie geschützt vor dem Kontakt mit Labor-Atmosphäre aufbewahrt werden. Am besten eignet sich hierzu die gut verschlossene Originalverpackung oder zu diesem Zweck besonders entwickelte Spezialschränke, die im Laborfachhandel erhältlich sind.

Zum Schutz vor Luft-Kohlendioxid (z.B. bei Titrationen mit carbonatfreier Natronlauge) kann man *Absorptionsröhrchen* für CO_2 (siehe Seite 111) verwenden, die einen integrierten Farb-Indikator enthalten.

5.2.5 Instabile Substanzen

Eine Reihe polymerisationsfähiger Substanzen, wie z.B. die Derivate der *Acryl-* und *Methacrylsäure,* werden zur Verhinderung der unerwünschten Polymerisation mit phenolischen Stabilisatoren wie Hydrochinon, Hydrochinonmonomethylether, 2,6-Di-tert-butyl-4-methylphenol oder 4-tert-Butylbrenzcatechin versetzt, die als Radikalfänger den Luftsauerstoff "neutralisieren". Als Phenol-Derivate lassen sich diese Stabilisatoren kurz vor Gebrauch leicht durch Ausschütteln mit einer wässerigen 1–5 %igen Natronlauge entfernen, der man zur schnelleren Phasentrennung etwa 20 % Natriumchlorid zugibt.

Als weiteres Beispiel gelten wässerige Lösungen von *Formaldehyd,* auch unter der Trivialbezeichnung "Formalin" im Handel. Erfahrungsgemäß verursachen niedrige Lagertemperaturen die unerwünschte Polymerisation zu Paraformaldehyd. Die überstehende Lösung bleibt dabei voll verwendbar, wenn sie von dem entstandenen Niederschlag klar abgegossen wird. Um diese Polymerisation zu verhindern, werden einige Sorten mit 10 % Methanol stabilisiert in den Handel gebracht. Bei nicht stabilisierten Produkten gilt als empfohlene Lagertemperatur +15 bis +25 °C. Ein entsprechender Hinweis steht auch auf dem Etikett der Packung.

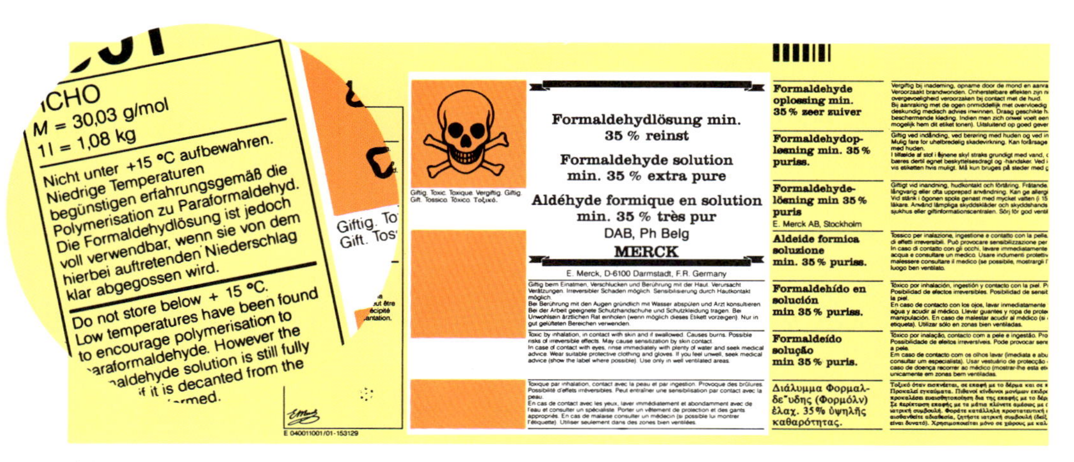

Abb. 44: Formaldehyd kann spontan polymerisieren: bitte den Hinweis auf dem Merck-Etikett beachten.

Es ist bekannt, daß sich *Chloroform* unter dem Einfluß von Licht und Sauerstoff langsam unter Bildung von Phosgen und Salzsäure zersetzt. Deshalb wird es vom Hersteller durch Zusatz von Ethanol (bis 1 %) oder 2-Methyl-2-buten stabilisiert. Das Ethanol läßt sich durch Filtration über basischem Aluminiumoxid leicht entfernen.

Explosionsgefährliche Substanzen (wie z.B. *Pikrinsäure)* werden vom Hersteller *phlegmatisiert,* d.h. durch Zusatz von Wasser (etwa 0,5 ml H_2O/g) "entschärft". Weitere Einzelheiten zu diesem Thema: siehe Kapitel "Explosionsgefährliche Chemikalien", Seite 55.

5.2.6 Wärmeempfindliche Präparate

Einige Präparate, besonders solche biologischer Herkunft, müssen zur Erhaltung ihrer Eigenschaften im Kühlschrank aufbewahrt werden. Dies gilt insbesondere für *Coenzyme, Enzyme, Enzymsubstrate,* komplizierte *Nucleinsäure-Derivate* und bestimmte *Diagnostica,* die wegen ihrer Wärmeempfindlichkeit langsam einen Abfall ihrer Aktivität erleiden würden. So muß bei vielen dieser Präparate auch beim Versand eine lückenlose Kühlkette (z.B. Versand in Trockeneis-Boxen) eingehalten werden.

Enzyme sollte man nach den Angaben auf dem Etikett im Kühlschrank (+ 4 °C) oder in der Tiefkühltruhe bei –20 °C lagern. Zur Qualitäts-Sicherung sollte man die Packungen so lange wie möglich original verschlossen lassen. Enzyme, die nach den Angaben auf dem Etikett bei Raumtemperatur gelagert werden können, dürfen selbstverständlich auch im Kühlschrank aufbewahrt werden. Einfrieren sollte man nur die Präparate, für welche die Hersteller dies ausdrücklich empfehlen oder von denen der Anwender aus eigener Erfahrung weiß, daß sie das Einfrieren unbeschadet überstehen. Kristall-Suspensionen sollten nicht eingefroren werden, da Einfrieren und Auftauen zur Denaturierung des Enzyms führen könnte.

Kühllagerung ist auch bei einigen Substanzen für präparative Zwecke aus Gründen der geringen Stabilität oder wegen des hohen Dampfdrucks (z.B. *Ameisensäure* bzw. *Pentan)* erforderlich. Wärmeempfindliche Präparate werden deshalb vom Hersteller im Katalog oder auf dem Etikett mit einem Hinweis auf die optimale Lagertemperatur gekennzeichnet.

5.2.7 Niedrig schmelzende Substanzen

Bestimmte Chemikalien können nach längerer Lagerung oberhalb oder unterhalb ihres Schmelzpunktes in einer ungewohnten Form vorliegen, z.B.:

- *Benzol* hat einen Schmelzpunkt von 5 °C und kann nach längerer Lagerung bei Temperaturen unter Null Grad als Festsubstanz vorliegen; es wird deshalb oft als "frostempfindlich" bezeichnet.
- *Phenol* mit einem Schmelzpunkt von 40 °C kann nach Lagerung bei etwa 40 °C flüssig als "unterkühlte Schmelze" vorliegen.

Dieser ungewöhnliche Zustand kann ohne Beeinträchtigung der Qualität wieder rückgängig gemacht werden, entweder durch langsames "Auftauen" bei Raumtemperatur, durch vorsichtiges Erhitzen im Wasserbad bzw. durch Kühllagern.

Wenn Präparate mit niedrigem Schmelzpunkt in flüssigem Zustand abgefüllt werden und der Inhalt zu einer festen Masse erstarrt ist, enthält das Etikett folgenden Hinweis:

"Inhalt vor Entnahme im Wasserbad aufschmelzen".

Beispiele: Bromessigsäure Schmelzbereich 46 – 49 °C
Malonsäuredinitril Schmelzbereich 29 – 32 °C

5.2.8 Leicht erstarrende Flüssigkeiten

In dieser Übersicht sind Flüssigkeiten zusammengefaßt, deren Erstarrungspunkte zwischen –15 °C und +40 °C liegen. Sie kann zur Entscheidung der optimalen Lagertemperatur herangezogen werden. Eine Lagerhaltung ober- oder unterhalb des Erstarrungspunktes ist allerdings ohne Einfluß auf die Qualität des betreffenden Produktes.

Tabelle 28: **Erstarrungspunkte einiger Flüssigkeiten**

Flüssigkeit	**Erstarrungspunkt** [°C]
Acetophenon	19
Ameisensäure	8
tert-Amylalkohol	– 8
Anilin	– 6
Benzol	5
Bromoform	8
tert-Butanol	24
Cyclohexan	6
Cyclohexanol	24
Dibenzylether	3
1,2-Dibromethan	9
Diethanolamin	28
Diethylenglycol	– 6
Diiodmethan	6
Dimethylcarbonat	4
Dimethylsulfoxid	18
1,4-Dioxan	11
Essigsäure	17
Ethanolamin	10
Ethylencarbonat	39
Ethylendiamin	10
Ethylenglycol	– 12
Ethylenglycolmonophenylether	11 – 13
Formamid	2
Glycerin	18
Hexafluoraceton (Sesquihydrat)	11 – 20
1,1,1,3,3,3-Hexafluor-2-propanol	– 3
Hexamethylphosphorsauretriamid	7
Isochinolin	27
Morpholin	– 4
Nitrobenzol	5
Phenol	40
Piperidin	– 10
2-Pyrrolidon	25
Sulfolan	27
1,1,2,2-Tetrabromethan	– 1
Tetraethylenglycol	– 5
Tetramethylharnstoff	– 1
Triethanolamin	21
Triethylenglycol	– 7
Wasser	± 0

5.3 Lager-Empfehlungen

Das Gefährdungspotential, das durch die Lagerung von Reagenzien und Chemikalien entsteht, hängt nicht nur von der Lagermenge, sondern besonders von deren Gefährlichkeit ab. Werden etwa Chemikalien ohne Berücksichtigung ihrer spezifischen Gefährlichkeit gelagert, so kann es zu einer überproportionalen Erhöhung des Gefährdungspotentials kommen. So ist beispielsweise leicht einzusehen, daß sich das Zusammenlagern von rauchender Salpetersäure mit organischen Lösungsmitteln, wie etwa Aceton oder Ethanol, schon deshalb verbietet, weil diese Komponenten explosionsartig miteinander reagieren können. Metallalkyle können sich durch Kontakt mit Luftsauerstoff spontan entzünden und so einen gefährlichen Brand im Lager verursachen. Generell müssen Chemikalienläger gut belüftet werden, um die Bildung zündfähiger Gemische oder das Überschreiten von Schadstoff-Grenzwerten für diesen Arbeitsplatz zu vermeiden. Es versteht sich von selbst, daß in diesen Räumen absolutes *Rauchverbot* eingehalten werden muß. Als generelle Lager-Regel kann empfohlen werden:

Lagern so viel wie nötig, aber so wenig wie möglich!

Wichtige Einschränkung: Die hier gegebenen Lager-Empfehlungen können nur für eine beschränkte Lagerhaltung gegeben werden. Überschreiten nämlich die Mengen an sehr giftigen und giftigen Stoffen oder an brandfördernden Stoffen die Grenze von jeweils 200 kg, so müssen die TRGS 514 bzw. 515 (siehe "Druckschriften mit Anschriften", Seite 200) eingehalten werden. Zum Brandschutz muß auch eine Abstimmung mit der örtlichen Feuerwehr stattfinden.

5.3.1 Gefahrgut-Klassen und Gefahrensymbole

Für eine sicherheits-orientierte Lagerung von Chemikalien empfiehlt sich ein Lagersystem, das nicht ausschließlich nach alphabetischer Ordnung oder aufsteigender Artikelnummer organisiert ist, sondern Stoffklassen-spezifisch. Hierzu bieten die Gefahrgut-Klassen – die sich für den internationalen Transport gefährlicher Güter seit Jahrzenten bewährt haben – auch ein zuverlässiges Konzept. Sie sind in nachstehender Übersicht zusammengefaßt und durch die Gefahrensymbole der Gefahrstoff-Verordnung ergänzt:

Tabelle 29: **Gefahrgut-Klassen und Gefahrensymbole**

Gefahrgut-Klasse	Bedeutung	Gefahrensymbole
1	Explosivstoffe	E
2	Gase	O; T, T+; F, F+; X_n, X_i; C
3	Entzündbare flüssige Stoffe	F, F+
4.1	Entzündbare feste Stoffe	F, F+
4.2	Selbstentzündliche Stoffe	F, F+
4.3	Stoffe, die in Berührung mit Wasser entzündbare Gase entwickeln	F
5.1	Entzündend (oxidierend) wirkende Stoffe	O
5.2	Organische Peroxide	O
6.1	Giftige Stoffe	T, T+
7	Radioaktive Stoffe	kein Symbol
8	Ätzende Stoffe	C
9	Verschiedene gefährliche Stoffe	

Bei der Lagerung nach dieser Empfehlung kann man sich weitgehend an den Gefahrensymbolen auf den Etiketten orientieren. Die Lagerordnung läßt sich an diesen Gefahrenmerkmalen leicht auch systematisieren und kontrollieren: schon auf Entfernung lassen sich die Gefahrstoffe durch das gemeinsame Gefahrensymbol identifizieren. Über das Gefahrensymbol hinaus geben die Gefahrenhinweise und Sicherheitsratschläge auch detaillierte Auskünfte über spezifische Gefahren und deren Abwendung, z.B. ob ausgebrochenes Feuer mit Wasser gelöscht werden darf oder nicht!

5.3.2 Säuren und Laugen

Säuren und Laugen gehören zur Gefahrgut-Klasse 8 = Ätzende Stoffe. Da sie aber heftig miteinander reagieren können, sollten sie niemals zusammen gelagert werden. Um Schäden durch Auslaufen zu verhindern, muß ihr Lagerplatz mit chemisch resistenten Auffangwannen mit ausreichendem Volumen ausgerüstet sein.

Rauchende Chemikalien (z.B. Ammoniak, Brom, Flußsäure, Oleum, Salpetersäure, Salzsäure) sollten wegen ihrer korrodierenden Wirkung an Orten mit ausreichender Lüftung aufbewahrt werden. Besondere, an das Entlüftungssystem angeschlossene Schränke mit korrosionsfesten Wannen sind im Fachhandel erhältlich.

Einige konzentrierte Säuren, Säurehalogenide und Säureanhydride sind in nachstehender Übersicht zusammengestellt. Da sie mit sehr vielen Substanzen heftig reagieren können, sollten sie *getrennt gelagert* werden.

Acetanhydrid
Acetylbromid
Acetylchlorid
Ameisensäure
Benzoylchlorid
Bromwasserstoffsäure
Chlorsulfonsäure
Eisessig und Essigsäure
Fluorwasserstoffsäure
Methansulfonsäure
Oleum
Perchlorsäure
Phosphoroxychlorid
di-Phosphorpentoxid
Phosphorpentachlorid
Phosphorsäure
Phosphortrichlorid
Propionylchlorid
Salpetersäure
Salzsäure
Sulfurylchlorid
Thionylchlorid
Toluolsulfonsäure
Toluolsulfonylchlorid

5.3.3 Feuergefährliche Chemikalien

Zu den feuergefährlichen Chemikalien gehören nachfolgende Gefahrgut-Klassen: sie sind durch das Gefahrensymbol "Flamme" und die Gefahrenbezeichnung *"hochentzündlich"* oder *"leichtentzündlich"* gekennzeichnet. Die nachstehenden Klassen dürfen nicht zusammengelagert werden. Für die Klassen 4.1, 4.2 und 4.3 bietet sich die Lagerung in sog. DIN-Sicherheitsschränken an, die im einschlägigen Fachhandel erhältlich sind. Läger für *brennbare Flüssigkeiten* müssen in der Bundesrepublik Deutschland seit 01.01.1991 mit einer Brandmelde-Anlage ausgerüstet sein.

- 3 *Entzündbare flüssige Stoffe:* Typische Vertreter dieser Klasse sind fast alle organischen Lösungsmittel.
- 4.1 *Entzündbare feste Stoffe:* Ein typisches Beispiel ist der nicht giftige *rote Phosphor*. Er darf nicht mit brandfördernden Substanzen in Kontakt kommen.
- 4.2 *SelbstentzündlicheStoffe:* Hierzu gehört der *weiße Phosphor* in Stangen, der zudem ein sehr starkes Gift ist. Da er sich an der Luft entzündet, wird er unter Wasser aufbewahrt.
- 4.3 *Stoffe, die in Berührung mit Wasser entzündbare Gase entwickeln:* Da sie zum Teil mit Wasser sehr heftig reagieren, dürfen sie zur Brandbekämpfung keinesfalls mit Wasser gelöscht werden. Sie sind daher mit folgendem R-Satz gekennzeichnet:

R 15 Reagiert mit Wasser unter Bildung leicht entzündlicher Gase

Zu der Gefahrgut-Klasse 4.3 gehören die unterschiedlichsten Substanzklassen wie z.B.:

- *Alkalihydride* wie Lithium-, Natrium- und Kaliumhydrid sowie Lithiumaluminiumhydrid, Calciumhydrid, Natriumborhydrid und Natriumamid
- *Alkalimetalle* wie Lithium, Natrium und Kalium sowie die Erdalkalimetalle Barium und Calcium (sie werden unter Petroleum oder Paraffin als Schutzflüssigkeit aufbewahrt)
- *Metalle in feiner Verteilung* wie Magnesium-Pulver und Zink-Staub
- *Metallalkyle* wie Butyllithium, Diethylzink, Triethylaluminium und Methylmagnesiumchlorid.

Die feuergefährlichen Chemikalien müssen in chemisch resistenten und dichten Auffangwannen, nach Gefahrgut-Klassen sowie von anderen Chemikalien getrennt und leicht zugänglich gelagert werden. Es versteht sich von selbst, daß in Lagerräumen mit Lösungsmitteln alle Zündquellen unter allen Umständen vermieden werden müssen, d. h., daß auch alle elektrischen Betriebsmittel den Anforderungen auf *ex-Schutz* (DIN 57 165/VDE 0165) genügen müssen. Außerdem müssen die Vorschriften der Verordnung über brennbare Flüssigkeiten eingehalten werden (siehe Seite 42).

Bei der Lagerung von brennbaren Flüssigkeiten und Gasen muß zur Vermeidung der Bildung einer gefährlichen explosionsfähigen Atmosphäre ein fünffacher Luftwechsel pro Stunde gewährleistet sein. Dieser Luftwechsel muß auch in Bodennähe gewährleistet sein.

Des weiteren müssen brennbare Flüssigkeiten, brandfördernde Stoffe und giftige Stoffe in zerbrechlichen Gefäßen (z.B. Glasflaschen) so gelagert werden, daß sie nicht tiefer als 0,4 m fallen können. Es reicht, wenn diese Bedingung innerhalb des Regalfaches eingehalten wird.

Im Falle eines Brandes müssen die *Lösch-Vorschriften* des Sicherheitsratschlages S 43 beachtet werden. Die mit * gekennzeichneten Sätze sind erweiterte Sicherheitsratschläge, wie sie im Merck-Katalog und auf den Etiketten von Merck-Chemikalien verwendet werden: siehe hierzu das Kapitel "Standardisierte Sicherheit – das Etikett", Seite 10.

S 43	Zum Löschen ... verwenden.	*S 43.5	Halone, kein Wasser
*S 43.1	Wasser	*S 43.6	Sand, kein Wasser
*S 43.2	Wasser oder Pulverlöschmittel	*S 43.7	Metallbrandpulver, kein Wasser
*S 43.3	Pulverlöschmittel, kein Wasser	*S 43.8	Sand, Kohlendioxid oder Pulverlöschmittel, kein Wasser
*S 43.4	Kohlendioxid, kein Wasser		

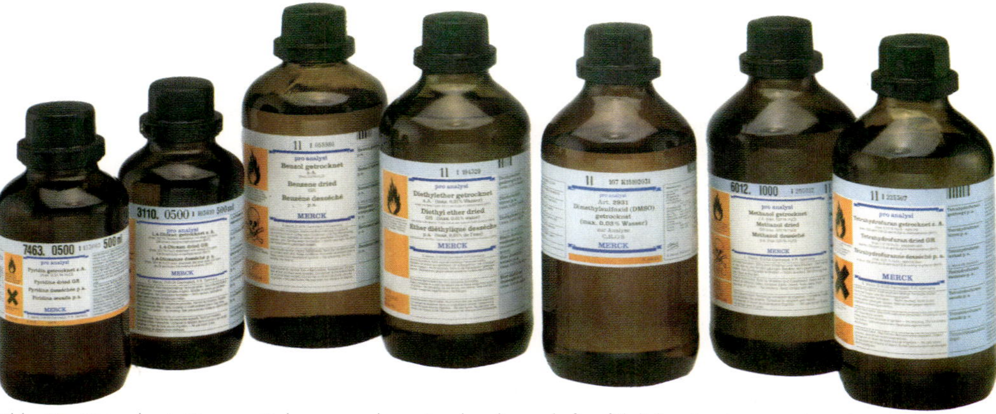

Abb. 45: Getrocknete Lösungsmittel ersparen den zeitraubenden und oft gefährlichen Trocknungsaufwand.

5.3.4 Oxidationsmittel

Zu diesen Gefahrgütern gehören Chemikalien der Gefahrgut-Klassen 5.1 und 5.2: Sie sind auf dem Etikett durch das Gefahrensymbol *"brandfördernd"* gekennzeichnet. Brandfördernde Stoffe sollten grundsätzlich getrennt von organischen Chemikalien, anorganischen Reduktionsmitteln, konzentrierten Säuren sowie Metall-Pulvern gelagert werden. Mit diesen Stoffklassen können sie heftig reagieren mit der Gefahr von Bränden und Explosionen.

- *5.1 Entzündend (oxidierend) wirkende Stoffe*: Typische Vertreter dieser Gefahrgut-Klasse sind z.B.:
  - *Bromate* und *Chlorate*, wie Natrium- und Kaliumbromat bzw. Natrium- und Kaliumchlorat
  - *Chromate* und *Dichromate*, wie Ammoniumdichromat sowie Chrom(VI)-oxid, Chromylchlorid und Chromschwefelsäure
  - *Halogene* (Brom, Chlor), Halogenoxide und Hypochlorite
  - *Königswasser* – nicht aufbewahren!
  - *Manganate*, wie Mangan(IV)-oxid (Braunstein) und Kaliumpermanganat
  - *Nitrate*, wie Ammonium-, Calcium- und Kaliumnitrat sowie Salpetersäure
  - *Nitrite*, wie Natrium- und Kaliumnitrit
  - *Oxide*, wie Blei(VI)-oxid, Osmium(VIII)-oxid, Selen(IV)-oxid
  - *Perchlorate*, wie Magnesium- und Kaliumperchlorat
  - *Perchlorsäure* 70 % muß separat gelagert werden
  - *Peroxo-Verbindungen*, wie Ammoniumperoxodisulfat und Natriumcarbonat-Peroxohydrat
  - *Wasserstoffperoxid-Lösungen* und Perhydrol®
- *5.2 Organische Peroxide*: Diese Gefahrgüter müssen kühl gelagert werden. Hierzu gehören z.B. tert-Butylhydroperoxid, tert-Butylperbenzoat, 3-Chlorperbenzoesäure, Cumolhydroperoxid, Di-tert-butylperoxid.

5.3.5 Laborgase in Zylindern

Gase gehören der Gefahrgut-Klasse 2 an. Laborgase werden vom Hersteller in geprüften und druckstabilen *Gasflaschen* geliefert (TÜV-geprüft nach der Druckbehälter-Verordnung). Nach ihrer chemischen Reaktivität können Gase die unterschiedlichsten Eigenschaften aufweisen.

- *Nach ihrer Reaktivität*

Reaktive Gase, wie z.B. Schwefeldioxid oder Propan.
Chemisch inerte Gase, wie Stickstoff und Edelgase, wie Argon und Helium.

- *Nach ihrer Gefährlichkeit*

Gase können giftig, korrosiv, feuergefährlich oder brandfördernd sein. Dies kommt in den entsprechenden Gefahrensymbolen auf den Etiketten der Lecture Bottles zum Ausdruck. Große Stahlzylinder sind durch unterschiedlichen Farbanstrich kenntlich gemacht.

Für die Lagerung von Druckgasflaschen müssen gut belüftete, trockene und feuerbeständige Räume zur Verfügung stehen. Sie müssen vor Einwirkung von Wärme und direkter Sonneneinstrahlung geschützt und gegen Umfallen gesichert werden (z.B. durch Anketten). Zur sicheren Handhabung von Gasen siehe Kapitel "Umgang mit Laborgasen", Seite 57.

5.3.6 Explosionsgefährliche Chemikalien

Diese Substanzen sind durch das Gefahrensymbol *"explosionsgefährlich"* gekennzeichnet und gehören in die Gefahrgut-Klasse 1 = Explosivstoffe. Sie müssen vor Schlag, Stoß, Reibung, Funkenbildung, Feuer und Hitzeeinwirkung geschützt werden. Sie dürfen mit keinen anderen Gefahrgut-Klassen zusammen gelagert werden. In den meisten Fällen unternimmt der Hersteller bereits vorsorgliche Schutzmaßnahmen, indem er diese Substanzen durch Anteigen mit Wasser *phlegmatisiert.* Beispiele mit dem Gefahrensymbol "explosionsgefährlich" sind Ammoniumdichromat und Benzoylperoxid. Zur Handhabung dieser Chemikalien siehe Kapitel "Explosionsgefährliche Chemikalien", Seite 55.

5.3.7 Giftige Chemikalien

Die Substanzen der Gefahrgutklasse 6.1 sind am Gefahrensymbol "Totenkopf" und den Gefahrenbezeichnungen *"giftig"* oder *"sehr giftig"* eindeutig zu erkennen. Typische Beispiele hierfür sind Kaliumcyanid und Benzol (cancerogen). Diese Chemikalien müssen unter Verschluß aufbewahrt werden, so daß sie nur Sachkundigen oder deren Beauftragten zugänglich sind.

5.3.8 Radioaktive Substanzen

Sie sind in der Gefahrgut-Klasse 7 = Radioaktive Stoffe eingeteilt. Da die im Labor verwendeten Uran- und Thorium-Verbindungen nur schwach radioaktiv sind, werden bei der Lagerung kleiner Vorräte keine besonderen Schutzmaßnahmen erforderlich. Sie sollten allerdings von anderen Chemikalien getrennt und unter Verschluß aufbewahrt werden. Zur Handhabung dieser Chemikalien siehe auch das Kapitel "Radioaktive Substanzen", Seite 144.

5.3.9 Chemikalien mit besonderen Unverträglichkeiten

Die nachstehende Liste enthält in direkter Gegenüberstellung eine Reihe *inkompatibler* Chemikalien, die aufgrund ihrer chemischen Eigenschaften heftig miteinander reagieren können. Sie sollten daher getrennt voneinander aufbewahrt werden und dürfen keinesfalls miteinander in Kontakt kommen. Zweck dieser Liste ist es, Hinweise zur Verhinderung von Unfällen in Labor und Lager zu geben. Wegen der Vielzahl der möglichen Kombinationen kann sie sich nur auf die wichtigsten Beispiele beschränken.

Tabelle 30: **Chemikalien mit besonderen Unverträglichkeiten**

Substanz	**Unverträglich mit**
Acetylen	Halogene, Kupfer (einschließl. Legierungen), Silber und Quecksilber, Schwermetallsalze
Aktivkohle	Calciumhypochlorit, Oxidationsmittel
Alkalimetalle	Wasser, Säuren, Alkohole, Halogene, Säurehalogenide, Luftsauerstoff, Salze, Halogenkohlenwasserstoffe, Oxidationsmittel, Kohlendioxid
Aluminiumchlorid	Wasser, Alkohole, Hydride
Aluminiumalkyle	Wasser, Luft, Alkohole
Aluminium Pulver	Oxidationsmittel, Säuren, Laugen, Halogenkohlenwasserstoffe, Peroxide
Ameisensäure	Metallpulver, Oxidationsmittel
Ammoniak und *niedere Alkylamine*	Halogene, Metallpulver, Säuren, Quecksilber (z.B. aus Manometern), Calciumhypochlorit, Fluorwasserstoff
Ammoniumnitrat	Säuren, Metallpulver, brennbare Flüssigkeiten, Chlorate, Nitrate, Schwefel, fein verteilte organische Substanzen oder andere brennbare Stoffe
Anilin	Salpetersäure, Wasserstoffperoxid, Nitromethan, Oxidationsmittel
Azide	Wärme, Schlag, Reibung, Schwermetalle und ihre Salze
brennbare Flüssigkeiten	Ammoniumnitrat, Chrom(VI)-oxid, Salpetersäure, Natriumperoxid, Halogene, Oxidationsmittel, Wasserstoff
Brom	siehe Halogene
Calciumcarbid	Wasser, Säuren, Oxidationsmittel
Chlor	siehe Halogene
Chlorate	Ammoniumsalze, Säuren, Metallpulver, Schwefel, Cyanide, fein verteilte organische Substanzen oder andere brennbare Stoffe siehe auch Perchlorsäure
Chrom(VI)-oxid	Essigsäure, Essigsäureanhydrid, Naphthalin, Campher, Glycerin, Petroleumbenzin, Alkohole, Hydrazin, brennbare Flüssigkeiten
Cumolhydroperoxid	Säuren, organische und anorganische
Cyanide	Säuren, Halogene, Oxidationsmittel, besonders Nitrite und Quecksilber(II)-nitrat
Diazomethan	rauhe Oberflächen (z.B. Schliffe, Siedesteine), Alkalimetalle, Kupferpulver, Calciumchlorid, Säuren
Dimethylsulfoxid	Säurechloride, Perchlorsäure und Salze, Alkalimetalle
Erdalkalimetalle	siehe Alkalimetalle
Essigsäure	Chrom(VI)-oxid, Salpetersäure, Perchlorsäure, Peroxide, Permanganate, Alkohole, Ethylenglycol

Substanz	Unverträglich mit
Fluor	siehe Halogene
Fluorwasserstoff	Ammoniak (Laborgas oder Lösung), Alkalimetalle, Glas
Halogene	ungesättigte Verbindungen, Ammoniak und Amine, Metallpulver, Alkali- und Erdalkalimetalle, Kohlenwasserstoffe + Licht, Metallhydride, Wasserstoff
Halogenkohlenwasserstoffe	Alkali- und Erdalkalimetalle, starke Laugen, Metallpulver, Perchlorsäure, Salpetersäure, Aluminium-Behälter
Hydrazin	Wärme, Oxidationsmittel, Metall-Katalysatoren (auch oxidische), Schwermetallsalze, Alkali- und Erdalkalimetalle
Iod	Acetylen, Ammoniak (Laborgas oder Lösung) siehe auch Halogene
Kalium	siehe Alkalimetalle
Kaliumchlorat	siehe Chlorate
Kaliumhydroxid	Wasser, Säuren, Aluminium, Zink, Halogenkohlenwasserstoffe
Kaliumperchlorat	siehe Chlorate
Kaliumpermanganat	oxidierbare organische und anorganische Stoffe, konzentrierte Mineralsäuren, Salzsäure, Schwefelsäure, Wasserstoffperoxid, Glycerin, Ethylenglycol, Benzaldehyd, Schwefel, Pyridin, Dimethylformamid
Kohlenwasserstoffe	Halogene, Chrom(VI)-oxid, Natriumperoxid
Kohlenwasserstoffe, ungesättigte	Halogene, Oxidationsmittel, Halogenwasserstoffe, Aluminiumchlorid, Eisen(III)-chlorid, Antimon(III)-chlorid, Polymerisations-Initiatoren
Kupfer	Acetylen, Wasserstoffperoxid
Lithium	siehe Alkalimetalle
Metallpulver	Peroxide, Nitrate, Nitrite, Oxidationsmittel, Halogene, Hydrazin, Halogenkohlenwasserstoffe, Säuren
Natrium	siehe Alkalimetalle
Natriumamid	siehe Alkalimetalle
Natriumhydroxid	siehe Kaliumhydroxid
Natriumperoxid	Methanol, Ethanol, Glycerin, Ethylenglycol, Eisessig, Essigsäureanhydrid, Ethylacetat, Methylacetat, Benzaldehyd, Schwefelkohlenstoff, Furfurol
Nitrobenzol	Alkalimetalle, Aluminiumchlorid, Kaliumhydroxid, konz. Salpetersäure
Nitromethan	Hitze, Schlag, Alkalien, Amine, Säuren, Chloroform
Oxalsäure	Silber, Quecksilber, Oxidationsmittel

Substanz	**Unverträglich mit**
Perchlorsäure	Essigsäureanhydrid, Bismut und Legierungen, Alkohole, konz. Schwefelsäure, konz. Phosphorsäure, Phosphor(V)-oxid, oxidierbare Substanzen, Papier, Holz
Peroxide	Schwermetalle (einschl. Oxide und Salze), Staub, oxidierbare Stoffe, Aktivkohle, Ammoniak, Amine, Hydrazin, Alkalimetalle
Phosphor	Schwefel, sauerstoffhaltige Verbindungen (z.B. Chlorate), Halogene, Laugen, Metalle, Schwermetallsalze
Pikrinsäure und *Pikrate*	Wärme, Acetylen, Ammoniak, Halogene, Alkali- und Erdalkalimetalle, Aluminium, Salpetersäure, Peroxide, Oxidationsmittel
Salpetersäure konzentriert	Essigsäure, Anilin, Chrom(VI)-oxid, Blausäure, Schwefelwasserstoff, brennbare Flüssigkeiten und Gase
Schwefel	Metalle, Oxidationsmittel
Schwefelkohlenstoff	Wärme, Metalle, Oxidationsmittel, Chlor + Eisen, Aktivkohle
Schwefelsäure	Kaliumchlorat, Kaliumperchlorat, Kaliumpermanganat
Schwefelwasserstoff	Salpetersäure rauchend, oxidierende Gase, Oxidationsmittel, Schwermetalle (einschl. Oxide und Salze)
Silber	Acetylen, Oxalsäure, Weinsäure, Ammoniumverbindungen, Peroxide
Wasserstoffperoxid	Kupfer, Chrom, Eisen, Metalle und ihre Salze, Alkohole, Aceton, Anilin, Nitromethan, organische Substanzen oder andere brennbare Stoffe (fest oder flüssig) siehe auch Peroxide
Zink Pulver	siehe Aluminium Pulver

5.4 Technische Regeln und Prüflisten

5.4.1 Technische Regeln (TRG)

Technische Regeln sind in der Bundesrepublik Deutschland gültige Vorschriften, deren Einhaltung die Arbeitssicherheit gewährleisten und der Unfallverhütung dienen soll. Zum sachlich richtigen Erarbeiten von technischen Problemlösungen sollten in diesem Zusammenhang die entsprechenden Technischen Regeln (TRG) systematisch einbezogen werden. Die nachfolgende Übersicht soll dazu beitragen. Sie können über die Adressen im Anhang "Druckschriften mit Anschriften", Seite 200, bezogen werden.

Technische Regeln für Gefahrstoffe	Umgang mit Gefahrstoffen im Hochschulbereich	**TRGS 451**
Technische Regeln für Gefahrstoffe	Lagern sehr giftiger und giftiger Stoffe in Verpackungen und ortsbeweglichen Behältern	**TRGS 514**
Technische Regeln für Gefahrstoffe	Lagern brandfördernder Stoffe in Verpackungen und ortsbeweglichen Behältern	**TRGS 515**
Technische Regeln für Druckgase	Besondere Anforderungen an Druckgasbehälter und Druckgaspackungen	**TRG 300**
Technische Regeln für brennbare Flüssigkeiten	Allgemeines, Aufbau und Anwendungen der TRbF	**TRbF 001**
Technische Regeln für brennbare Flüssigkeiten	Läger	**TRbF 110**
Technische Regeln für brennbare Flüssigkeiten	Tanks auf Fahrzeugen	**TRbF 141**
Technische Regeln für brennbare Flüssigkeiten	Tank-Container	**TRbF 142**
Technische Regeln für brennbare Flüssigkeiten	Ortsbewegliche Gefäße	**TRbF 143**

5.4.2 Prüflisten

Dieses Buch ist nicht als Leitfaden zur Überprüfung des Arbeitsplatz-Umfeldes konzipiert, also zur Überprüfung

- der Labor-Einrichtungen
- der Funktionstüchtigkeit von Geräten
- der Fluchtwege und Alarm-Einrichtungen
- der Feuerlösch-Anlagen.

Trotzdem sind sie ein wichtiger Teil der Sicherheit im Labor. Deshalb wird an dieser Stelle auf sog. "Prüflisten" der BG Chemie hingewiesen.

Im Rahmen der Gefährdungsermittlung dienen Arbeitsplatz- und Arbeitsablauf-Untersuchungen dazu, Gefahren und Sicherheitsmängel aufzufinden. Die Gefährdungsermittlung wird durch Prüflisten erleichtert, in denen unter Berücksichtigung der Arbeitsschutzvorschriften Sollzustände beschrieben sind. Die Prüfliste "Chemische und artverwandte Laboratorien" der Berufsgenossenschaft der chemischen Industrie enthält in Stichworten die wesentlichen Forderungen, die bei Einrichtung und Betrieb von chemischen Laboratorien zu beachten sind. Bezug: siehe Literatur-Anhang "Druckschriften mit Anschriften", Seite 200.

6. Entsorgung von Laborabfällen

Laborchemikalien, die in Kleinmengen als Rückstände oder nicht mehr verwendungsfähige Reste anfallen, sind vom gesetzlichen Standpunkt Sonderabfälle. Die Beseitigung dieser Sonderabfälle ist in der Bundesrepublik Deutschland durch das Abfallgesetz des Bundes, die Länderabfallgesetze sowie die hierzu ergangenen einschlägigen Verordnungen geregelt. In anderen Staaten ist die entsprechende Gesetzgebung zu beachten.

Um eine ordnungsgemäße Entsorgung sicherzustellen, empfehlen wir, frühzeitig mit einem zuständigen Entsorgungs-Unternehmen die anstehenden Fragen der Klassifizierung, Sammlung und Verpackung abzustimmen. Auf den folgenden Seiten werden 32 ausführliche Methoden zur Desaktivierung gefährlicher Chemikalien beschrieben.

6.1 Strategien zur Abfall-Bewältigung

Neben der ordnungsgemäßen Sammlung und Desaktivierung gefährlicher Laborabfälle gehört natürlich auch die Abfallminimierung zu den Strategien der Abfall-Bewältigung. Einige Lösungen finden Sie auf den folgenden Seiten.

Weitere Informationen können in der Bundesrepublik Deutschland über folgende Adresse in Erfahrung gebracht werden: dort erhalten Sie einen Nachweis über zugelassene und qualifizierte *Entsorgungs-Unternehmen*. Es ist angebracht, mit dem betreffenden Unternehmen zu klären, ob Originalgefäße (angebraucht oder originalverschlossen) ohne vorherige Desaktivierung des Inhalts angenommen werden.

BDE
Bundesverband der Deutschen Entsorgungswirtschaft
Postfach 90 08 45
D-5000 Köln 90
Telefon (0 22 03) 8 10 75.

Auf EG-Ebene kann auch die Dachorganisation der europäischen Chemie-Verbände CEFIC weiterhelfen. Außer den 12 EG-Staaten gehören ihm noch weitere europäische Industrieländer an, sowie 36 größere Chemie-Unternehmen als sogenannte assoziierte Direktmitglieder.

CEFIC
Conseil Européen des Fédérations de l'Industrie Chimique
49, Square Marie-Louise
B-1040 Brussel/Bruxelles

6.1.1 Kleinpackungen sind die Lösung

Bei mehr als 5000 Reagenzien und Chemikalien bietet die Firma Merck für den Kleinbedarf in Forschung und Lehre verwenderfreundliche Kleinpackungen bis 100 g bzw. 100 ml an. Insbesondere bei toxisch wirkenden Substanzen ist der Sicherheitsvorteil augenfällig; schon um das Problem der Entsorgung zu reduzieren, werden hier seit langem die Packungen so klein wie möglich gewählt. Weitere Vorteile bei Kleinpackungen liegen auf der Hand:

- Sie werden schnell, sicher und originalverschlossen direkt im Labor ausgehändigt.
- Sie erfordern kein umständliches Ab- und Umfüllen im Chemikalienlager mit der damit verbundenen Kontaminations-Gefahr.
- Die Behälter sind in bezug auf Sicherheit vorschriftsmäßig gekennzeichnet.
- Jeder Verwender hat seine eigene Packung und ist allein für die Qualitäts-Sicherung des Inhalts verantwortlich.
- Nicht zuletzt: Weniger Reste verursachen auch geringere Entsorgungsprobleme.

6.1.2 Packmittel restlos entleeren

Packmittel müssen nach dem Aufbrauchen ihres Inhalts entsorgt werden. Bei Gebinden, die Chemikalien enthielten, ist das nicht ganz unproblematisch. An der Lösung dieser Aufgabe müssen alle, Hersteller und Verbraucher, mitarbeiten. Gleich, ob die Packmittel (Fässer oder Flaschen) zur Wiederverwendung gereinigt werden sollen, ob das Material einem Recycling-Prozeß zugeführt werden soll oder ob die Packmittel in der Müllverbrennung oder auf Deponien landen, immer ist es erforderlich, daß sie sorgfältig und möglichst restlos entleert werden, um Gefahren und *Umweltschäden* zu vermeiden.

Diese an sich einleuchtende Forderung wird jedoch leider noch keineswegs als selbstverständlich beachtet. Durchschnittlich bleiben immer noch ca. 5 % des Füllguts in den Packungen zurück.

Die Reagenzien- und Chemikalienhersteller sorgen zusammen mit den Packmittelherstellern für Abhilfe. Zu diesem Zweck werden mehr und mehr solche Packmittel verwendet, die im Hinblick auf vollständige Entleerbarkeit konstruktiv verbessert wurden. Hinzu kommt die Entwicklung von Entnahmehilfen wie z.B. Faßpumpen, die für praktisch restlose Entnahme des Inhalts konstruiert werden.

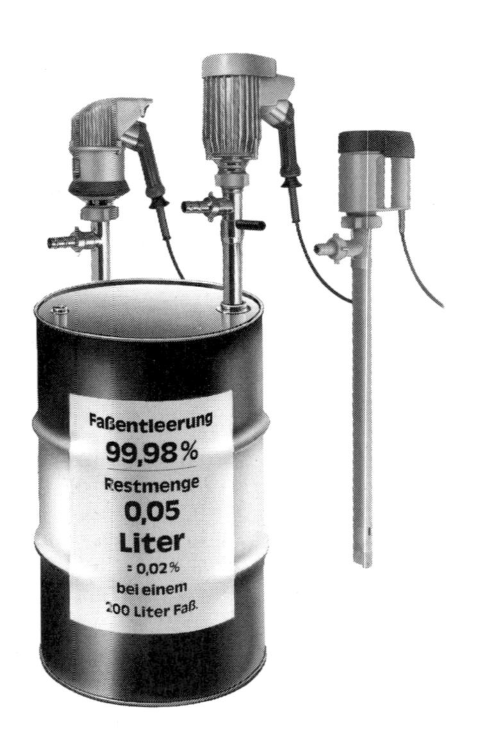

Abb. 46: Zur Vermeidung von Gefahren und Umweltschäden müssen auch Fässer restlos entleert werden: hierzu gibt es Spezial-Faßpumpen.

6.1.3 Gasreste sicher entsorgen

Während die Gasmengen aus kleinen Druckgasflaschen (z.B. *Lecture Bottles*) ohne weiteres restlos aufzubrauchen sind, können in dieser Hinsicht bei großen Stahlzylindern manchmal Probleme auftreten, z.B. auch durch verklemmte oder korrodierte Entnahme-Vorrichtungen. Die großen Gashersteller, wie z.B. Messer Griesheim, Linde, Gerling-Holz, haben für diese Fälle einen Hilfsdienst eingerichtet. Neben routinemäßig durchgeführten Entsorgungs-Aktionen bieten diese Unternehmen im Rahmen des Restgas-Entsorgungskonzeptes auch Hilfestellung bei Problemfällen an. Fachpersonal mit Bergungsbehältern zur Aufnahme defekter Flaschen stehen für diese Fälle zur Verfügung.

6.1.4 Wassergefährdende Stoffe

Nicht nur die gesetzlichen Forderungen (Wasserhaushaltsgesetz), sondern auch die persönliche Verantwortung für die *Umwelt* sollte jeden, der mit Chemikalien umgeht, dahingehend sensibilisieren, daß auch kleinste Mengen an Schadstoffen für eine fachgerechte Entsorgung gesammelt werden. Besonders in analytischen Laboratorien fallen oft schwermetallhaltige Abfall-Lösungen in kleinen Mengen an. So werden z.B. oft Reagenzglas-Inhalte gedankenlos über den Ausguß entsorgt. Ob aus Laboratorien oder anderen Quellen stammend, gelöste Schwermetalle sind nach ausreichender Verdünnung in diesen Mengen in der Regel nicht mehr nachweisbar. Aber aus der Summe all dieser verantwortungslos weggeschütteten Lösungen gelangen am Ende doch beträchtliche Mengen an Schwermetallen in das Abwasser. Um auch für diese fast unkontrollierbare Quelle der Wassergefährdung eine sinnvolle Lösung zu finden, werden Arbeiten zur Entwicklung von geeigneten Absorber-Säulen durchgeführt, die in der Lage sind, Schwermetall-Ionen aus Laborabfall-Lösungen sicher abzufangen z.B. Chemizorb® Säule zur Absorption von Schwermetall-Ionen im Labor (siehe "Labor-Hilfsmittel", Seite 209).

Aus Gründen des *Umweltschutzes* sind in dem vorliegenden Buch (siehe "Desaktivierungs-Methoden", Seite 175) keinerlei Hinweise zu finden, die es erlauben, wässerige Abfälle in das Abwasser zu geben: sie sollen getrennt gesammelt und zur Entsorgung gegeben werden.

Im Chemikalien-Katalog der Firma Merck sind wassergefährdende Stoffe nach folgenden offiziellen *Wassergefährdungsklassen (WGK)* eingestuft:

0 = im allgemeinen nicht wassergefährdender Stoff
1 = schwach wassergefährdender Stoff
2 = wassergefährdender Stoff
3 = stark wassergefährdender Stoff

Hierzu einige Beispiele:

WGK 0:	WGK 1:	WGK 2:	WGK 3:
Calciumsulfat	Aluminiumchlorid	Acetonitril	Benzol
Ethanol	Eisenchlorid	Bleichlorid	Cadmiumchlorid
Kaliumchlorid	Essigsäure	Chlorbenzol	Chloroform
Magnesiumstearat	Manganchlorid	Cobaltnitrat	Kaliumchromat
Natriumchlorid	Methanol	Kupfersulfat	Nickelsulfat

6.2 Sammlung von Laborabfällen

Um Laborabfälle einer sach- und fachgerechten Beseitigung zuführen zu können und um Störungen des Betriebsablaufs im Labor zu unterbinden, müssen für die Sammlung der Abfälle Behälter verwendet werden, die den zu erwartenden chemischen Beanspruchungen standhalten. Sie müssen flüssigkeitsdicht und – sofern sie im weiteren Verlauf über öffentliche Straßen transportiert werden – gasdicht verschließbar sein. Sie sind an einem gut entlüfteten Ort (z.B. im Abzug) aufzubewahren. Um Verdunstungen zu vermeiden, sind die Sammelbehälter verschlossen zu halten.

6.2.1 Geeignete Sammelbehälter

Aufgrund von praktischen Erfahrungen in vielen Laboratorien können folgende Behältnisse empfohlen werden:

– *Kombinationsbehälter für organische Lösungsmittelabfälle*

  Am besten hierfür geeignet sind HDPE-Weithals-Einstellbehälter mit einem Nennvolumen von 10 Litern. Baumustergeprüfte Behälter sind für die Sammlung und den Transport von entzündlichen Flüssigkeiten zugelassen.

– *Kunststoffbehälter für wässerige Abfälle*

  Als Standardgrößen haben sich 10 und 20 Liter fassende Gebinde bewährt. Die einschlägigen Anbieter (siehe Kapitel "Geräte und andere Hilfsmittel", Seite 212) übersenden auf Anforderung Beständigkeitslisten, aus denen die Einsatzmöglichkeiten derartiger Behälter abgelesen werden können.

– *Weithalsgefäße/Hobbocks aus Kunststoff oder Metall*

  Zur transportsicheren Verpackung von Einzelgebinden (beispielsweise Altchemikalien in Originalgefäßen) oder für Abfälle, die in loser Schüttung verpackt werden (beispielsweise Chromatographie-Rückstände), eignen sich Gebinde mit einem Fassungsvermögen von 30 oder 60 Litern. Zum Schutz gegen Bruchschäden beim Transport ist ein geeignetes Dämm-Material (z.B. Vermiculit) beizufügen.

Lieferanten für geeignete Sammelbehälter und Vermiculit können über den Laborfachhandel erfragt werden. Siehe auch Kapitel "Geräte und andere Hilfsmittel", Seite 212.

6.2.2 Kennzeichnung der Sammelbehälter

Laborabfälle sollten nach ihrer chemischen Beschaffenheit für die *Entsorgung* in getrennten Gefäßen gesammelt werden. Sie sind in der nachstehenden Übersicht zusammengestellt. Die Sammelgefäße sind deutlich nach ihrem Inhalt zu kennzeichnen, was auch das Anbringen von Gefahrensymbolen (z.B. mit Etiketten-Set *Scriptosure*®) beinhaltet. Zweck dieser deutlichen Kennzeichnung ist, das unkontrollierte Zusammenbringen mit anderen Abfällen sicher auszuschließen.

A *Halogenfreie* organische Lösungsmittel und Lösungen organischer Stoffe.

B *Halogenhaltige* organische Lösungsmittel und Lösungen organischer Stoffe, die Halogene enthalten.
Vorsicht: Hierfür keine Behälter aus Aluminium verwenden!

C *Feste organische* Laborchemikalien-Rückstände, sicher verpackt in Kunststoffbeuteln oder -flaschen oder in Originalgebinden des Herstellers.

D *Salzlösungen*; in diesem Behälter ist ein pH-Wert von 6 – 8 einzustellen.

E *Giftige anorganische* Rückstände sowie Schwermetall-Salze und ihre Lösungen in fest verschlossener bruchsicherer Verpackung mit deutlich sichtbarer und haltbarer Kennzeichnung.

F *Giftige brennbare* Verbindungen in dicht verschlossenen bruchsicheren Gebinden mit deutlich sichtbarer Angabe der Inhaltsstoffe.

G *Quecksilber* und anorganische Quecksilbersalz-Rückstände.

H *Regenerierbare Metallsalz* - Rückstände. Jedes Metall sollte separat gesammelt werden (Recycling).

I *Feste anorganische* Laborchemikalien-Rückstände, sicher verpackt in Kunststoffbeuteln oder -flaschen oder in Originalgebinden des Herstellers.

K *Glas-, Metall-* und *Kunststoff-*Abfälle sowie HPLC-Edelstahl-Säulen. Nach Abfallart separat sammeln (Recycling).

Es ist zu beachten, daß es vielfach notwendig ist, reaktive Chemikalien vorher zu desaktivieren (siehe nachfolgenden Abschnitt "Desaktivierung gefährlicher Laborabfälle"). Auch Hinweise über die Zuordnung der einzelnen Stoffgruppen zu den Sammelgefäßen A – K finden Sie in diesem Abschnitt.

6.3 Desaktivierung gefährlicher Laborabfälle

Zweck dieser Methoden ist es, Kleinmengen von reaktiven Chemikalien in harmlose Folgeprodukte zu überführen, um so eine sichere und problemlose Sammlung und Entsorgung zu ermöglichen. In einigen Fällen werden zur Verdeutlichung die chemischen Reaktionen und die empfohlenen Apparaturen angegeben.

Beim Umgang mit Laborchemikalien und im besonderen Maße bei der Desaktivierung reaktiver Chemikalien ist besondere Vorsicht geboten, da dabei bisweilen heftige chemische Reaktionen auftreten können. Alle Arbeiten sind daher nur von Fachkräften unter Einhaltung der Sicherheitsvorschriften, z.B. in einem Abzug bei geschlossenem Frontschieber durchzuführen. Methoden der gefahrlosen Beseitigung sind auch bei der Beschreibung "Gefährliche Chemikalien", Seite 124ff wiedergegeben. In diesem Zusammenhang sind auch die allgemeinen Sicherheitsregeln (siehe Kapitel "8 wichtige Regeln" auf Seite 10) zu beachten.

Im Merck-Katalog ist bei Labormengen unter dem Stichwort "Entsorgung" eine Nummer angegeben, die sich auf die nachfolgenden 32 Desaktivierungs-Methoden bezieht. Es ist dringend geboten, die betreffende Methode zunächst im Kleinstmaßstab auszuprobieren, um sich mit nicht vorhersehbaren Problemen vertraut zu machen. Wählen Sie stets nach Art und Menge geeignete Reaktionsgefäße! Die zur Desaktivierung empfohlenen Merck-Chemikalien sind im Anhang "Reagenzien zur Desaktivierung von Laborabfällen" (siehe Seite 206) alphabetisch zusammengestellt.

Die Kennzeichnung A bis K der Sammelgefäße bezieht sich auf die Angaben im vorigen Abschnitt "Kennzeichnung der Sammelbehälter".

Halogenfreie Lösungsmittel

VORSCHRIFT 29

Vor Abgabe an das Entsorgungsunternehmen unbedingt mit Perex-Test® (Art. 16206) auf Peroxid-Freiheit prüfen. Sammelbehälter A.

Verschüttete Flüssigkeiten lassen sich leicht mit Chemizorb® Granulat (Art. 1568) bzw. Chemizorb® Pulver (Art. 2051) absorbieren und in Sammelbehälter C sammeln.

Halogenhaltige Lösungsmittel

VORSCHRIFT 30

Um die Aufarbeitung (*Recycling*) zu ermöglichen, dürfen halogenhaltige Lösungsmittel nicht untereinander vermischt werden: sie müssen getrennt gesammelt werden.
Sammelbehälter B.

Vorsicht – Keine Behälter aus Aluminium verwenden.
– Chloroform nicht mit Aceton mischen.

Organische Reagenzien

VORSCHRIFT 31

Relativ unreaktive organische Reagenzien werden in Sammelbehälter A gesammelt. Enthalten sie Halogene, so gibt man sie in Sammelbehälter B.
Feste Rückstände: Sammelbehälter C.

Organische Säuren

VORSCHRIFT 32

Wässerige Lösungen organischer Säuren werden vorsichtig mit Natriumhydrogencarbonat (Art. 6323) oder Natriumhydroxid (Art. 6462) neutralisiert. Vor Abfüllen in Sammelbehälter D den pH-Wert mit pH-Universal-Indikatorstäbchen kontrollieren (Art. 9535). Aromatische Carbonsäuren werden mit verdünnter Salzsäure ausgefällt und abgesaugt. Niederschlag: Sammelbehälter C; Filtrat: Sammelbehälter D.

Organische Basen und Amine

VORSCHRIFT 33

In gelöster Form: Sammelbehälter A bzw. B, je nachdem, ob sie Halogene enthalten oder nicht.

Häufig empfiehlt sich zur Vermeidung von Geruchsbelästigung (Abzug!) vorher eine vorsichtige Neutralisation mit verdünnter Salz- oder Schwefelsäure (Art. 312 bzw. 716). pH-Wert mit pH-Universal-Indikatorstäbchen (Art. 9535) kontrollieren.

Nitrile und Mercaptane

VORSCHRIFT 34

Sie werden durch mehrstündiges Rühren (am besten über Nacht) mit Natriumhypochlorit-Lösung (Art. 5614) oxidiert. Ein eventueller Überschuß an Oxidationsmittel wird mit Natriumthiosulfat (Art. 6513) zerstört. Organische Phase: Sammelbehälter A; wässerige Phase: Sammelbehälter D.

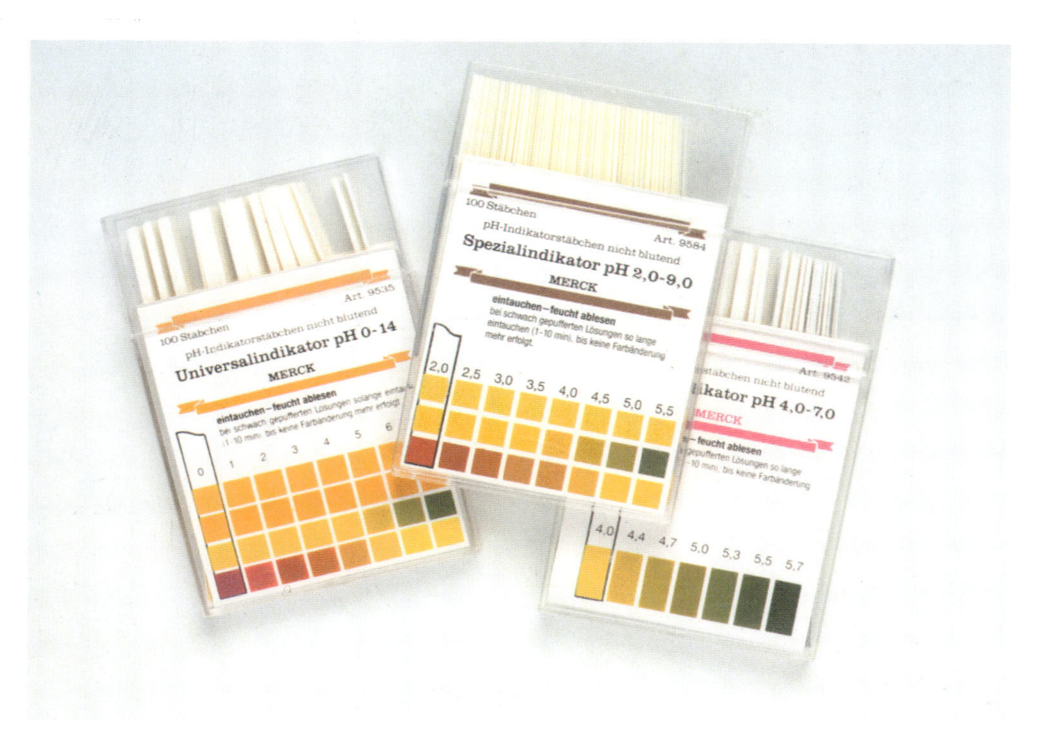

Abb. 47: ph-Indikatoren spielen auch bei der Entsorgung eine bedeutende Rolle.

Wasserlösliche Aldehyde

VORSCHRIFT 35

Sie werden mit einer konzentrierten wässerigen Natriumhydrogensulfit-Lösung (Art. 806356) in die Bisulfit-Addukte überführt: Sammelbehälter A bzw. B.

Organoelement-Verbindungen

VORSCHRIFT 36

Hydrolyseempfindliche Organoelement-Verbindungen, die in der Regel in organischen Solventien gelöst sind, werden im Abzug bei geschlossenem Frontschieber vorsichtig unter Rühren in 1-Butanol (Art. 822262) eingetropft. Entstehende brennbare Gase werden über einen Schlauch direkt in den Abzugskanal abgeleitet. Nach Beendigung der Gasentwicklung rührt man noch eine Stunde und gibt anschließend einen Überschuß Wasser hinzu. Organische Phase: Sammelbehälter A; wässerige Phase: Sammelbehälter D.

Beispiel: $C_4H_9Li + C_4H_9OH \rightarrow C_4H_9OLi + C_4H_{10} \nearrow$

Apparatur: Zweihalskolben, Magnetrührer, Tropftrichter, Rückflußkühler mit Kühlschlange aus Metall; Abzug bei geschlossenem Frontschieber!

Cancerogene und Gifte

VORSCHRIFT 37

- *Cancerogene* und als "sehr giftig" bzw. "giftig" gekennzeichnete brennbare Verbindungen: Sammelbehälter F.

  Benzol kann allerdings zusammen mit den brennbaren organischen Lösungsmitteln entsorgt werden: Sammelbehälter A.

- *Alkylsulfate* sind cancerogen: Einatmen und jeglichen Hautkontakt unbedingt vermeiden. Sie werden zur Desaktivierung aus einem Tropftrichter unter starkem Rühren in eine konzentrierte, eisgekühlte Ammoniak-Lösung (Art. 5426) getropft. Vor Abfüllen in Sammelbehälter D den pH-Wert mit pH-Universal-Indikatorstäbchen (Art. 9535) kontrollieren.

  Beispiel: $(CH_3O)_2SO_2 + 2\ NH_4OH \rightarrow 2\ CH_3OH + (NH_4)_2SO_4$

  Apparatur: Zweihalskolben, Magnetrührer, Tropftrichter mit Druckausgleich, Abzug mit geschlossenem Frontschieber; Handschuhe!

Organische Peroxide

VORSCHRIFT 38

Sie lassen sich in wässerigen Lösungen und organischen Lösungsmitteln mit Perex-Test® (Art. 16206) problemlos nachweisen und mit Perex-Kit® (Art. 16207 bzw. 16361) gefahrlos vernichten. Reine Peroxide werden in einem geeigneten Lösungsmittel gelöst und ebenfalls mit Perex-Kit® desaktiviert. Ausführliche Vorschriften stehen im Kapitel "Peroxide in Lösungsmitteln", Seite 46. Organische Rückstände: Sammelbehälter A bzw. B; wässerige Lösungen: Sammelbehälter D.

Säurehalogenide

VORSCHRIFT 39

Sie werden zur Umwandlung in die Methylester in einen Überschuß Methanol (Art. 822283) getropft. Zur Beschleunigung der Reaktion können einige Tropfen Salzsäure (Art. 312) zugegeben werden. Es wird mit Natronlauge (Art. 5587) neutralisiert. Vor Abfüllen in Sammelbehälter B den pH-Wert mit pH-Universal-Indikatorstäbchen (Art. 9535) kontrollieren.

Apparatur: Becherglas, Tropftrichter, Magnetrührer; Abzug bei geschlossenem Frontschieber.

Anorganische Säuren und ihre Anhydride

VORSCHRIFT 40

- *Anorganische Säuren* und deren *Anhydride* werden gegebenenfalls zunächst verdünnt bzw. hydrolysiert, indem man sie vorsichtig in Eiswasser einrührt. Anschließend wird mit Natronlauge (Art. 5587) neutralisiert (Handschuhe, Abzug!). Vor Abfüllen in Sammelbehälter D den pH-Wert mit pH-Universal-Indikatorstäbchen (Art. 9535) kontrollieren.
- *Oleum* wird unter gutem Rühren vorsichtig in 40 %ige Schwefelsäure (Art. 9286) eingetropft. Immer ausreichende Mengen an Eis zur Kühlung bereithalten! Nach dem Abkühlen wird die entstandene hochkonzentrierte Schwefelsäure wie vorstehend beschrieben neutralisiert.
- *Saure Gase* (Brom-, Chlor- und Iodwasserstoff, Chlor, Phosgen, Schwefeldioxid) werden in verdünnte Natronlauge eingeleitet und wie "anorganische Säuren" wie oben weiterbehandelt.

Anorganische Basen

VORSCHRIFT 41

Sie werden, falls erforderlich, verdünnt, indem man sie vorsichtig in Wasser einrührt. Anschließend wird mit Salzsäure (Art. 312) neutralisiert (Handschuhe, Abzug!). Vor Abfüllen in Sammelbehälter D den pH-Wert mit pH-Indikatorstäbchen (Art. 9535) kontrollieren.

Anorganische Salze

VORSCHRIFT 42

Sammelbehälter I. Neutrale Lösungen dieser Salze: Sammelbehälter D. Vor dem Abfüllen den pH-Wert mit pH-Universal-Indikatorstäbchen (Art. 9535) kontrollieren.

Schwermetall-Salze

VORSCHRIFT 43

- *Schwermetallhaltige* Lösungen können in Kleinmengen (z.B. im analytischen Labor) über die Chemizorb® Säule von Schwermetallionen befreit werden (siehe Anhang "Absorptionsmittel für flüssige Gefahrstoffe", Seite 210).
- *Schwermetallhaltige* Lösungen und Feststoffe: Sammelbehälter E.

- *Raney-Nickel* (auch Urushibara-Nickel) wird in wässeriger Suspension unter Rühren mit Salzsäure (Art. 312) aufgelöst und anschließend neutralisiert (Sammelbehälter E). Raney-Nickel selbst oder Filterrückstände dürfen nicht getrocknet werden, da sich diese mit Sicherheit an der Luft von selbst entzünden.

Thallium-Salze

VORSCHRIFT 44

Beim Umgang mit den hochgiftigen Thallium-Salzen und ihren wässerigen Lösungen ist besondere Vorsicht geboten: auf jeden Fall Hautkontakt vermeiden! Sammelbehälter E.

Aus wässerigen Thallium-Salzlösungen läßt sich mit Natriumhydroxid (Art. 6462) Thallium(III)-oxid zum *Recycling* ausfällen.

Selen und Verbindungen

VORSCHRIFT 45

- Die giftigen anorganischen *Selen-Verbindungen* sind mit Vorsicht zu handhaben: Sammelbehälter E.
- *Elementares Selen* läßt sich zum *Recycling* zurückgewinnen, indem seine Salze in wässeriger Lösung zunächst mit konzentrierter Salpetersäure (Art. 443) oxidiert werden. Nach Zugabe von Natriumhydrogensulfit-Lösung (Art. 806356) fällt elementares Selen aus. Wässerige Phase: Sammelbehälter D.

Beryllium und seine Salze

VORSCHRIFT 46

Beim Umgang mit dem *cancerogenen* Beryllium und seinen Salzen ist besondere Vorsicht geboten: Einatmen von Staub und Kontakt mit der Haut auf jeden Fall vermeiden! Sammelbehälter E.

Radioaktive Verbindungen

VORSCHRIFT 47

Uran- und Thorium-Verbindungen sind unter Beachtung der Strahlenschutzverordnung (Deutsches Bundesgesetzblatt 1976, Teil 1, 2905ff) und der lokalen behördlichen Vorschriften zu entsorgen. Zur sicheren Handhabung und Entsorgung siehe Kapitel "Radioaktive Substanzen", Seite 144).

Quecksilber

VORSCHRIFT 48

- Anorganische *Quecksilber-Rückstände:* Sammelbehälter G.
- *Elementares Quecksilber* läßt sich problemlos mit dem Reagenzien-Kit Chemizorb® Hg (Art. 12576) aufnehmen. Eine ausführliche Vorschrift finden Sie im Kapitel "Verschüttete Chemikalien", Seite 116. Sammelbehälter G.

Cyanide und Azide

VORSCHRIFT 49

- *Cyanide* werden durch Wasserstoffperoxid (Art. 822287) oder Natriumhypochlorit-Lösung (Art. 5614) bei pH 10 – 11 zunächst zu Cyanaten, bei weiterer Zugabe des Oxidationsmittels bei pH 8 – 9 zu CO_2 und N_2 oxidiert, d.h. es entstehen keine abwasserschädlichen Reaktionsprodukte. Die Vollständigkeit der Oxidation läßt sich mit Merckoquant® Cyanid-Teststäbchen (Art. 10044) überprüfen; Sammelbehälter D.

  Beispiel: $2\ KCN + 5\ H_2O_2 \rightarrow 2\ KOH + 4\ H_2O + N_2 \uparrow + 2\ CO_2 \uparrow$

  Apparatur: Becherglas, Tropftrichter, Magnetrührer; Abzug bei geschlossenem Frontschieber. Atemschutzmaske bereithalten!

- *Azide* werden durch Iod (Art. 4760) in Gegenwert von Natriumthiosulfat (Art. 6513) unter Entwicklung von Stickstoff zersetzt. Sammelbehälter D.

  Beispiel: $2\ HN_3 + I_2 \rightarrow 2\ HI + 3\ N_2 \uparrow$

Anorganische Peroxide

VORSCHRIFT 50

Anorganische *Peroxide* und Oxidationsmittel sowie *Brom* und *Iod* werden durch Eintragen in eine saure Natriumthiosulfat-Lösung (Art. 6513) in gefahrlose Reduktionsprodukte überführt; Sammelbehälter D.

Apparatur: Becherglas, Magnetrührer, gegebenenfalls Tropftrichter; Abzug bei geschlossenem Frontschieber!

Fluorwasserstoff und Fluoride

VORSCHRIFT 51

Fluorwasserstoff, Flußsäure und Lösungen anorganischer Fluoride sind mit größter Vorsicht zu handhaben: jeglichen Kontakt vermeiden und unbedingt in einem gut ziehenden Abzug bei geschlossenem Frontschieber arbeiten! Reste werden mit Calciumcarbonat (Art. 2063) als Calciumfluorid ausgefällt. Niederschlag: Sammelbehälter I; Filtrat: Sammelbehälter D.

Apparatur: Bei Flußsäure niemals Geräte aus Glas, sondern aus Polyethylen verwenden!

Anorganische Halogenide

VORSCHRIFT 52

Rückstände flüssiger anorganischer Halogenide und hydrolyseempfindlicher Reagenzien tropft man vorsichtig unter Rühren in eisgekühlte 10 %ige Natronlauge (Art. 5587) ein; Sammelbehälter E.

Apparatur: Becherglas, Tropftrichter, Magnetrührer; Abzug mit geschlossenem Frontschieber!

Phosphor

VORSCHRIFT 53

- *Weißer Phosphor* wird durch Luftsauerstoff unter Wärmeentwicklung zu Phosphorpentoxid oxidiert. Er ist daher stets unter Wasser aufzubewahren. Er ist *sehr giftig* und deshalb mit großer Vorsicht zu handhaben. Kleine Mengen läßt man im Freiluftlabor an der Luft abreagieren. Die verbleibenden Rückstände werden nach Vorschrift 40 desaktiviert.

- *Roter Phosphor* ist *nicht giftig*. Er darf nicht mit brandfördernden Substanzen in Kontakt kommen. Sammelbehälter I.

- *Phosphor-Verbindungen* werden unter Schutzgas in einem gut ziehenden Abzug bei geschlossenem Frontschieber oxidiert. Man legt pro Gramm Phosphor-Verbindung 100 ml einer 5 %igen Natriumhypochlorit-Lösung (Art. 5614), die 5 ml einer 50 %igen Natronlauge (Art. 6462) enthält, vor und läßt die zu desaktivierende Substanzlösung unter Eiskühlung zutropfen. Die nach Zugabe von Calciumhydroxid (Art. 2047) ausgefallenen Phosphate werden abgesaugt: Sammelbehälter D.

Alkalimetalle und ihre Verbindungen

VORSCHRIFT 54

- *Alkalimetalle* werden in einem inerten Lösungsmittel vorgelegt und durch tropfenweise Zugabe von Ethanol (Art. 818760 bzw. 818761) oder 2-Propanol (Art. 995) unter Rühren desaktiviert. *Vorsicht:* Der dabei entstehende Wasserstoff kann zu Knallgas-Explosionen führen, deshalb direkt durch einen Schlauch in den Abzug ableiten. Nach Beendigung der Reaktion wird tropfenweise Wasser zugegeben; Sammelbehälter D.

  Beispiel: $2\ Na + 2\ (CH_3)_2CHOH \rightarrow 2\ (CH_3)_2CHONa + H_2 \uparrow$

- *Alkaliborhydride* werden unter Rühren mit Methanol (Art. 6008), *Alkaliamide* und *-hydride* tropfenweise mit 2-Propanol (Art. 995) versetzt. Nach Beendigung der Reaktion wird mit Wasser hydrolysiert; Sammelbehälter D.

  Beispiele: $NaBH_4 + 4\ CH_3OH \rightarrow NaB(OCH_3)_4 + 4\ H_2 \uparrow$

  $LiH + (CH_3)_2CHOH \rightarrow (CH_3)_2CHOLi + H_2 \uparrow$

- *Lithiumaluminiumhydrid* muß zur Zerstörung in einem Ether aufgeschlämmt werden. Unter Schutzgas und intensivem Rühren wird eine Mischung aus Ethylacetat (Art. 822277) und dem bei der Aufschlämmung verwendeten Ether im Verhältnis 1:4 zugetropft. Es ist darauf zu achten, daß die Reagenzlösung dabei nicht die Kolbenwand berührt, da sonst die Gefahr besteht, daß sich Nester von Rückständen bilden, die nicht vollständig abreagieren. Sammelbehälter A.

  Beispiel: $LiAlH_4 + 2\ CH_3COOC_2H_5 + 4\ H_2O \rightarrow 4\ C_2H_5OH + LiOH + Al(OH)_3$

  Apparatur: Zweihalskolben, Rückflußkühler mit Metallkühlschlange und Gasableitung über einen Schlauch direkt in den Abzugskanal, Tropftrichter mit Druckausgleich, Magnetrührer; Abzug mit geschlossenem Frontschieber.

Wertvolle Metalle

VORSCHRIFT 55

Rückstände, die wertvolle Metalle enthalten, sollten der Wiederverwendung (*Recycling*) zugeführt werden; Sammelbehälter H.

Wässerige Lösungen

VORSCHRIFT 56

Wässerige Phasen, Filtrate und Salzlösungen, deren pH-Wert neutral eingestellt sein sollte. Zur Überprüfung mit pH-Universal-Indikatorstäbchen (Art. 9535) kontrollieren. Sammelbehälter D.

Aluminiumalkyle

VORSCHRIFT 57

Sie sind extrem luft- und hydrolyseempfindlich. Sie werden deshalb unter Schutzgas mit einem inerten Lösungsmittel (z.B. Petroleumbenzin, Art. 910) verdünnt und tropfenweise mit 1-Octanol (Art. 991) versetzt. Nach Abklingen der Reaktion wird (zunächst tropfenweise!) Wasser zugegeben; Sammelbehälter F.

Für den sicheren Umgang mit diesen Verbindungen empfiehlt sich die Verwendung der *Spritze für Aluminiumalkyle* (Art. 818843). Ein Sicherheitsmerkblatt liegt jeder Packung bei.

Beispiel: $Al(C_2H_5)_3 + 3HOR \rightarrow Al(OH)_3 + 3\ C_2H_5 - R \qquad (R = C_8H_{17})$

Apparatur: Zweihalskolben, Rückflußkühler mit Metallkühlschlange und Gasableitung über einen Schlauch direkt in den Abzugskanal, Tropftrichter mit Druckausgleich, Magnetrührer; Abzug mit geschlossenem Frontschieber!

Labor-Reiniger

VORSCHRIFT 58

Die *Extran®-Reinigungsmittel* von Merck verhalten sich bei sachgerechter Anwendung umweltfreundlich und stören die biologische Abwasseraufbereitung nicht. Wenn allerdings bei der Reinigung umweltschädliche Stoffe angereichert worden sind, gibt man die Waschlösung in Sammelbehälter D.

Naturstoffe

VORSCHRIFT 59

Kohlenhydrate, Aminosäuren und andere im biochemischen Labor anfallende wässerige Rückstände: Sammelbehälter D. Im Gemisch mit organischen Lösungsmitteln bzw. Reagenzien: Sammelbehälter A oder B.

Chromatographie-Rückstände

VORSCHRIFT 60

- Die in Schichten und Sorbentien adsorbierten *aggressiven* oder *giftigen Substanzen* müssen vor der eigentlichen Entsorgung durch geeignete Behandlung (z.B. Auswaschen, Elution) entfernt werden. Die zur Elution benutzten Lösungsmittel werden nach einer der vorhergehenden Vorschriften behandelt und entsorgt.

- Größere *Sorbens*-Mengen (z.B. aus Säulen) werden vom Lösungsmittel befreit (Absaugen, Trocknen) und in reißfesten Kunststoff-Beuteln verpackt: Sammelbehälter I.

- Die *DC-Trägermaterialien* (Aluminium, Glas, Kunststoff) und *Säulen* werden zusammen mit dem entsprechenden Abfall entsorgt: Sammelbehälter K.

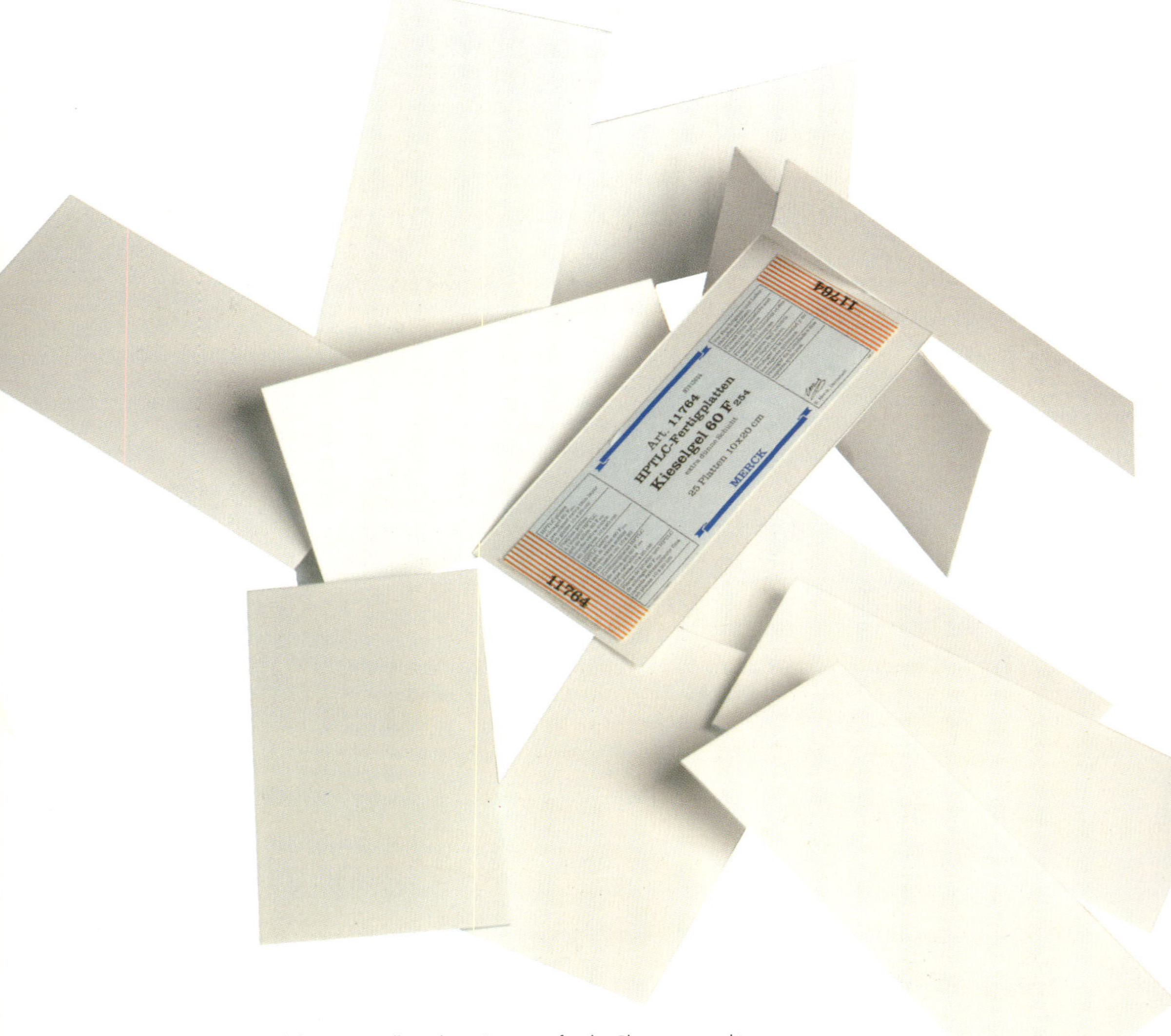

Abb. 48: Merck bietet ein vollständiges Sortiment für die Chromatographie.

7. Verhalten im Notfall

Trotz aller Vorsicht und guter Vorbereitung liegen unvorhersehbare Ereignisse mit irreversiblen Folgen durchaus im Bereich des Möglichen. In solchen Fällen ist der unvermeidbare Einfluß von Panik und Ratlosigkeit nicht zu unterschätzen. Trotzdem muß schnelle und zuverlässige Hilfe organisiert werden, um die Unfallfolgen auf das erreichbare Minimum zu reduzieren. Hierzu dienen Sicherheitszeichen, Erste Hilfe und die schnelle Kommunikation mit Informationszentren für Vergiftungen.

7.1 Sicherheitszeichen und Fluchtwege

Zur Minderung der Gefahren im Berufsleben ist eine ganze Reihe von standardisierten Zeichen entwickelt worden, die einerseits auf Gefahren hinweisen und andererseits im Notfall eindeutige und schnelle Hilfe ermöglichen sollen. Die im Laborbereich üblichen Sicherheitszeichen sind nachstehend kurz erläutert:

7.1.1 Verbotszeichen

- **Feuer, offenes Licht und Rauchen verboten**

In Labor und Lager wird oft mit brennbaren Flüssigkeiten umgegangen, deren Dampf-Luftgemische innerhalb bestimmter Grenzen explosionsfähig sind. Um Zündgefahren (z.B. durch offene Flammen, Zigaretten etc.) zu vermeiden, werden diese Bereiche durch das nebenstehende Verbotszeichen gekennzeichnet.

- **Verbot, mit Wasser zu löschen**

Im allgemeinen ist Wasser ein gutes Löschmittel für Brände. Aber in einigen besonderen Fällen, insbesondere bei Bränden von *Alkalimetallen* oder *Metallalkylen*, ist Wasser strengstens zu vermeiden. Stoffe, die diese Vorsichtsmaßnahme erfordern, sind bereits auf dem Etikett mit dem entsprechenden Sicherheitsratschlag gekennzeichnet:

S 43 Zum Löschen ... verwenden.

Bei Merck-Chemikalien werden hierfür im Katalog und auf dem Etikett die mit * gekennzeichneten erweiterten Sicherheitsratschläge verwendet:

*S 43.1 Wasser
*S 43.2 Wasser oder Pulverlöschmittel
*S 43.3 Pulverlöschmittel, kein Wasser
*S 43.4 Kohlendioxid, kein Wasser
*S 43.5 Halone, kein Wasser
*S 43.6 Sand, kein Wasser
*S 43.7 Metallbrandpulver, kein Wasser
*S 43.8 Sand, Kohlendioxid oder Pulverlöschmittel, kein Wasser

7.1.2 Warnzeichen

- **Warnung vor feuergefährlichen Stoffen**

Dieses Warnzeichen ist an Eingängen von Arbeitsräumen zu finden, in denen mit feuergefährlichen Stoffen umgegangen wird, aber auch an Türen von Lagerräumen und -schränken, in denen solche Stoffe aufbewahrt werden (z.B. brennbare Flüssigkeiten und brennbare Gase).

- **Warnung vor ätzenden Stoffen**

Dieses Warnzeichen ist an den Zugängen zu Lagerräumen zu finden, in denen mit ätzenden Stoffen, z.B. Säuren und Laugen, umgegangen wird. Es braucht nicht betont zu werden, daß diese Räume nur unter Beachtung der vorgesehenen Schutzmaßnahmen betreten werden dürfen, also mit *Schutzbrille, Handschuhen*, ggf. mit Gesichtsschutz, Schürze und Schutzstiefel, u.U. sogar auch mit Atemschutz.

Auch die Gefahrstoff-Verordnung der Bundesrepublik Deutschland sieht ein analoges Gefahrensymbol vor (siehe Tabelle "Gefahrensymbole und ihre Bedeutung", Seite 11).

- **Warnung vor giftigen Stoffen**

Wo mit sehr giftigen und giftigen Stoffen gehandhabt wird, in Lager und Labor, ist dieses Warnzeichen vorzufinden. Stoffe, die diese Eigenschaft besitzen, sind bereits nach der Gefahrstoffverordnung mit dem entsprechenden Gefahrensymbol ("Totenkopf") gekennzeichnet.

- **Warnung vor explosionsgefährlichen Stoffen**

Wo mit Stoffen umgegangen wird, die auf Schlag oder Stoß explosionsartig reagieren, wird dieses Warnzeichen angebracht. Stoffe, die diese Eigenschaften haben, tragen bereits auf dem Etikett das Gefahrensymbol "explosionsgefährlich" (siehe Tabelle "Gefahrensymbole und ihre Bedeutung", Seite 11).

- **Warnung vor explosionsfähiger Atmosphäre**

Beim Umgang mit brennbaren Flüssigkeiten, z.B. beim Umfüllen von Lösungsmitteln in Lagerräumen, kann es zu explosionsfähigen Dampf-Luft-Gemischen kommen. Aber auch fein aufgewirbelter Staub kann zu gefährlichen "*Staub-Explosionen*" führen. Explosionsgefährdete Bereiche sind deshalb mit dem angegebenen Warnzeichen als sogenannter "*ex-Bereich*" gekennzeichnet. Jede Möglichkeit zur Zündung muß hier vermieden werden: Rauchen, Feuerzeug, offenes Licht. Auch Schweiß- und Schneidarbeiten müssen unterbleiben, da auch hierbei gefährliche Zündfunken entstehen können. Elektrische Geräte dürfen nur dann in diesen Bereichen verwendet werden, wenn sie das Zeichen "ex-geschützt" tragen.

- **Warnung vor radioaktiven Stoffen oder ionisierenden Strahlen**

Bereiche, in denen mit radioaktiven Stoffen gearbeitet wird, müssen durch umfangreiche Schutzmaßnahmen abgesichert werden, insbesondere deshalb, weil diese Gefahren unsichtbar sind.

Auch *Röntgen-Strahlen* sind unter diesem Gesichtspunkt einzuordnen. Unvorsichtiger Umgang mit diesen Stoffen kann zu schweren biologischen Schäden führen, in manchen Fällen sogar mit irreversiblen Spätschäden. Besondere Vorsichtsmaßnahmen beim Umgang mit diesen Stoffen finden Sie im Kapitel "Radioaktive Substanzen", Seite 144.

- **Warnung vor Biogefährdung**

Dieses Warnzeichen ist nur selten im üblichen Chemie-Laborbereich anzutreffen. Trotzdem sollte darauf hingewiesen werden, daß Arbeitsgruppen, die moderne Biotechnologie betreiben, Gefährdungsbereiche in diesem Sinne darstellen. *Mikroorganismen* (z.B. Bakterien, Viren, Pilze etc.) können durch unkontrollierte Verschleppung Personen infizieren und unvorhersehbare Gesundheitsschäden verursachen. Weiterführende Hinweise finden Sie im Kapitel "Sichere Biotechnologie", Seite 152.

- **Warnung vor elektromagnetischen Feldern**

Im Laborbereich kommt dieses Warnzeichen relativ selten vor. Allerdings ist es zu finden bei Kernresonanz-Geräten, die von starken magnetischen Feldern umgeben sind. Die davon ausgehende Gefahr beruht darauf, daß magnetisierbare Geräte gestört werden. In dieser Beziehung sind besonders solche Personen gefährdet, die *Herz-Schrittmacher* tragen.

7.1.3 Gebotszeichen

- **Augenschutz tragen**

Prinzipiell sind im Labor, aber auch bei Arbeiten im Lager mit gefährlichen Chemikalien, *Schutzbrillen* zu tragen. Auf die mannigfaltigen Gefahren für die Augen wird in diesem Buch an mehreren Stellen eindringlich hingewiesen. Für Brillenträger gibt es Spezial-Ausführungen von Schutzbrillen.

- **Schutzhandschuhe tragen**

Bei vielen Arbeiten im Labor und im Lager sind geeignete Handschuhe zu tragen, da die Hände die am meisten gefährdeten Körperteile sind. Weitere Hinweise stehen im Abschnitt "Schutzhandschuhe und Schutzschuhe", Seite 92.

- **Atemschutz tragen**

Beim Umgang mit toxischen Gasen oder Substanzen, die gefährliche Dämpfe entwickeln, sollte grundsätzlich in einem gut ziehenden Abzug gearbeitet werden. In besonderen Fällen, z.B. bei Glasbruch mit Austritt gefährlicher Dämpfe oder beim Umfüllen größerer Mengen im Lager, ist auch Atemschutz im Sinne von *Vollmasken* mit besonderen Filtern erforderlich. Diese Vorsichtsmaßnahme gilt ganz besonders dann, wenn nicht zu vermeiden ist, daß gesundheitsschädliche Stoffe in die Atemluft am Arbeitsplatz gelangen und damit eingeatmet werden können. Weiterführende Details finden Sie im Abschnitt "Atemschutz", Seite 91.

- **Schutzschuhe tragen**

Während sich im Labor nur selten die Notwendigkeit ergibt, Schutzschuhe zu tragen, ist dies aber im Chemikalien-Lager bei bestimmten Arbeiten erforderlich, z.B. wenn Verspritzungsgefahr beim Umfüllen größerer Mengen gefährlicher Flüssigkeiten besteht oder etwa die Gefahr herabstürzender Fässer.

7.1.4 Rettungszeichen

■ **Notdusche**

Notduschen sind in allen Laboratorien vorhanden, in denen mit Chemikalien umgegangen wird. Die lebensrettende Aufgabe der Notdusche ist es, in *Brand* geratene Kleidung zu löschen oder *Spritzer* mit gefährlichen Chemikalien unverzüglich von Haut und Kleidung abzuwaschen. Es versteht sich von selbst, daß der Zugang zur Notdusche niemals verstellt werden darf und ihre Funktionsfähigkeit regelmäßig zu überprüfen ist.

■ **Augenspül-Einrichtung**

Dieses Rettungszeichen soll im Notfall schnelle Hilfe bei gefährlichen Augenverätzungen bringen: Durch einfache Hebelwirkung wird ein nach oben gerichteter Wasserstrahl ausgelöst, mit dem beide Augen gründlich ausgespült werden können. Auch hier versteht sich von selbst, daß diese Rettungseinrichtung nicht verstellt werden darf. Der auf schnelle Hilfe Angewiesene ist dann sowieso in seiner Orientierungsfähigkeit stark eingeschränkt.

■ **Erste Hilfe mit Richtungsangaben**

Das weiße Kreuz auf grünem Hintergrund kennzeichnet den Ort, wo Erste Hilfe geleistet werden kann, z.B. die Stelle des *Verbandkastens.* Der dazugehörige Pfeil deutet die Richtung zum Ort der Ersten Hilfe an. Nicht verwechselt werden darf dieses Symbol mit dem Zeichen für den Rettungsweg. Verbandkästen enthalten das Erste-Hilfe-Material, wie z.B. Verbandzeug zum Stillen von Blutungen, zum Verbinden von Wunden, Scheren, Sicherheitsnadeln, Reinigungstücher etc.

■ **Rettungsweg und Notausgang**

Für Notfälle werden die Rettungswege und Notausgänge eindeutig durch diese beiden Rettungszeichen gekennzeichnet. Sie zeigen den Weg ins Freie oder an einen sicheren Bereich. Rettungswege sollte man sich sicher einprägen, da im Notfall oft erschwerende Bedingungen, z.B. Panik oder Rauch-Entwicklung, herrschen. Es braucht nicht besonders betont zu werden, daß Rettungswege immer freigehalten werden müssen.

7.1.5 Hinweiszeichen

■ **Hinweis auf Feuerlösch-Einrichtungen**

Das rote F-Zeichen weist auf die Stelle hin, wo Feuerlösch-Einrichtungen (z.B. Handfeuerlöscher oder Wandhydranten) zu finden sind. Handfeuerlöschgeräte enthalten eine kurze Bedienungsanleitung, die man sich *vor* Gebrauch einprägen sollte. Bevor man mit Löschversuchen beginnt, sollte *Brandalarm* über den nächstgelegenen *Feuermelder* gegeben werden. Ein einfaches Schema finden Sie im nachstehenden Absatz "Verhalten im Notfall".

7.1.6 Verhalten im Notfall

An Arbeitsplätzen, die durch mögliche Chemie-Unfälle gefährdet sind, sollte nachstehende Vorschrift der *Brandschutzordnung* an gut zugänglicher Stelle angebracht werden. Sie sollte regelmäßig Gegenstand von Sicherheits-Belehrungen sein. Die gute Einprägung erlaubt eine leichte Befolgung im Ernstfall: auf diese Weise ermöglicht sie eine geordnete Evakuierung des Gefahrenbereiches und eine systematische Organisation der zu ergreifenden weiteren Maßnahmen.

Verhalten im Notfall

Betrieb/Abteilung: Gebäude:

Hauptsammelplatz:

(Bei Ausbruch gefährlicher Stoffe Windrichtung beachten)

Nebensammelplatz:

Brand, Explosion, Ausbruch gefährlicher Stoffe melden

Brandmelder betätigen oder Notruf 112

Der Meldende gibt an

- Name / Betrieb / Abteilung Gebäude / Raum / Straße
- Art der Gefahr
- Sind Menschen in Gefahr

In Sicherheit bringen

- Gefährdete Personen warnen
- Hilflose mitnehmen
- Fenster und Türen schließen

- Gekennzeichneten Fluchtweg benutzen
- Aufzug nicht benutzen
- Auf Anweisungen der Feuerwehr achten
- Lautsprecherdurchsagen beachten
- Nach Betriebsalarmplan handeln

Löschversuch unternehmen

Zuständige Vorgesetzte Verbindung mit dem Einsatzleiter der Feuerwehr aufnehmen

Brandschutzordnung nach DIN 14096

Abb. 49: Der vorher erprobte "Notfall" überbrückt Fehlverhalten und verhindert unkontrollierbare Panik im Ernstfall. Plakate dieser Art sollten als leicht einprägsamer Leitfaden für sicherheitsbewußtes Verhalten im Notfall dienen.

7.2 Erste Hilfe

Erste Voraussetzung für die richtige Hilfe ist, neben einer qualifizierten Ausbildung des Erst-Helfers, auch die vorschriftsmäßige Erste-Hilfe-Ausstattung in Labor und Lager. Am besten hierfür geeignet sind standardisierte *Verbandkästen*, die im Handel erhältlich sind, z.B.

- Kleiner Erste-Hilfe-Kasten nach DIN 13157
- Großer Erste-Hilfe-Kasten nach DIN 13169.

Im Prinzip gilt bei einem Unfall das, was auf dem Plakat, Seite 189, unter "Verhalten im Notfall" empfohlen wird. Darüber hinaus sollte man Nachstehendes beachten:

7.2.1 6 Grundsätze für die Erste Hilfe

1. Ruhe bewahren.
2. Betroffenen aus der Gefahrenzone herausholen.
3. Wegen Schock-Gefahr Verletzten nie allein zum Arzt oder zur Klinik fahren lassen.
4. Verletzten richtig lagern und beruhigen.
5. Zusätzliche Schäden verhindern.
6. Notruf betätigen: Rettungsdienst alarmieren.

Chemikalien, von denen besondere Gefahren ausgehen, sind auf dem Etikett gemäß der Gefahrstoff-Verordnung durch folgende Sicherheitsratschläge gekennzeichnet. Damit sind bereits die grundsätzlichen Maßnahmen im Notfall abgedeckt.

S 44	Bei Unwohlsein ärztlichen Rat einholen (wenn möglich, das Etikett vorzeigen).
S 45	Bei Unfall oder Unwohlsein sofort Arzt zuziehen (wenn möglich, das Etikett vorzeigen).
S 46	Bei Verschlucken sofort ärztlichen Rat einholen und Verpackung oder Etikett vorzeigen.

7.2.2 Schnittwunden

Die häufigsten Verletzungen im Labor sind Schnittverletzungen an den Händen. Sie werden üblicherweise durch abbrechende Glasstäbe und Glasrohre oder scharfe Kanten an angebrochenen Glasgeräten verursacht. Bei kleineren Verletzungen dieser Art muß nicht notwendigerweise ärztliche Hilfe in Anspruch genommen werden. Hier hilft schon oft eine fachgerechte Betreuung mit Hilfe eines richtig ausgestatteten Verbandkastens.

Maßnahmen

- Eventuell vorhandene Glassplitter vorsichtig entfernen.
- Jede Wunde keimfrei bedecken.
- Fast alle Blutungen können mit einem Verband oder Druckverband gestillt werden.
- Nur im äußersten Notfall Gliedmaßen fachgerecht abbinden.
- Bei Verdacht einer Verletzung von Sehnen oder Nerven ärztliche Versorgung veranlassen.

7.2.3 Prellungen und Verstauchungen

Die meisten Ursachen für Unfälle dieser Art sind heftiges Anstoßen oder Umknicken auf Treppen, welches oft auch durch ungeeignetes Schuhwerk verursacht wird. Diesbezügliche Hinweise finden Sie im Abschnitt "Persönliche Schutzausrüstung", Seite 89. Bei Prellungen und Verstauchungen ist je nach Grad der Verletzung der betroffene Körperteil ruhig zu stellen und ärztlicher Rat einzuholen.

7.2.4 Verätzungen der Haut

Verätzungen der Haut sind auch eine recht häufig auftretende Verletzung in Labor und Lager. Verätzungen durch Laugen verursachen oft schwerwiegendere Schäden als Verätzungen durch Säuren. Wegen der Eigenschaft, Eiweißstoffe zu lösen, führen alkalische Substanzen rasch zu tiefgreifenden Gewebezerstörungen. Verätzungen werden meist durch fehlenden Körperschutz und Unachtsamkeit verursacht. Vorsorgemaßnahmen zu diesem Thema finden Sie in Kapitel "Persönliche Schutzausrüstung", Seite 89. Ätzende Chemikalien (z.B. Säuren und Laugen) sind bereits auf dem Etikett mit den entsprechenden Gefahrenhinweisen und Sicherheitsratschlägen gekennzeichnet. Durch geeignete Vorsichtsmaßnahmen beim Umgang können Unfälle vermieden werden.

R 34 Verursacht Verätzungen.
R 35 Verursacht schwere Verätzungen.
S 24 Berührung mit der Haut vermeiden.

Maßnahmen

Die Etiketten dieser Chemikalien enthalten auch weitere Sicherheitsratschläge, wie im Falle eines Unfalls vorgegangen werden soll. Die mit * gekennzeichneten Sätze sind erweiterte Sicherheitsratschläge, wie sie bei Chemikalien der Firma Merck verwendet werden.

S 27 Beschmutzte, getränkte Kleidung sofort ausziehen.
S 28 Bei Berührung mit der Haut sofort abwaschen mit viel...
* S 28.1 Wasser.
* S 28.2 Wasser und Seife.
* S 28.3 Wasser und Seife, möglichst auch mit Polyethylenglycol 400.
* S 28.4 Polyethylenglycol 300 und Ethanol (2:1) und anschließend mit viel Wasser und Seife.
* S 28.5 Polyethylenglycol 400.
* S 28.6 Polyethylenglycol 400 und anschließend Reinigung mit viel Wasser.
* S 28.7 Wasser und saurer Seife.

Zusätzliche Neutralisierungsversuche sollten wegen einer weiteren Schädigungsgefahr der Haut unterbleiben.

7.2.5 Reizung der Augen

Arbeiten mit Chemikalien in Labor und Lager dürfen grundsätzlich nur mit Schutzbrille durchgeführt werden. Chemikalien, von denen eine ernsthafte Gefahr für die Augen ausgehen kann, sind zur Verhinderung von Unfällen durch folgende Gefahrenhinweise bzw. Sicherheitsratschläge gekennzeichnet:

R 36 Reizt die Augen.
R 41 Gefahr ernster Augenschäden.
S 25 Berührung mit den Augen vermeiden.
S 26 Bei Berührung mit den Augen gründlich mit Wasser abspülen und Arzt konsultieren.
S 39 Schutzbrille/Gesichtsschutz tragen.

■ **Maßnahmen**

Auf keinen Fall sollte man versuchen, eine Neutralisierung am Auge durchzuführen. Für das fachgerechte Spülen von verätzten Augen eignet sich am besten ein weicher Wasserstrahl oder eine Spezial-Augendusche, die an die normale Wasserleitung (*Trinkwasser!*) angeschlossen ist. Die sofort eingeleitete Spülung der Augen mit ausreichenden Mengen von Wasser kann später durch keine ärztliche Maßnahme nachgeholt werden. Für Träger von *Kontakt-Linsen* gelten ganz besondere Vorschriften: siehe "Persönliche Schutzausrüstung", Seite 89.

7.2.6 Verbrennungen und Verbrühungen

Verletzungen dieser Art resultieren leicht beim Umgang mit brennbaren Flüssigkeiten. Eine besondere Art besteht in der Verbrühung von Körperteilen, wie sie durch heiße Flüssigkeiten (z.B. bei Siedeverzügen im Labor) verursacht werden.

■ **Maßnahmen**

- Brennende Person aufhalten und ablöschen (Notdusche!).
- Bekleidung, die mit heißen Stoffen getränkt ist, sofort entfernen oder mit Wasser ablöschen.
- *Vorsicht:* Heiße oder brennende Stoffe, die unmittelbar auf die Haut gelangt sind, nicht manuell entfernen.
- Betroffene Gliedmaßen sofort in *kaltes Wasser* eintauchen oder unter fließendes kaltes Wasser halten, bis Schmerzlinderung eintritt. Keine Anwendung von Mehl, Puder, Salben, Ölen, Milch etc.
- Brandwunden keimfrei bedecken.
- Bei Gesichtsverbrennungen keine Wundbedeckung und keine Wasseranwendung!

7.2.7 Vergiftungen

Vergiftungen in Labor und Lager werden durch folgende Einwirkungen verursacht:

- Durch Einatmen giftiger Gase, Dämpfe, Stäube oder von Aerosolen.
- Durch Hautkontakt, z.B. durch Lösungsmittel, wobei eine Aufnahme der giftigen Substanz durch die Haut erfolgen kann.
- Durch Verschlucken, z.B. bei unvorsichtigem (verbotenem!) Pipettieren mit dem Mund.

Die Atemwege sind bei Einwirkung von Gasen, Dämpfen, Stäuben oder auch Aerosolen reizender und ätzender Stoffe stark gefährdet. Neben anderen Beeinträchtigungen besteht die Gefahr eines Lungenödems (Flüssigkeitsansammlung in den Lungen). Bei anfänglich scheinbarer Beschwerdefreiheit wird eine bereits eingetretene Schädigung nicht gleich erkannt (Latenzzeit!). Aus diesen Gründen muß nach *Inhalation* unbedingt ärztliche Hilfe in Anspruch genommen werden.

Chemikalien, von denen eine akute Vergiftungsgefahr ausgeht, sind bereits auf dem Etikett durch folgende Gefahrenhinweise gekennzeichnet:

R 23	Giftig beim Einatmen.
R 24	Giftig bei Berührung mit der Haut.
R 25	Giftig beim Verschlucken.
R 26	Sehr giftig beim Einatmen.
R 27	Sehr giftig bei Berührung mit der Haut.
R 28	Sehr giftig beim Verschlucken.
R 39	Ernste Gefahr irreversiblen Schadens.
R 48	Gefahr ernster Gesundheitsschäden bei längerer Exposition.

Maßnahmen

- Bei *oralen Vergiftungen*: Brechreiz durch Trinken von lauwarmer Kochsalz-Lösung (3 - 4 Teelöffel auf 1 Glas Wasser) und Berühren der Rachenhinterwand (Finger in den Mund) auslösen. Ein Erbrechen darf nicht ausgelöst werden, wenn der Vergiftete bewußtlos ist oder eine Vergiftung durch Lösungsmittel, Säuren oder Laugen verursacht wurde. Keine Neutralisierungsversuche durchführen.
- Bei Vergiftungen durch *Inhalation*: Verletzten an die frische Luft bringen. Bei Atem- und/oder Kreislaufstillstand Herz-Lungen-Wiederbelebung (HLW) durchführen. Bewußtlosen niemals zu trinken geben.
- Bei allen Vergiftungen, auch bei *scheinbarem Wohlbefinden*, Patienten sofort nach den Erste-Hilfe-Maßnahmen in die nächste Klinik bringen, oder – insbesondere wenn Zweifel an der Transportfähigkeit bestehen – Notarzt (RTW oder NAW*) rufen; die Klinik muß sofort über den Notfall unter Angabe der Vergiftungsart informiert werden. Hierzu eignet sich der Unfall-Begleitzettel der Berufsgenossenschaft der chemischen Industrie (siehe untenstehende Abbildung und nächste Seiten).
- Telefonnummern und Anschriften von *Informationszentren* für Vergiftungen finden Sie im nächsten Kapitel.

Abb. 50: Publikationen der Firmen Merck und Schuchardt vermitteln Kontakt zu Wissenschaft und Praxis

* RTW = Rettungswagen, NAW = Notarztwagen

7.2.8 Unfall-Begleitzettel

Die Kenntnis des Unfallherganges und der Ersten Hilfe erleichtern und beschleunigen die Erstversorgung durch den Arzt und die Einleitung der Heilbehandlung. Zur Information des Arztes sollte deswegen dem Patienten ein Begleitzettel für Unfallverletzte mitgegeben werden.

- Ein Begleitzettel ist nur auszufüllen, wenn der Verletzte wegen der Folgen seines Unfalles die Arbeit einstellen muß.
- Bei schweren Verletzungen sofortiger und schonender Transport in das nächste zugelassene Krankenhaus.
- Bei Augen- oder Hals-Nasen-Ohren-Verletzungen ist der Verletzte anzuhalten, sofort einen Augen- oder einen Hals-Nasen-Ohren-Facharzt aufzusuchen.
- Bei allen übrigen Verletzungen ist der Verletzte anzuhalten, einen Durchgangsarzt aufzusuchen. Soweit an einem Ort mehrere Durchgangsärzte tätig sind, ist dem Verletzten unter diesen die freie Wahl zu lassen. Der Name des Durchgangsarztes nach Wahl des Verletzten ist in den Begleitzettel einzutragen.
- Eine Aufforderung zur Vorstellung beim Durchgangsarzt hat dann zu unterbleiben, wenn sich der Verletzte in chirurgischer oder fachorthopädischer Behandlung bzw. in der Behandlung eines an der berufsgenossenschaftlichen Heilbehandlung beteiligten Arztes (H-Arzt) befindet.

BG Chemie

Begleitzettel für Unfallverletzte

(Bitte in Druckschrift ausfüllen)

Name, Vorname: ....

Wohnort: .... Straße: ....

Geburtsdatum: .... Staatsangehörigkeit: ....

Krankenkasse: ....

Arbeitgeber: .... Tel. ....

Personal-Nr.: .... Unfalltag und Uhrzeit: ....

Unfallhergang: ....

....

....

Bei Vergiftungen:
Name der schädigenden chemischen Substanz:

Name des zuständigen Vorgesetzten Tel.

....

Nur in zweifelsfreien Fällen auszufüllen!

Bewußtsein:	bewußtlos	ja/nein	Zeitdauer
	benommen	ja/nein	Zeitdauer
Erbrechen:		ja/nein	
Erste Hilfe:	Abbindung?		Uhrzeit:
	Medikamente? (möglichst i. v. geben)		Art: Menge: Uhrzeit:

Weitere Hinweise für den behandelnden Arzt: ....

....

....

Durchgangsarzt bzw. Augen- Hals-Nasen-Ohrenfacharzt: ....

....

Es besteht die Verpflichtung, sich dem obengenannten Arzt unverzüglich vorzustellen.

.........., den ....

Firmenstempel mit Anschrift

Abb. 51: Der Unfall-Begleitzettel erleichtert dem Arzt die Übernahme des Patienten und rettet wertvolle Minuten für die Heilbehandlung.

7.3 Informationszentren für Vergiftungen

7.3.1 Bundesrepublik Deutschland

In der Bundesrepublik Deutschland sind folgende Informationsstellen als *Gift-Notruf* Tag und Nacht bereit, Auskünfte über Gegenmaßnahmen bei Vergiftungsfällen aller Art zu erteilen. Die entsprechenden Adressen in den neuen Bundesländern lagen bei Redaktionsschluß noch nicht vor.

- **Berlin**

Reanimations-Zentrum
im Klinikum Charlottenburg
Freie Universität Berlin
Spandauer Damm 130
D–1000 Berlin 19
Telefon: (030) 3035–3466, –2215, –3436
Zentrale: (030) 3035–1
Telex: 186 204 nklic

Beratungsstelle für Vergiftungserscheinungen
Universitäts-Kinderklinik, KAVH
Puls-Straße 3 – 7
D–1000 Berlin 19
Telefon: (030) 3023–022
Telex: 183 191 bgi d

Zentraler Toxikologischer Auskunftsdienst
Institut für Arzneimittelwesen
Große See-Straße 4
D–1120 Berlin-Weißensee
Telefon: (0372) 365–2314, –3353

- **Bonn**

Informationszentrale für Vergiftungen
Universitäts-Kinderklinik und Poliklinik
Adenauer-Allee 119
D–5300 Bonn 1
Telefon: (0228) 2606–211
Zentrale: (0228) 2606–1
Telefax: (0228) 2606–314
Telex: 8 869 546 klbo d

- **Braunschweig**

Medizinische Klinik II
des Städtischen Klinikums
Salzdahlumer Straße 90
D–3300 Braunschweig
Telefon: (0531) 62290
Zentrale: (0531) 6880

- **Bremen**

Intensiv-Station
Kliniken der Freien Hansestadt
Zentralkrankenhaus
Klinikum für Innere Medizin
St.-Jürgen-Straße
D–2800 Bremen 1
Telefon: (0421) 497–5268, –3688
Telex: 246 746 zknj d
(Mo – Fr: 7.30 – 16.00)

- **Freiburg**

Informationszentrale für Vergiftungen
Universitäts-Kinderklinik
Mathilden-Straße 1
D–7800 Freiburg
Telefon: (0761) 270–4361, –4300
Zentrale: (0761) 270–1

- **Göttingen**

Universitäts-Kinderklinik und Poliklinik
Robert-Koch-Straße 40
D–3400 Göttingen
Telefon: (0551) 39–6239
Zentrale: (0551) 39–6210
Telex: 96 703 unigoe d

- **Hamburg**

Giftinformationszentrale
I. Medizinische Abteilung
des Krankenhauses Barmbek
Rübenkamp 148
D–2000 Hamburg 60
Telefon: (040) 6385–3345, –3346

- **Homburg/Saar**

Beratungsstelle für Vergiftungsfälle
Universitäts-Kinderklinik
D–6650 Homburg/Saar
Telefon: (06841) 16–2257, –2846
Zentrale: (06841) 16–0

Kiel

Zentralstelle zur Beratung bei Vergiftungsfällen
I. Medizinische Universitätsklinik
Schittenhelm-Straße 12
D–2300 Kiel

Telefon:	(0431) 597–4268
Zentrale:	(0431) 597–0
Pförtner:	(0431) 597–1393, –1394
Telefax:	(0431) 597–1470

Koblenz

Städtisches Krankenhaus Kemperhof
I. Medizinische Klinik
Koblenzer Straße115
D–5400 Koblenz

Telefon:	(0261) 4996–48, –76
Telefax:	(0261) 44660
Telex:	862 414 feuerd (Berufsfeuerwehr)

Ludwigshafen

Giftinformationszentrale
Klinikum der Stadt Ludwigshafen
Medizinische Klinik C
Bremser-Straße 79
D–6700 Ludwigshafen

Telefon:	(06 21) 503–431
Zentrale:	(06 21) 503–0
Telex:	464 861 stlu d (Berufsfeuerwehr)

Mainz

Beratungsstelle bei Vergiftungen
II. Medizinische Klinik und Poliklinik der Universität
Langenbeck-Straße 1
D–6500 Mainz

Telefon:	(06131) 232466
Zentrale:	(06131) 17–1

München

Giftnotruf München
Toxikologische Abteilung der II. Medizinischen Klinik rechts der Isar der Technischen Universität
Ismaninger Straße 22
D–8000 München 80

Telefon:	(089) 4140–2211
Telefax:	(089) 4140–24 67
Telex:	52 44 04 klire d

Münster

Beratungsstelle für Vergiftungserscheinungen
Medizinische Klinik und Poliklinik
Albert-Schweitzer-Straße 33
D–4400 Münster

Telefon:	(0251) 83–6245, –6188
Zentrale:	(0251) 83–1

Spezielle toxikologische Fragen
Institut für Pharmakologie und Toxikologie der Westfälischen Wilhelms-Universität
Domagk-Straße12
D-4400 Münster

Telefon:	(0251) 835510

Nürnberg

Toxikologische Intensivstation – Giftinformation
II. Medizinische Klinik des Städtischen Klinikums
Flur-Straße 17
D–8900 Nürnberg 90

Telefon:	(0911) 3982–451
Telefax:	(0911) 3982–999
Telex:	622 903 stnbg d

Papenburg

Nicht durchgehender 24-Stunden-Notruf
Marienhospital
Hauptkanal rechts 75
D–2990 Papenburg

Zentrale: (Vermittlung an den diensthabenden Arzt)	(04961) 83–0
Telefax:	(04961) 83–336

7.3.2 Europäisches Ausland

Im Ausland können Auskünfte zu Vergiftungsfällen bei den folgenden Informationszentralen erfragt werden.

- **Brussel/Bruxelles**

  Centre Anti-Poisons
  15, rue Jos. Stallaert
  B–1060 Bruxelles
  Telefon: 02–3 45 45 45
  Telefax: 02–3 47 58 60

- **Helsinki**

  Myrkytystietokeskus
  Stenbäckinkatu 11
  SF–00290 Helsinki
  Puh.: 90–41 43 29
  Telefax: 90–47 71 70 2

- **København**

  Arbejdsmedicinisk Klinik
  Rigshospitalet
  Tagensvej 20
  DK–2200 København N
  Telefon: 0045–31 39 42 33
  Telefax: 0045–35 37 66 45

- **Oslo**

  Giftinformasjonssentralen
  Nedre vollgt. 11
  N–0158 Oslo 1
  Telefon: 02–33 40 30
  Telefax: 02–33 44 34

- **Stockholm**

  Giftinformationscentralen
  Box 60 500
  S–10401 Stockholm
  Telefon: 46–8 33 12 31
  Telefax: 46–8 32 75 84

- **Utrecht**

  Nationaal Vergiftigingen
  Informatie Centrum [1] R.I.V.M.
  Postbus 1
  NL–3720 BA Bilthoven
  Telefoon: 030–74 88 88
  (alleen akute gevallen)
  030–74 27 10
  (algemeen nummer)

- **Wien**

  Vergiftungsinformationszentrale
  Medizinische Universitätsklinik
  Spitalgasse 23
  A–1090 Wien
  Telefon: 02 22–43 43 43
  Telefax: 02 22–40 40 04 225

- **Zürich**

  Schweizerisches toxikologisches Informationszentrum
  Tox Zentrum
  Klosbachstrasse 107
  CH–8030 Zürich
  Telefon: 01–251 51 51
  Telefax: 01–252 88 33

1 Met het centrum kan alleen kontakt worden opgenomen door een arts of apotheker.

8. Literatur, Lieferanten und Adressen

Zur Erleichterung von Problemlösungen sind in diesem Kapitel alle Informationen zusammengefaßt, die in den verschiedenen Abschnitten dieses Buches erwähnt sind: Literatur und Produkte. Die Anschriften der Lieferanten erheben keinen Anspruch auf Vollständigkeit. Sie sollen dem Leser lediglich den Weg zu einer schnellen Entscheidung erleichtern.

8.1 Literatur

Die hier empfohlenen Nachschlagewerke und Monographien sind wegen häufig wechselnder Neuauflagen ohne Angabe ihres Ausgabedatums aufgeführt. Bei den Druckschriften wurden die Bezugsquellen (Anschriften) hinzugefügt, um dem interessierten Leser lästige und zeitraubende Recherchen zu ersparen.

8.1.1 Nachschlagewerke

- Kühn-Birett
  Merkblätter Gefährliche Arbeitsstoffe
  (Lose-Blatt-Sammlung)
  ecomed Verlagsgesellschaft, Landsberg
- U. Welzbacher
  Neue Datenblätter für gefährliche Arbeitsstoffe nach der Gefahrstoff-Verordnung
  (Lose-Blatt-Sammlung)
  WEKA Fachverlage GmbH, Kissingen
- L. Bretherick
  Hazards in the Chemical Laboratory
  The Royal Society of Chemistry, London
- Gessner G. Hawley
  The Condensed Chemical Dictionary
  Van Nostrand Reinhold Company, New York
- N. Irving Sax
  Dangerous Properties of Industrial Materials
  Van Nostrand Reinhold Company, New York
- H. Verschueren
  Handbook of Environmental Data on Organic Chemicals
  Van Nostrand Reinhold Company, New York
- Merck-Katalog
  E. Merck, Darmstadt
- Sicherheitsdatenblätter für Lösungsmittel
  E. Merck, Darmstadt
- Sicherheitsdatenblätter für Säuren
  E. Merck, Darmstadt
- Sicherheitsdatenblätter für Salze, Laugen, Ätzalkalien
  E. Merck, Darmstadt
- Laborprodukte für die Praxis
  E. Merck, Darmstadt
- Tabellen für das Labor (Taschenformat)
  E. Merck, Darmstadt
- Sicherheit im Labor (Taschenformat)
  E. Merck, Darmstadt
- The Merck Index
  Merck & Co., Rahway, New Jersey
- E. Browning
  Toxicity and Metabolism of Industrial Solvents
  Elsevier Publishing Company, Amsterdam
- Hans G. Seiler & Helmut Siegel
  Handbook on Toxicity of Inorganic Compounds
  Marcel Dekker Inc., New York
- Frank A. Patty
  Industrial Hygiene and Toxicology
  Interscience Publishers, New York
- Registry of Toxic Effects of Chemical Substances (RTECS)
  U.S. Department of Health and Human Services (NIOSH), Washington

8.1.2 Monographien

- H. Kruse
  Laborfibel – Hinweise und Anleitungen für den Anfänger
  VCH Verlagsgesellschaft, Weinheim
- G. Choudhary
  Chemical Hazards in the Workplace
  Buchhandlung Chemie, Weinheim
- G. Wirth und C. Gloxhuber
  Toxikologie
  Georg Thieme Verlag, Stuttgart
- L. Roth, M. Daunderer
  Erste Hilfe bei Chemikalienunfällen
  ecomed Verlagsgesellschaft, Landsberg/Lech
- L. Roth, U. Weller
  Gefährliche chemische Reaktionen
  ecomed Verlagsgesellschaft, Landsberg/Lech
- R. Seidenstücker und U. Wölcke
  Krebserregende Stoffe – Chemische Kanzerogene im Laboratorium
  Struktur, Wirkungsweise und Maßnahmen beim Umgang
  Bundesanstalt für Arbeitsschutz und Unfallforschung, Dortmund
- Schutzmaßnahmen beim Umgang mit krebserzeugenden Arbeitsstoffen
  Jedermann-Verlag
  Dr. Otto Pfeffer, Heidelberg
- Fruchtschädigungen – Schutz am Arbeitsplatz
  Jedermann-Verlag
  Dr. Otto Pfeffer, Heidelberg
- G. Büttner
  Zur Frage unbedenklicher Konzentrationen von Benzol am Arbeitsplatz
  Deutsche Forschungsgemeinschaft, Bonn
- Sichere Biotechnologie
  Jedermann-Verlag
  Dr. Otto Pfeffer, Heidelberg
- O. Grubner, P. Jiru, M. Rálek
  Molekularsiebe
  VEB Deutscher Verlag der Wissenschaften, Berlin
- D.W. Breck
  Zeolithe Molecular Sieves
  John Wiley & Sons, New York
- H. Hrapia
  Einführung in die Chromatographie
  Wissenschaftliche Taschenbücher, Band 30
  Akademie Verlag, Berlin
- K. Bauer, L. Gros, W. Sauer
  Dünnschicht-Chromatographie – Eine Einführung
  Dr. Alfred Hüthig Verlag, Heidelberg
- K.K. Unger (Hrsg.)
  Handbuch der HPLC – Leitfaden für Anfänger
  GIT VERLAG, Darmstadt
- G. Wieland
  Wasserbestimmung durch Karl-Fischer-Titration
  GIT VERLAG, Darmstadt
- R. Maushart
  Man nehme einen Geigerzähler
  Strahlenschutz-Meßtechnik für Praktiker
  GIT VERLAG, Darmstadt
- D.D. Perrin und W.L.F. Armarego
  Purification of Laboratory Chemicals
  Pergamon Press, Oxford
- W. Schauer, E. Quellmalz
  Die Kennzeichnung von gefährlichen Stoffen und Zubereitungen
  VCH Verlagsgesellschaft, Weinheim
- D. Reichard, W. Ochterbeck
  Abfälle aus chemischen Laboratorien und medizinischen Einrichtungen
  ecomed Verlagsgesellschaft, Landsberg/Lech

8.1.3 Druckschriften mit Anschriften

- Chemikaliengesetz
  Gesetz zum
  Schutz vor gefährlichen Stoffen
  Bundesgesetzblatt 1990, Teil I, S. 521 ff.
  Bundesanzeiger Verlag GmbH
  Postfach 1320
  D–5300 Bonn 1
- Gefahrstoff-Verordnung
  Verordnung über gefährliche Stoffe
  Deutscher Bundes-Verlag GmbH
  Postfach 12 03 80
  D–5300 Bonn 1
- EG-Richtlinien (Deutsche Fassung)
  Bundesanzeiger Verlag GmbH
  Postfach 1320
  D–5300 Bonn 1
- EG-Richtlinien (in Fremdsprachen)
  Amt für amtliche Veröffentlichungen der Europäischen Gemeinschaft
  2, rue Mercier
  L–2985 Luxemburg
- Gentechnik-Gesetz
  Gesetz zur Regelung der Gentechnik
  Bundesgesetzblatt 1990,
  Teil I, S. 1080 ff.
  Bundesanzeiger Verlag GmbH
  Postfach 1320
  D–5300 Bonn 1
- Sprengsoff-Gesetz
  Gesetz über explosionsgefährliche Stoffe
  Bundesgesetzblatt 1986
  Teil I, S. 577 ff.
  Bundesanzeiger Verlag GmbH
  Postfach 1320
  D–5300 Bonn 1
- Verordnung über brennbare Flüssigkeiten (VbF)
  Carl Heymanns Verlag KG
  Luxemburger Straße 449
  D–5000 Köln 41
- Strahlenschutz-Verordnung
  Verordnung über den Schutz vor Schäden durch ionisierende Strahlen
  Bundesgesetzblatt 1989, Teil 5, S. 943 ff.
  Bundesanzeiger Verlag GmbH
  Postfach 1320
  D–5300 Bonn 1
- Technische Regeln für brennbare Flüssigkeiten (TRbF)
  Carl Heymanns Verlag KG
  Luxemburger Straße 449
  D–5000 Köln 41
- Technische Regeln für Druckbehälter (TRB)
  Carl Heymanns Verlag KG
  Luxemburger Straße 449
  D–5000 Köln 41
- Technische Regeln für Gefahrstoffe (TRGS)
  ecomed Verlagsgesellschaft
  Justus-von-Liebig-Straße 1
  D–8920 Landsberg/Lech
- Maximale Arbeitsplatzkonzentrationen (MAK) und biologische Arbeitsstoff-Toleranzwerte (BAT)
  VCH Verlagsgesellschaft mbH
  D–6940 Weinheim
- Betriebswacht
  Datenjahrbuch der gewerblichen Berufsgenossenschaften
  (mit MAK-Werten)
  Berufsgenossenschaft der chemischen Industrie
  Gaisberg-Straße 11
  Postfach 10 14 80
  D–6900 Heidelberg
- D. Henschler
  Gesundheitsschädliche Arbeitsstoffe
  Toxikologisch-arbeitsmedizinische Begründung von MAK-Werten
  VCH Verlagsgesellschaft mbH
  D–6940 Weinheim
- Audiovisuelle Medien zur Arbeitssicherheit
  Berufsgenossenschaft der chemischen Industrie
  Gaisberg-Straße 11
  Postfach 10 14 80
  D–6900 Heidelberg

- Richtlinien für Laboratorien
  Berufsgenossenschaft der chemischen Industrie
  Carl Heymanns Verlag KG
  Luxemburger Straße 449
  D–5000 Köln 41
- Richtlinien für die Vermeidung von Zündgefahren infolge elektrostatischer Aufladungen
  Carl Heymanns Verlag KG
  Luxemburger Straße 449
  D–5000 Köln 41
- Prüfliste "Chemische und artverwandte Laboratorien"
  ecomed Verlagsgesellschaft
  Justus-von-Liebig-Straße 1
  D–8920 Landsberg/Lech
- Berufsgenossenschaftliche Schriften für Arbeitssicherheit
  ZH1-Verzeichnis
  Hauptverband der gewerblichen Berufsgenossenschaften
  Linden-Straße 70 – 80
  Postfach 20 52
  D–5205 Sankt Augustin 2
- Merkblätter der Berufsgenossenschaft der chemischen Industrie
  Jedermann-Verlag
  Dr. Otto Pfeffer OHG
  Postfach 10 31 40
  D–6900 Heidelberg 1
- Gefahrstoffe an Hochschulen
  Gesellschaft Deutscher Chemiker (GDCh)
  Varrentrapp-Straße 40 – 42
  D–6000 Frankfurt 90
- Sicheres Arbeiten in chemischen Laboratorien
  Einführung für Studenten
  Varrentrapp-Straße 40 – 42
  D–6000 Frankfurt 90
- K. Nabert, G. Schön
  Sicherheitstechnische Kennzahlen brennbarer Gase und Dämpfe
  Deutscher Eich-Verlag GmbH
  Postfach 29 03
  D–3300 Braunschweig
- Anleitung zur Ersten Hilfe bei Unfällen
  Carl Heymanns Verlag KG
  Luxemburger Straße 449
  D–5000 Köln 41
- DIN-Normen
  Beuth-Verlag
  Burggrafen-Straße 4 – 10
  D–1000 Berlin 30
- MERCK SPECTRUM
  Hauszeitschrift der Firma E. Merck
  Frankfurter Straße 250
  D–6100 Darmstadt
- MS INFO
  Lose-Blatt-Sammlung der Firma Dr. Theodor Schuchardt
  Eduard-Buchner-Straße 14 – 20
  D–8011 Hohenbrunn

8.2 Reagenzien und Chemikalien

Die nachfolgenden Übersichten enthalten alle in diesem Buch erwähnten Reagenzien und Chemikalien. Es handelt sich um Produkte der Firma Merck, inklusive Angabe von Artikel-Nummern und Labor-Packungsgrößen. Die Produkte mit 6-stelliger Artikel-Nummer (z.B. 803452) werden nur von Firma Schuchardt geliefert. Die Anschriften dieser Firmen finden Sie unter "Adressen" am Ende dieses Buches.

8.2.1 Aluminiumalkyle zur Synthese

822014*	822056	Diethylaluminiumchlorid	150g*, 1kg
820654*	820655	Diisobutylaluminiumhydrid (DIBAH)	150g*, 1kg
821937*	821938	Ethylaluminiumdichlorid (50 %ige Lösung in n-Hexan)	150g*, 1kg
821134*	821137	Triethylaluminium (TEA)	150g*, 1kg
821170*	821181	Triisobutylaluminium (TIBA)	150g*, 1kg
822178*	822181	Trioctylaluminium	150g*, 1kg

8.2.2 Trockene Lösungsmittel

1780	Benzol getrocknet zur Analyse (max. 0,01 % Wasser)	1 l
929	Diethylether getrocknet zur Analyse (max. 0,01 % Wasser)	1 l
2931	Dimethylsulfoxid getrocknet zur Analyse (max. 0,03 % Wasser)	100 ml, 1 l
3110	1,4-Dioxan getrocknet zur Analyse (max. 0,01 % Wasser)	500 ml
6012	Methanol getrocknet zur Analyse (max. 0,01 % Wasser)	1 l, 2,5 l
7463	Pyridin getrocknet zur Analyse (max. 0,01 % Wasser)	100 ml, 500 ml
8107	Tetrahydrofuran getrocknet zur Analyse (max. 0,01 % Wasser)	1 l

8.2.3 Trocknungsmittel

- **Aluminiumoxide**

1076	Aluminiumoxid 90 aktiv basisch Korngröße 0,063 – 0,200 mm (70 – 230 mesh ASTM)	1 kg, 2 kg, 20 kg
1077	Aluminiumoxid 90 aktiv neutral Korngröße 0,063 – 0,200 mm (70 – 230 mesh ASTM)	1 kg, 2 kg, 20 kg
1078	Aluminiumoxid 90 aktiv sauer Korngröße 0,063 – 0,200 mm (70 – 230 mesh ASTM)	1 kg, 2 kg, 20 kg

Kieselgele

7735	Kieselgel Perlform Korngröße 2 – 5 mm (3,5 – 10 mesh ASTM)	1 kg
1925	Kieselgel mit Feuchtigkeits-Indikator (Blau-Gel) Korngröße 1 – 3 mm (6 – 18 mesh ASTM)	1 kg, 5 kg, 50 kg

Molekularsiebe

5704	Molekularsieb 0,3 nm Perlform Korngröße 2 mm (10 mesh ASTM)	250 g, 1 kg
5708	Molekularsieb 0,4 nm Perlform Korngröße 2 mm (10 mesh ASTM)	250 g, 1 kg
5705	Molekularsieb 0,5 nm Perlform Korngröße 2 mm (10 mesh ASTM)	250 g, 1 kg
5703	Molekularsieb 1,0 nm Perlform Korngröße 2 mm (10 mesh ASTM)	250 g, 1 kg
6108	Molekularsieb 0,4 nm Perlform mit Feuchtigkeits-Indikator Korngröße 2 mm (10 mesh ASTM)	250 g

Granulierte Trocknungsmittel

719	Sicacide® mit Feuchtigkeits-Indikator	160 ml, 2,8 l
543	Sicapent® mit Feuchtigkeits-Indikator	160 ml, 2,8 l

Sonstige Trocknungsmittel

804815	Kalium (Stangen) zur Synthese	100 g, 250 g
822284	Natrium (Stangen) zur Synthese	250 g, 1 kg
10573	Natrium-Blei-Legierung	250 g
12592	Trockenmittel-Beutel (Kieselgel) nach DIN 55473 mit Feuchtigkeits-Indikator Größe: 40 x 60 mm	250 Beutel à 3 g

Absorptionsröhrchen

6107	Absorptionsröhrchen für H_2O mit Feuchtigkeits-Indikator	6 Röhrchen
1562	Absorptionsröhrchen für CO_2 mit Sättigungsanzeige	6 Röhrchen

8.2.4 Präparate zur Luftfeuchtigkeits-Einstellung

1186	Ammoniumnitrat rein	1 kg, 5 kg
1215	Ammoniumsulfat rein	5 kg
7397	Blei(II)-nitrat reinst	1 kg
2086	Calciumchlorid-Hexahydrat rein	5 kg

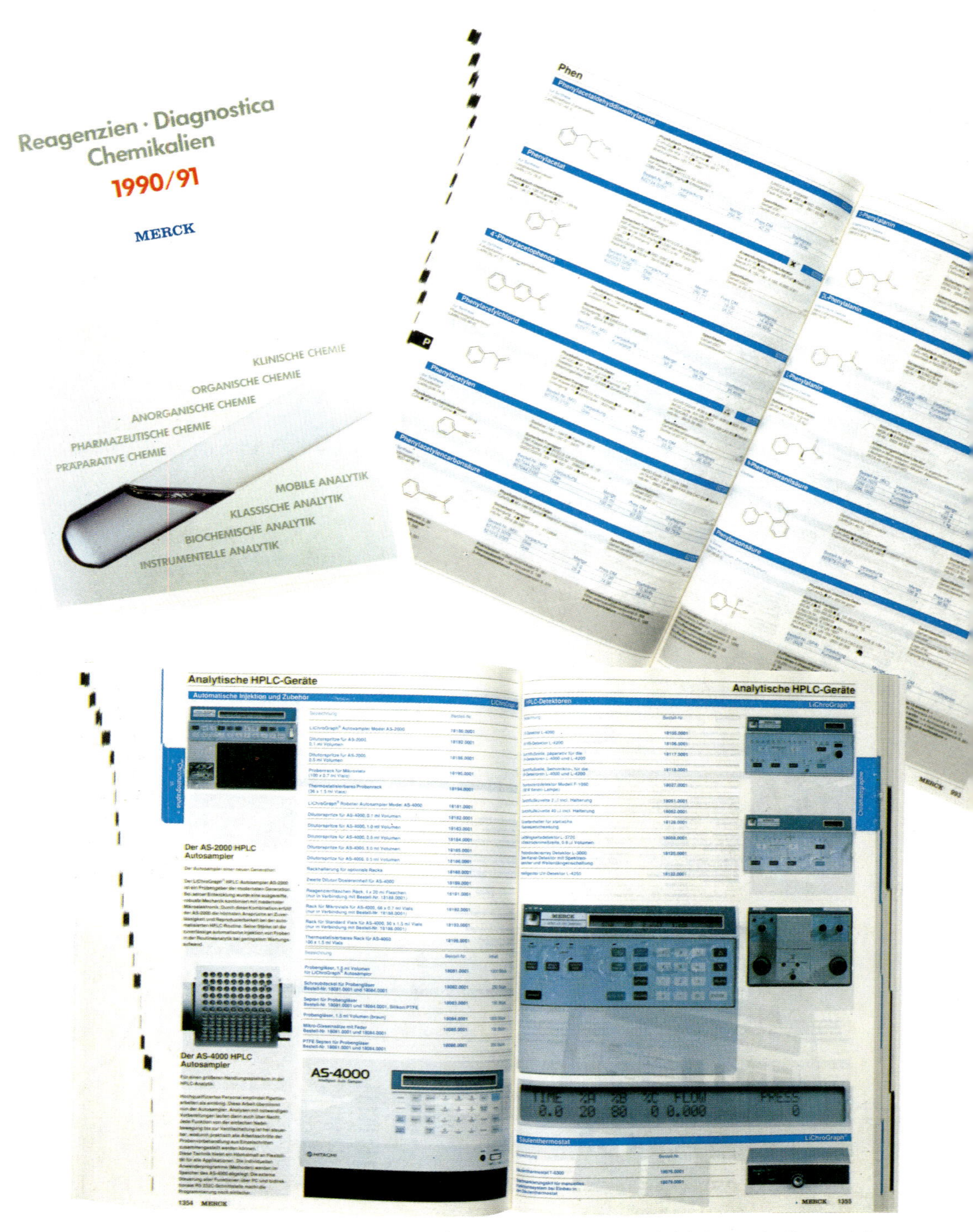

Abb. 52: Der Merck-Katalog enthält eine Fülle von Informationen, die ihn zum unentbehrlichen Nachschlagewerk für Labor und Lager machen.

Kosmetik-Wirkstoffe
UV-B-Strahlenfilter (280 - 320 nm)
UV-B-Strahlenfilter (320 - 400 nm)
1424 MERCK
Kosmetik-Wirkstoffe
Dihydroxyaceton
Allantoin und -derivate, Guajazulen
Phen
Gas-Chromatographie
Bezugssubstanzen
Zubehör zum Packen von GC-Säulen
Klinische Chemie
Inhalt
Herzinfarktdiagnostik
Leberdiagnostik
Nierendiagnostik
Pankreasdiagnostik
Immunoassays
Diabetesdiagnostik
MERCK 1393
Analytische Fertigtests
Das mobile Programm vom Pionier der Analytik
Merckoquant® Analysestäbchen
Aquamerck®
Aquaquant®
Microquant®
Spectroquant®
1300 MERCK
Analytische Fertigtests
Aluminium
Ammonium

2120	Calciumnitrat-Tetrahydrat reinst	1 kg, 5 kg
4820	Kaliumacetat reinst	1 kg, 5 kg
4924	Kaliumcarbonat reinst	1 kg, 5 kg
4935	Kaliumchlorid reinst	1 kg, 5 kg
6384	Natriumcarbonat-Decahydrat reinst	1 kg, 5 kg
6400	Natriumchlorid reinst	1 kg, 5 kg
6544	Natriumnitrit reinst	1 kg, 5 kg

8.2.5 Präparate für Kältemischungen

13	Aceton reinst	1 l, 2,5 l
1141	Ammoniumchlorid rein	5 kg
1186	Ammoniumnitrat rein	1 kg, 5 kg
2086	Calciumchlorid-Hexahydrat rein	5 kg
4935	Kaliumchlorid reinst	1 kg, 5 kg
6008	Methanol reinst	1 l, 2,5 l
6400	Natriumchlorid reinst	1 kg, 5 kg
6535	Natriumnitrat reinst	1 kg, 5 kg

8.2.6 Reagenzien zur Desaktivierung von Laborabfällen

5426	Ammoniak-Lösung 32 % reinst	1 l, 2,5 l
822262	1-Butanol zur Synthese	1 l, 2,5 l
2047	Calciumhydroxid zur Analyse	100 g, 500 g, 1 kg
822277	Ethylacetat zur Synthese	1 l, 2,5 l
822283	Methanol zur Synthese	1 l, 2,5 l
6323	Natriumhydrogencarbonat reinst	2,5 kg
806356	Natriumhydrogensulfit-Lösung 37 % zur Synthese	1 l, 2,5 l
6462	Natriumhydroxid Plätzchen rein	1 kg, 5 kg
5614	Natriumhypochlorit-Lösung (13 % aktives Chlor) technisch	33 kg
6513	Natriumthiosulfat reinst	2,5 kg
5587	Natronlauge 32 % reinst	2,5 l
991	1-Octanol reinst	1 l
910	Petroleumbenzin 50 – 70 °C reinst	1 l, 5 l
995	2-Propanol reinst	1 l, 2,5 l
443	Salpetersäure 65 % reinst	1 l, 2,5 l
312	Salzsäure 25 % reinst	2,5 l
716	Schwefelsäure 25 % zur Analyse	1 l
9286	Schwefelsäure 40 %	2,5 l

8.2.7 Katalysatoren zur Hydrierung

807340	Hexachloroplatin(IV)-säure-Hexahydrat zur Synthese	1 g, 5 g
818859	Kupfer-Chromoxid/Siliciumdioxid zur Synthese	100 g
806749	Nickel-Aluminium-Legierung zur Synthese	250 g, 1 kg
807104	Palladium/Aktivkohle zur Synthese	10 g
818825	Palladium/γ-Aluminiumoxid zur Synthese	5 g
807105	Palladium/Bariumsulfat zur Synthese	10 g

810489	Palladium/Calciumcarbonat zur Synthese (5 % Pd)	5 g
807106	Palladium/Calciumcarbonat zur Synthese (10 % Pd)	10 g
807110	Palladium(II)-chlorid zur Synthese	1 g, 5 g, 10 g
807107	Palladium(II)-oxid zur Synthese	1 g
824462	Palladiumphthalocyanin zur Synthese	250 mg
807339	Platin/Aktivkohle zur Synthese	1 g, 5 g
818829	Platin γ-Aluminiumoxid zur Synthese	5 g
807358	Platin/Asbest zur Synthese	1 g, 5 g
824566	Platin(II)-chlorid zur Synthese	500 mg
807347	Platin(IV)-chlorid zur Synthese	1 g
807346	Platin(IV)-oxid-Hydrat zur Synthese	1 g
820876	Raney-Nickel-Katalysator zur Synthese	250 g
812309	Rhenium(VII)-oxid zur Synthese	1 g
807632	Rhodium(III)-chlorid-Trihydrat zur Synthese	1 g
810560	Ruthenium(VI)-oxid-Hydrat zur Synthese	1 g

8.2.8 Reagenzien auf Peroxide

10011	Merckoquant® Peroxid-Test	100 Stäbchen
16206	Perex-Test® Reagenziensatz zur Bestimmung von Peroxiden in Lösungsmitteln	1 Packung
16207	Perex-Kit® Reagenziensatz zur Vernichtung von Peroxiden in Lösungsmitteln (Laborpackung)	1 Packung
16361	Perex-Kit® Reagenziensatz zur Vernichtung von Peroxiden in Lösungsmitteln (Großpackung)	1 Packung

8.2.9 Phlegmatisierte Reagenzien

12435	Benzoylperoxid (mit 25 %, Wasser) für die Elektronenmikroskopie	100 g
801641	Benzoylperoxid (mit 25 % Wasser) zur Synthese	100 g, 250 g, 1 kg
814006	tert-Butylhydroperoxid (70 %ige Lösung in Wasser) zur Synthese	250 ml
820244	tert-Butylhydroperoxid (etwa 80 %ige Lösung in Di-tert-butylperoxid) zur Synthese	250 ml
814159	3-Chlorperbenzoesäure (mit 35 % Wasser und 10 % 3-Chlorbenzeosäure) zur Synthese	25 g, 100 g
820502	Cumolhydroperoxid (etwa 80 %ige Lösung in Cumol) zur Synthese	250 ml
3464	2,4-Dinitrophenol (mit 0,5 ml H_2O/g) Indikator	25 g
822043	2,4-Dinitrophenol (mit 0,5 ml H_2O/g) zur Synthese	100 g, 500 g
3465	2,5-Dinitrophenol (mit 0,5 ml H_2O/g) Indikator	5 g
3081	2,4-Dinitrophenylhydrazin (mit 0,5 ml H_2O/g) zur Analyse	25 g, 100 g
803080	2,4-Dinitrophenylhydrazin (mit 0,5 ml H_2O/g) zur Synthese	100 g, 250 g
623	Pikrinsäure (mit 0,5 ml H_2O/g) zur Analyse	500 g

8.2.10 Sichere Alternativen

15754	Aluminiumoxid-Faser	100 g, 1 kg
814283	Bis(trichlormethyl)-carbonat (Triphosgen) zur Synthese	5 g
1849	tert-Butylmethylether zur Analyse	1 l, 2,5 l
803525	Dimethylcarbonat zur Synthese	100 ml, 1 l
818212	1,3-Dimethyl-2-imidazolidinon (Dimethylethylenharnstoff, DMEU) zur Synthese	100 ml, 500 ml
818214	1,3-Dimethyltetrahydro-2(1H)-pyrimidinon (Dimethylpropylenharnstoff, DMPU) zur Synthese	25 ml, 100 ml, 500 ml
818372	Magnesiummonoperoxyphthalat-Hexahydrat (mit 15 % Magnesiumbisphthalat) zur Synthese	100 g
10573	Natrium-Blei-Legierung	250 g
7996	Sulfidogen® (Schwefel-Paraffin) zur Schwefelwasserstoff-Erzeugung	500 g
8173	Tetrabutylammoniumhexafluorophosphat	50 g
818154	Trichlormethylchlorformiat (Diphosgen) zur Synthese	5 ml, 25 ml
8450	Trifluormethansulfonsäure (in wasserfreier Essigsäure 0,1 mol/l)	1 l
8449	Trifluormethansulfonsäure (in 2-Propanol 0,1 mol/l)	1 l
821166	Trifluormethansulfonsäure zur Synthese	5 ml, 25 ml
818888	Xenondifluorid zur Synthese	1 g

8.2.11 Sonstige Reagenzien

801801	Benzophenon zur Synthese	250 g
820193	Bromcyan zur Synthese	50 g
820194	Bromcyan zur Synthese	250 g, 500 g
803452	Dichlordimethylsilan zur Synthese	250 ml, 1 l
3014	Dichlordimethylsilan (2 %ige Lösung in 1,1,1-Trichlorethan)	500 ml, 2,5 l
820548	Eisenpentacarbonyl zur Synthese	1 kg
3965	Eisen(II)-sulfat-Heptahydrat zur Analyse	100 g, 500 g
804604	Hydraziniumhydroxid (etwa 80%) zur Synthese	250 ml, 1 l
4766	Ionenaustauscher (schwach basisch)	100 g, 500 g
818876	Lithiumaluminiumhydrid Pulver zur Synthese	100 g
808406	N-Methyl-N-nitroso-4-toluolsulfonamid zur Darstellung von Diazomethan	50 g, 250 g, 1 kg
6528	Natriumdisulfit (Natriumpyrosulfit) zur Analyse	100 g, 500 g
6507	Natriumdithionit	500 g, 2,5 kg
518	Perchlorsäure 60 % zur Analyse	1 l, 2,5 l
514	Perchlorsäure 70 % zur Analyse	1 l
7201	Perhydrit® Tabletten à 1 g (Wasserstoffperoxid in fester Form)	100 g, 5 kg
7210	Perhydrol 30 % H_2O_2 zur Analyse (stabilisiert für erhöhte Lagertemperatur)	250 ml, 1 l, 2,5 l
823305	Schwefeldioxid (Laborgas) zur Synthese	Lecture Bottle
823306	Schwefeldioxid (Laborgas) zur Synthese	10 Liter-Zylinder
808076	Thioessigsäure zur Synthese	100 ml, 250 ml

821195	Triphenylmethan zur Synthese	50 g, 250 g
823327	Wasserstoff (Laborgas) zur Synthese	Lecture Bottle
818356	Wasserstoffperoxid-Harnstoff zur Synthese (Wasserstoffperoxid in fester Form)	100 g, 500 g

8.3 Labor-Hilfsmittel

Die nachfolgenden Übersichten enthalten alle in diesem Buch erwähnten Hilfsmittel. Es handelt sich um Produkte der Firma Merck, inklusive Angabe von Artikel-Nummern und Labor-Packungsgrößen. Die Produkte mit 6-stelliger Artikel-Nummer (z.B. 803452) werden nur von Firma Schuchardt geliefert. Die Anschriften dieser Firmen finden Sie unter "Adressen" am Ende dieses Buches.

8.3.1 Hilfsmittel für das Labor

4182	BTS-Katalysator zur Gasreinigung	250 g
7712	Seesand zur Analyse mit Säure gereinigt und geglüht Korngröße 0,1 – 0,3 mm	500 g, 1 kg, 5 kg
7711	Seesand reinst Korngröße 0,1 – 0,3 mm	1 kg, 5 kg
7913	Siedesteine	100 g
7743	Silicon-Entschäumer	100 g
820931	1-Octanol (Entschäumer)	100 ml, 1 l

8.3.2 Indikator-Stäbchen

9560	Acilit® Indikator	pH 0 – 6,0	100 Stäbchen
9564	Neutralit® Indikator	pH 5,0 – 10,0	100 Stäbchen
9562	Alkalit® Indikator	pH 7,5 – 14	100 Stäbchen
9535	pH-Universal-Indikatorstäbchen	pH 0 – 14	100 Stäbchen
10044	Merckoquant® Cyanid-Test		100 Stäbchen

8.3.3 Schliff-Fette

7748	Silicon-Fett	20 g, 100 g
7922	Silicon-Hochvakuumfett mittel	20 g, 100 g
7921	Silicon-Hochvakuumfett schwer	20 g, 100 g
7451	Poly(chlortrifluorethylen)-Fett	25 g
4318	Exsikkatorfett Schmelzbereich: 45 – 54 °C	250 g, 1 kg

8.3.4 Heizbadmedien

7742	Siliconöl für Heizbäder bis 250 °C	100 ml, 1 l
15265	Heizbad-Flüssigkeit wasserlöslich für Heizbäder bis 170 °C	1 l, 2,5 l
6900	Ölbad-Füllung aus Mineralöl für Heizbäder bis 250 °C	1 l, 5 l
6001	Legierung nach Wood für Heizbäder oberhalb 250 °C	250 g, 1 kg

7174	Paraffin dünnflüssig Viskosität max. 70 mPa · s (20 °C)	1 l, 2,5 l
7160	Paraffin dickflüssig Viskosität min. 120 mPa · s (20 °C)	1 l, 2,5 l

8.3.5 Absorptionsmittel für flüssige Gefahrstoffe

1568	Chemizorb® Granulat Absorptionsmittel für Flüssigkeiten	2 kg, 15 kg
2051	Chemizorb® Pulver Absorptionsmittel für Flüssigkeiten	500 g, 25 kg
12576	Chemizorb® Hg Reagenziensatz zur Absorption von Quecksilber	1 Packung
2010*	Chemizorb® Säule zur Absorption von Schwermetall-Ionen aus Laborabfall-Lösungen	1 Packung

8.3.6 Reinigungsmittel für das Labor

- **Manuelle Reinigung**

7555	Extran® MA 01 alkalisch (flüssig)	2 l, 30 kg
7553	Extran® MA 02 neutral (flüssig)	2 l, 30 kg
7550	Extran® MA 03 phosphatfrei (flüssig)	2 l, 30 kg

- **Apparative Reinigung**

– *Alkalische Reiniger*

7558	Extran® AP 11 mild alkalisch (Pulver)	2 kg, 25 kg
7563	Extran® AP 12 alkalisch (Pulver)	2 kg, 25 kg
7563	Extran® AP 13 alkalisch mit Detergentien (Pulver)	2 kg, 25 kg
7573	Extran® AP 14 mild alkalisch (flüssig)	2 l, 30 kg
7575	Extran® AP 15 alkalisch (flüssig)	2 l, 30 kg

– *Saure Spülmittel*

7559	Extran® AP 21 sauer mit Phosphorsäure (flüssig)	2 l, 30 kg
7561	Extran® AP 22 sauer mit Citronensäure (flüssig)	2 l, 30 kg

– *Hilfsmittel*

7560	Extran® AP 31 Entschäumer (flüssig)	2 l
7556	Extran® AP 32 Klarspüler (flüssig)	2 l
7570	Extran® AP 41 enzymatisch (Pulver)	2 kg, 25 kg
7571	Extran® AP 42 Fettemulsion (flüssig)	2 l
7584	Extran® AP 43 bakterizid (flüssig)	2 l, 30 kg

* lieferbar Ende 1992

8.3.7 Entnahme-Hilfen

9996	Adapter S 40 zur Direktentnahme von Lösungsmitteln für die HPLC	1 Stück
9997	Adapter-System S 40 zur Direktentnahme von Reagenzien mit Kolbenbüretten und Titratoren	1 Stück
8818	Hahn zur Entnahme aus Behältern mit 3⁄4"-Schraubstopfen	1 Stück
12647	Antistatik-Vorrichtung für 8818 Hahn	1 Stück
8817	Schlüssel zum Öffnen von Behältern mit 2"- und 3⁄4"-Schraubstopfen	1 Stück
818843	Spritze für Aluminiumalkyle zur Entnahme aus Glasflaschen mit Durchstech-Stopfen und aus Spezial-Stahlbehältern	1 Stück

8.3.8 Scriptosure® Etiketten

Zur Sicherheitskennzeichnung von Laborgefäßen entsprechend der *Gefahrstoff-Verordnung* sind verschiedene gebrauchsfertige Etiketten im Handel:

- **Etiketten-Sets mit Gefahrensymbolen**

8814	Etiketten zum Beschriften (Größe 55 x 88 mm) für Gebindegrößen bis 3 Liter 40 Selbstklebe-Etiketten mit 128 Gefahrensymbol-Etiketten
8820	Etiketten zum Beschriften (Größe 80 x 110 mm) für Gebindegrößen bis 50 Liter 20 Selbstklebe-Etiketten mit 64 Gefahrensymbol-Etiketten
8819	Fertig-Etiketten (Größe 80 x 110 mm) für Gebindegrößen bis 50 Liter 30 beschriftete selbstklebende Etiketten für häufig gebrauchte Lösungsmittel, Säuren und Basen

- **Rollen mit Fertig-Etiketten**
  100 Fertig-Etiketten (Größe 58 x 80 mm)

11939	Aceton	11940	Ethylacetat
11934	Chloroform	11943	n-Hexan
11935	Dichlormethan	11938	Methanol
11941	Diethylether	11937	Petrolether
11942	Ethanol	11936	Toluol

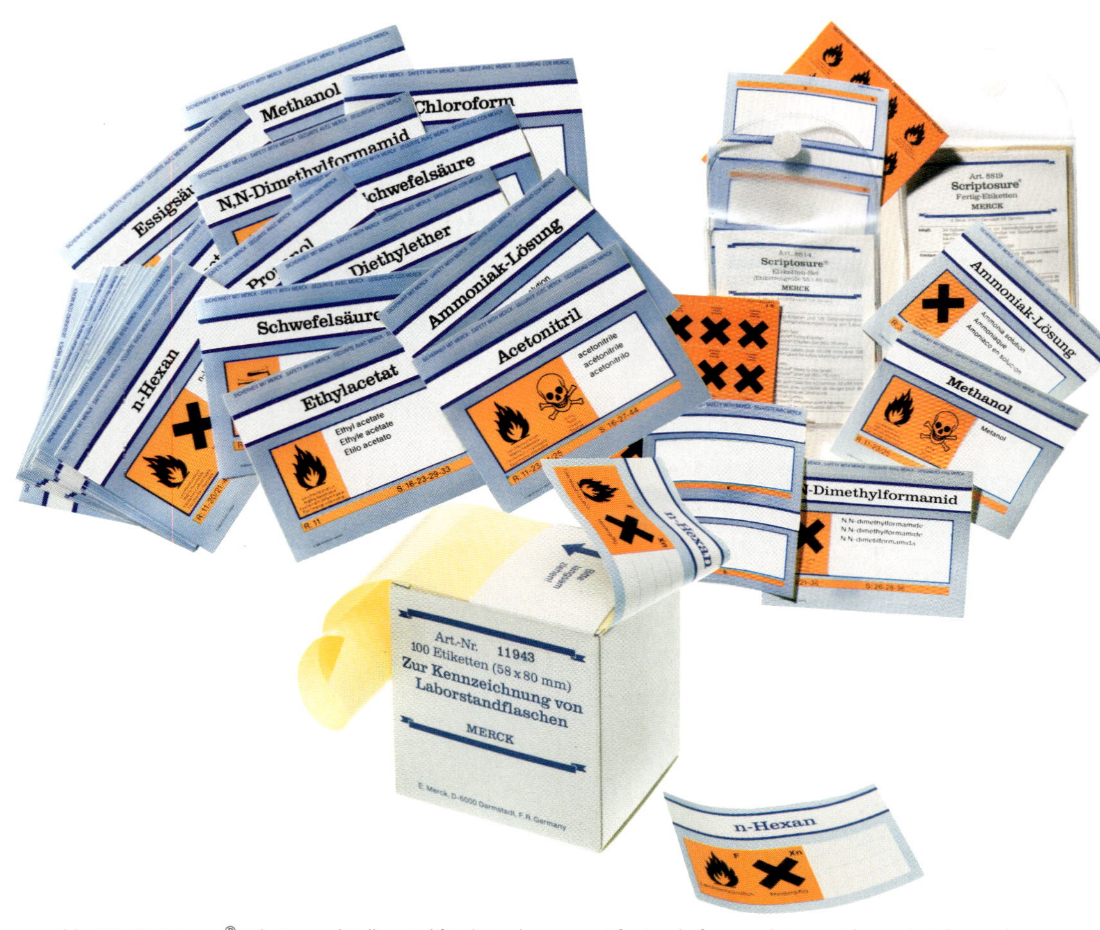

Abb. 53: Scriptosure® Etiketten und Rollen sind für die ordnungsgemäße Beschriftung und Kennzeichnung in Labor und Lager speziell entwickelt worden.

8.4 Geräte und andere Hilfsmittel

Die nachstehende Firmen-Übersicht erhebt keinen Anspruch auf Vollständigkeit. Sie dient ausschließlich dem Zweck, dem Ratsuchenden schnell einen geeigneten Ansprechpartner zu vermitteln.

8.4.1 Spezialbehälter für Lösungsmittelabfälle

- Apparatebau Salzkotten GmbH
  Ferdinand-Henze-Straße 9
  D–4796 Salzkotten

- Bauer GmbH
  Postfach 11
  D–4286 Südlohn

- Düperthal GmbH
  Franken-Straße 23
  D–8757 Karlstein/Main

- Duttenhöfer GmbH & Co. KG
  Postfach 11 61
  D–6733 Haßloch/Pfalz

- Kunststoffwerk Draak GmbH
  Moorweg 1 – 15
  D–2090 Winsen/Luhe

8.4.2 Prüfröhrchen für Luft-Untersuchungen

- Auer-Gesellschaft GmbH
  Thiemann-Straße 1
  Postfach 44 04 40
  D–1000 Berlin 44

- Bayer Diagnostic GmbH
  GF Compur Monitors
  Weißensee-Straße 101
  D–8000 München 90

- Dräger-Werk AG
  Moislinger Allee 53/55
  D–2400 Lübeck 1

8.4.3 Glasgeräte und andere Hilfsmittel

- Rudolf Brand GmbH & Co.
  Fabrik für Laborgeräte
  Postfach 11 55
  D–6980 Wertheim

- Schott Glaswerke
  Hattenberg-Straße 36
  D–6500 Mainz 1

- Deutsche Vermiculit Dämmstoff GmbH
  Post-Straße 34
  D–4322 Sprockhövel 2

- Lutrol® Polyethylenglycol
  BASF Aktiengesellschaft
  Carl-Bosch-Straße 38
  D–6700 Ludwigshafen

- Gilotherm® Wärmeübertragungsmittel
  Rhône-Poulenc S.A.
  25, Quai Paul Doumer
  F–92400 Courbevoie

  Rhône-Poulenc GmbH
  Städel-Straße 10
  D–6000 Frankfurt 70

- Faß-Entleerung
  Flux-Geräte GmbH
  Talweg 12
  D–7133 Maulbronn

8.4.4 Industrie- und Laborgase

- L'Air Liquide S.A.
  75, Quai d'Orsay
  F–75321 Paris

- L'Air Liquide GmbH
  Konrad-Adenauer-Platz 11
  D–4000 Düsseldorf 1

- Linde AG
  Abraham-Lincoln-Straße 21
  D–6200 Wiesbaden 1

- Messer Griesheim GmbH
  Hanauer Landstraße 300 – 330
  D–6000 Frankfurt 1

- Dr. Theodor Schuchardt & Co.
  (Laborgase)
  Eduard-Buchner-Straße 14 – 20
  D–8011 Hohenbrunn

8.4.5 Erste-Hilfe-Kästen

Klein: DIN 13157
Groß: DIN 13169

- Firma Söhngen GmbH
  Platter-Straße 84
  D–6204 Taunusstein-Wehen

- Firma Wero Medical
  Postfach 16 52
  D–6204 Taunusstein-Bleidenstadt

8.5 Glossar und Adressen

8.5.1 Glossar und Abkürzungen

In der nachstehenden Übersicht werden Begriffe, Definitionen und Abkürzungen, die im Zusammenhang mit der Sicherheit beim Umgang mit Chemikalien in diesem Buch gebraucht werden, kurz erläutert. Wo erforderlich werden sie mit der entsprechenden Problematik in den betreffenden Kapiteln ausführlicher behandelt: diese Stellen können über das Stichwort-Register leicht aufgefunden werden.

- **ASTM**

  American **S**ociety for **T**esting and **M**aterials. Sie ist eine dem DIN entsprechende Zentralstelle für die Normung technologischer Daten und Testmethoden.

- **BAT-Wert**

  Biologischer **A**rbeitsstoff-**T**oleranzwert. Der BAT-Wert ist die beim Menschen höchstzulässige Quantität eines Arbeitsstoffes, die nach dem gegenwärtigen Stand der wissenschaftlichen Kenntnis im allgemeinen die Gesundheit der Beschäftigten nicht beeinträchtigt.

- **BHT**

  Butyl**h**ydroxy**t**oluol = 2,6-Di-tert-butyl-4-methylphenol: Oxidations-Inhibitor zur Stabilisierung von oxidationsempfindlichen Lösungsmitteln gegen Luftsauerstoff.

- **Cancerogene**

  Cancerogene sind Substanzen, die die Entstehung bösartiger Tumoren verursachen können. Oft auch als Carcinogene bezeichnet. In der MAK-Liste werden sie nach den Kriterien "beim Menschen", "im Tierversuch" und "begründeter Verdacht" unterteilt.

- **CARN**

  Die **C**hemical **A**bstracts **R**egistry **N**umber ist eine international verwendete Nummer, die zur eindeutigen und unverwechselbaren Identifizierung von chemischen Substanzen, inklusive ihrer spezifischen Molekülstruktur (z.B. Stereo-Isomeren), dient.

- **CEFIC**

  Conseil **E**uropéen des **F**édérations de l'**I**ndustrie **C**himique. Dachverband der europäischen Chemie-Verbände. Anschrift siehe Anhang "Adressen".

- **Chemizorb®**

  Chemisch inerte, sehr saugfähige Absorptionsmittel zur problemlosen Entsorgung von verschütteten Chemikalien; in Pulver- bzw. Granulatform. Als Chemizorb® Hg zur Quecksilber-Entsorgung und als Chemizorb® Säule zur Absorption von Schwermetall-Ionen aus Laborabfall-Lösungen

- **DFG**

  Deutsche **F**orschungs**g**emeinschaft. Sie legt aufgrund erschöpfender Untersuchungen die MAK-Werte fest. Anschrift: siehe Anhang "Adressen".

- **DIBAH**

  Diiso**b**utyl**a**luminium**h**ydrid. Selektives Reduktionsmittel.

- **DIN-Sicherheitsdatenblatt**

  Diese Blätter enthalten in standardisierter Form Informationen und Hinweise, die zum sicheren und umweltschonenden Umgang mit Chemikalien eingehalten werden sollen. Ihr Zweck ist, Gesundheits- und Umweltschäden beim Verbraucher zu verhindern.

DMEU und DMPU

DMEU = **Di**methyl**e**thylen**u**rea (1,3-Dimethyl-2-imidazolidinon) und DMPU = **Dim**ethyl**p**ropylen**u**rea (1,3-Dimethyltetrahydro-2(1H)-pyrimidinon) sind ungefährliche polare Lösungsmittel, die ähnlich gute Lösungseigenschaften aufweisen, wie das bekanntlich krebserzeugende HMPT = Hexamethylphosphorsäuretriamid.

DMSO

Dimethyl**s**ulf**o**xid. Hochsiedendes aprotisches Lösungsmittel. Fördert den Transport von giftigen Stoffen durch die Haut.

Explosionsgrenze

Sie beschreibt die obere und untere Konzentration von explosiven Gasen oder Dämpfen in Luft (in Vol.%), die durch Erhitzen oder Zündung zur Explosion gebracht werden können. Oft auch als "Zündbereich" angegeben.

Flammpunkt

Er gibt diejenige Temperatur (in °C) an, bei der brennbare Dämpfe mit der umgebenden Luft durch Zündung entflammt werden können.

Gefahrensymbol

Bildzeichen (schwarz auf orangefarbenem Grund) zur Gefahrenkennzeichnung von Chemikalien gemäß EG-Richtlinien, z.B. "Totenkopf". Weitergehende Erklärungen siehe "Gefahrensymbole und ihre Bedeutung".

GGVE/GGVS

Gefahr**g**ut**v**erordnung **E**isenbahn bzw. **S**traße: Es handelt sich um Transportvorschriften im Zuständigkeitsbereich der Deutschen Bundesbahn bzw. des Straßennetzes der Bundesrepublik Deutschland. In ihr werden die Chemikalien für den Transport klassifiziert.

Hautresorption

Verschiedene Chemikalien, insbesondere Lösungsmittel, können leicht durch die Haut in den Organismus eindringen und, oft ohne Warnsymptome, gefährliche Vergiftungen verursachen, z.B. DMSO.

HDPE

High **D**ensity **P**olyethylene. Im Niederdruck-Verfahren hergestelltes Polyethylen.

HMPT

Hexa**m**ethyl**p**hosphorsäure**t**riamid. Details: siehe DMEU.

Lecture Bottle

Kleine handliche Druckgasflasche, wie sie bevorzugt in Vorlesungen (englisch: lecture) benutzt werden.

MAK-Wert

Maximale **A**rbeitsplatz-**K**onzentration: Sie gibt die Konzentration eines Gefahrstoffes in der Luft am Arbeitsplatz an (in ml/m^3 bzw. mg/m^3), die nach gegenwärtigem Stand der Kenntnis keine Beeinträchtigung der Gesundheit verursacht. Die Zahlen werden ständig überprüft und erforderlichenfalls korrigiert. Siehe Tabelle "MAK-Werte gebräuchlicher Chemikalien".

- **MMPP**

  Abkürzung für **M**agnesium**m**ono**p**eroxy**p**hthalat. Es ist ein sicherer Ersatz für 3-Chlorperbenzoesäure.

- **MTBE**

  Abkürzung für **M**ethyl-**t**ert-**b**utyl**e**ther = tert-Butylmethylether. Dieser Ether bleibt bei sachgemäßer Lagerung – vor UV-Strahlung geschützt – peroxidfrei.

- **Mutagene**

  Substanzen mit dieser Eigenschaft verursachen Veränderungen des Erbmaterials; sie sind also in der Lage, genetische Schäden zu verursachen, die bisweilen erst nach mehreren Generationen auftreten.

- **NIOSH**

  National **I**nstitute of **O**ccupational **S**afety and **H**ealth. Untersteht dem US Department of Health and Human Services, Washington. Herausgeber des RTECS. Anschrift: siehe Anhang "Nachschlagewerke". Siehe auch OSHA, RTECS, TOSCA.

- **OSHA**

  Occupational **S**afety and **H**ealth **A**ct (USA). Siehe auch NIOSH, RTECS, TOSCA.

- **Peroxide**

  Eine Substanzklasse, die sich durch außergewöhnliche Brisanz auszeichnet. Sie bilden sich in Form von Hydroperoxiden in organischen Lösungsmitteln (besonders in Ethern) und können dort gefährliche Explosionen verursachen.

- **Phlegmatisierung**

  Explosionsgefährliche Substanzen werden zur Minderung der Explosionsgefahr bei Umgang, Lagerung und Transport mit inerten Zusatzstoffen, z.B. Wasser, verdünnt.

- **RTECS**

  Registry of **T**oxic **E**ffects of **C**hemical **S**ubstances. Anschrift: siehe Anhang "Nachschlagewerke". Siehe auch NIOSH, OSHA, TOSCA.

- **R-Satz**

  Gefahrenhinweis (von englisch: risk) in standardisierter Form, gemäß EG-Richtlinien (in Deutschland: Gefahrstoff-Verordnung).

- **S-Satz**

  Standardisierter Sicherheitsratschlag (von englisch: safety) gemäß EG-Richtlinien (in Deutschland: Gefahrstoff-Verordnung).

- **Sensibilisierung**

  Allergische Erscheinungen können nach Sensibilisierung z.B.der Haut oder der Atemwege je nach persönlicher Disposition unterschiedlich schnell und stark durch Stoffe verschiedener Art ausgelöst werden. Siehe Tabelle "MAK-Werte gefährlicher Chemikalien".

- **Taupunkt**

  Der Taupunkt ist diejenige Temperatur, bei der beim Abkühlen feuchter Luft gerade die Kondensation der in ihr gelösten Feuchtigkeit erfolgt. Die "Löslichkeit" von Wasserdampf in Luft nimmt nämlich mit fallender Temperatur ab.

- **TBME**

  Abkürzung für **t**ert-**B**utyl**m**ethyl**e**ther. Details siehe MTBE.

- **TEA und TIBA**

  Tri**e**thyl**a**luminium bzw. **T**ri**i**so**b**utyl**a**luminium. Selektive Reduktionsmittel

- **Teratogene**

  Substanzen mit dieser Eigenschaft können bei Einwirkung während der Schwangerschaft zu Mißbildungen am Embryo führen (Fruchtschädigung).

- **TOSCA**

  Toxic **S**ubstances **C**ontrol **A**ct (USA). Siehe auch NIOSH, OSHA, RTECS.

- **TRGS**

  Technische **R**egeln für **G**efahr**s**toffe. Sie geben detaillierte Anweisungen zu Schutzmaßnahmen beim Umgang mit Gefahrstoffen z.B. zur Lagerung von brandfördernden oder sehr giftigen und giftigen Stoffen.

- **TRK-Wert**

  Technische **R**icht-**K**onzentration. Unter TRK-Wert eines gefährlichen Arbeitsstoffes versteht man diejenige Konzentration als Gas, Dampf oder Schwebstoff in der Luft, die als Anhalt für die zu treffenden Schutzmaßnahmen und die meßtechnische Überwachung am Arbeitsplatz heranzuziehen ist. Die Einhaltung der Technischen Richtkonzentration am Arbeitsplatz soll das Risiko einer Beeinträchtigung der Gesundheit vermindern.

- **VbF**

  Verordnung über **b**rennbare **F**lüssigkeiten: Sie klassiert die organischen Lösungsmittel in Gefahrklassen, die sich am Flammpunkt orientieren. Bezugsquelle: siehe Anhang "Druckschriften mit Anschriften".

- **VCI**

  Verband der **C**hemischen **I**ndustrie. Anschrift: siehe Anhang "Adressen".

- **Vermiculit**

  Chemisch inertes, sehr saugfähiges Schichtsilicat zum Aufsaugen verschütteter Chemikalien. Bezugsquelle: siehe Anhang "Geräte- und andere Hilfsmittel".

- **WGK**

  Die **W**asser**g**efährdungs-**K**lassen sind Kriterien, durch die Stoffe nach 4 Klassen (von 0 bis 3) der Gefährdung für Oberflächengewässer eingestuft werden. Durch Einhaltung dieser Vorschriften wird ein aktiver Beitrag zum Umweltschutz erreicht. Beispiele siehe "Wassergefährdende Stoffe".

- **Zündtemperatur**

  Es ist diejenige Temperatur, bei der Stoffe an heißen Körpern Selbstentzündung zeigen (Entzündungstemperatur). Sie ist demnach die niedrigste Temperatur, die brennbare Gase, Dämpfe, Stäube oder feinzerteilte feste Stoffe im sog. "zündwilligsten" Gemisch mit Luft besitzen müssen, um die Verbrennung einzuleiten.

8.5.2 Adressen

- Berufsgenossenschaft der chemischen Industrie
  Gaisbergstraße 11
  D–6900 Heidelberg
  Telefon: 0 62 21/5 23–0
- DECHEMA
  Deutsche Gesellschaft für chemisches Apparatewesen, chemische Technik und Biotechnologie e. V.
  Postfach 97 01 46
  D–6000 Frankfurt
  Telefon: 069/7564–253
- Gesellschaft Deutscher Chemiker (GDCh)
  Varrentrapp-Str 40 – 42
  D–6000 Frankfurt 90
- Gewerbliche Berufsgenossenschaften
  Zentralstelle für Unfallverhütung und Arbeitsmedizin
  Lindenstraße 78 – 80
  Postfach 20 52
  D–5205 Sankt Augustin 2
- Verband der Chemischen Industrie (VCI)
  Karl-Straße 21
  D–6000 Frankfurt 1
  Telefon: 0 69/25 56–0
- Deutsche Forschungsgemeinschaft (DFG)
  Senatskommission zur Prüfung gesundheitsschädlicher Arbeitsstoffe
  Kennedy-Allee 40
  D–5300 Bonn 2
  Telefon: 02 28/8 85–1
- Conseil Européen des Fédérations de l'Industrie Chimique (CEFIC)
  49, Square Marie-Louise
  B–1040 Brussel/Bruxelles
- Kernforschungszentrum Karlsruhe GmbH (KfK)
  Postfach 36 40
  D–7500 Karlsruhe 1
- Kernforschungsanlage Jülich GmbH (KFA)
  Postfach 19 13
  D–5170 Jülich
- Laborluft-Untersuchungen
  Institut Fresenius
  Im Maisel 14
  D–6204 Taunusstein
  Telefon: 0 61 28/7 44–0
- BDE Bundesverband der Deutschen Entsorgungswirtschaft
  (Abfall-Behandlungsanlagen)
  Postfach 90 08 45
  D–5000 Köln 90
  Telefon: 0 22 03/8 10 75
- BPS Bundesverband Sonderabfallwirtschaft
  (Firmen für Leergebäude-Entsorgung)
  Siebengebirgsstraße 106
  D–5300 Bonn 3
  Telefon: 02 28/48 00 25 – 26
- Altkatalysatoren-Recycling
  SRG-Spezialmetall Recycling GmbH
  Epprather Weg 19
  D–5000 Köln 71
  Telefon: 02 21/79 50 44
- Quecksilber-Rückgewinnung GmbH
  Bei der Gasanstalt 9
  D–2400 Lübeck 1
  Telefon: 04 51/5 70 57
- Entsorgung von radioaktiven Stoffen
  Amersham Buchler
  Gieselweg 1
  D–3300 Braunschweig
  Telefon: 0 53 07/8 08–0
- Firma Bayer AG
  AV-WE
  AV-Medien
  D–5090 Leverkusen
  Telefon: 02 14/30 36 56
- Firma E. Merck
  Frankfurter Straße 250
  D–6100 Darmstadt
  Telefon: 0 61 51/72–0
- Firma Dr. Theodor Schuchardt & Co.
  Eduard-Buchner-Straße 14 – 20
  D–8011 Hohenbrunn
  Telefon: 0 81 02/8 02 72

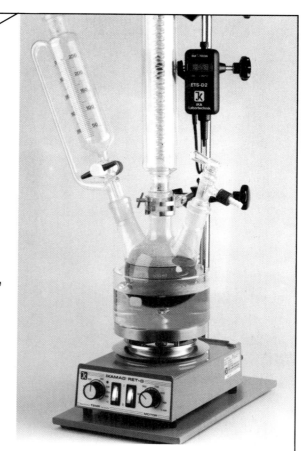

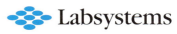

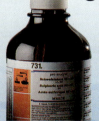

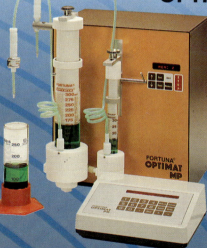

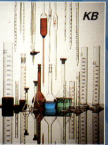

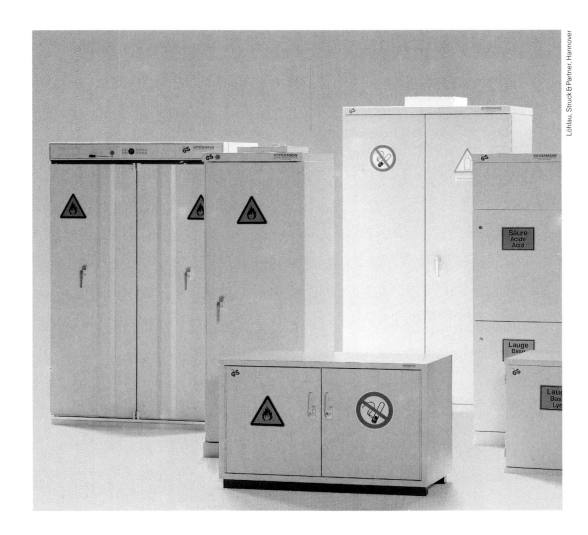

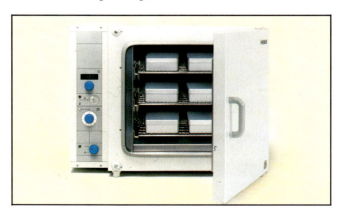

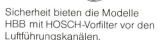

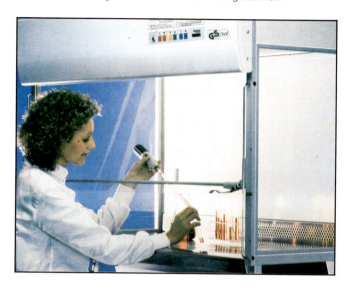

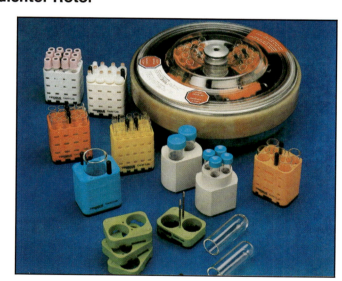

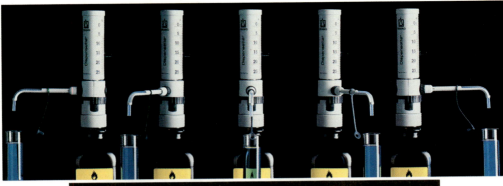

9. Stichwortverzeichnis

Zum leichteren Auffinden sind Stichworte im Text durch *Kursivdruck* hervorgehoben.

A
Abfall-Bewältigung 171
Abkürzungen 214
Absolutieren 80
Absorptionsmittel 116, 210
Absorptionsröhrchen 111, 158, 203
Abzug, Arbeiten im 66
Acetaldehyd 30, 91, 137
Acetamid 30
Aceton 30, 44
Acetonitril 30, 44, 173
Acetylen 117, 166
Acetylenflaschen-Explosionen 62
Acrolein 30
Acrylamid 30
Acrylnitril 133, 136
Acrylsäure 158
Adapter S 40 95, 211
Adapter-System S 40 95, 211
Adressen 218
Aktivkohle 166
Aldehyde, wasserlösliche 178
Alkaliamide 182
Alkalichromate 30
Alkaliborhydride 182
Alkalihydride 163, 182
Alkalimetalle 163, 166, 182, 185
Alkalische Permanganat-Lösung 119
Alkohol 143
Alkoholate 158
Alkylamine, niedere 166
Alkylsulfate 178
Aluminium Pulver 166
Aluminiumalkyle, Entsorgung 84
Aluminiumchlorid 166
Aluminiumalkyle 133, 166, 183, 202
Aluminiumoxid 52, 103, 202
Ameisensäure 154, 159, 166
Aminosäuren 183
Ammoniak 62, 91, 117, 166
Ammoniumdichromat 56
Ammoniumnitrat 166
Anhydride 179
Anilin 44, 137, 142, 158, 166
Anorganische Basen 179
Anorganische Halogenide 181
Anorganische Salze 179
Anorganische Säuren 179
Antistatik-Vorrichtung 96

Arbeiten im Abzug ____ 66
Arbeiten im Vakuum ____ 67
Arbeiten unter Druck ____ 68
Arsen und Verbindungen ____ 133, 136
Ärztliche Überwachung ____ 138
Asbest ____ 136, 148
ASTM ____ 214
Atemschutz ____ 39, 91, 187
Ätzende Stoffe, Warnzeichen ____ 186
Audiovisuelle Medien ____ 40, 200
Aufbewahrung von Chemikalien ____ 157, 165
Augenschutz ____ 39, 187
Augenspül-Einrichtung ____ 90, 188
Autoklaven ____ 68
Azide ____ 166, 181
Azoisobutyronitril ____ 56

B BAT-Werte ____ 200, 214
Becquerel ____ 144
Benzalchlorid ____ 133
Benzidin ____ 134, 136, 140
Benzol ____ 44, 91, 133, 136, 140, 160, 173, 178, 199
Benzophenon ____ 80, 100
Benzotrichlorid ____ 133
Benzoylperoxid ____ 56
Benzylchlorid ____ 133
Berufsgenossenschaft der chemischen Industrie ____ 218
Beryllium ____ 136, 180
Bestimmung von Peroxiden (siehe auch: Peroxide) ____ 46
Betriebsanweisung für Laboratorien ____ 85
BHT ____ 214
Biogefährdung ____ 187
Biologische Arbeitsstoff-Toleranzwerte (BAT) ____ 200, 214
Biologische Strahlen-Belastung ____ 144
Biotechnologie ____ 152
Blau-Gel ____ 203
Blausäure ____ 91, 133
Blechdosen ____ 157
Bombenrohre ____ 68
Brandalarm ____ 188
Brandfördernde Chemikalien ____ 164
Brandschutzordnung ____ 188
Brennbare Flüssigkeiten ____ 39, 162, 166, 200
Brennbare Lösungsmittel ____ 42
Brom ____ 117, 133, 166, 181
Bromate ____ 164
Bromcyan ____ 125
Brommethan (Methylbromid) ____ 137
BTS-Katalysator ____ 71, 75
1,3-Butadien ____ 133
1-Butanol ____ 44
tert-Butanol ____ 44
n-Butylacetat ____ 44

tert-Butylhydroperoxid ____ 56
tert-Butylmethylether ____ 44, 53, 148

C Cadmium ____ 136
Cadmium und Verbindungen ____ 133
Cadmiumchlorid ____ 173
Calciumcarbid ____ 166
Calciumchlorid ____ 99
Calciumchlorid-Trockenröhrchen ____ 111
Cancerogene (siehe auch: Krebserzeugende Eigenschaften) _ 134, 178, 180, 214
Cancerogenität von Diazomethan ____ 126
CARN ____ 214
CEFIC ____ 214, 218
Chemikalien, Übersicht ____ 202
Chemikaliengesetz ____ 13, 200
Chemizorb® ____ 214
Chlor ____ 62, 91, 133, 142, 166
Chlorate ____ 164, 166
Chlorbenzol ____ 44, 173
Chlorcyan ____ 91
Chlorethylen, siehe Vinylchlorid
Chlormethan (Methylchlorid) ____ 137, 142
Chloroform (siehe auch: Trichlormethan) ____ 44, 104, 159, 173
3-Chlorperbenzoesäure ____ 56
Chlorwasserstoff ____ 142
Chrom(VI)-oxid ____ 166
Chrom(VI)-Verbindungen ____ 136
Chromate ____ 164
Chromatographie-Rückstände ____ 184
Chromschwefelsäure ____ 119, 140
Cobalt ____ 136
Coenzyme ____ 159
Cumolhydroperoxid ____ 56, 166
Curie ____ 144
Cyanide ____ 133, 166, 181
Cyanwasserstoff ____ 133
Cyclohexan ____ 44

D Decahydronaphthalin (Decalin) ____ 44
DECHEMA ____ 218
Dekontamination ____ 122
Desaktivierung von Laborabfällen ____ 175, 206
Destillieren ____ 66
Dewar-Gefäße ____ 67, 79
DFG ____ 214, 218
Diagnostica ____ 159
Diazomethan ____ 126, 136, 166, 208
DIBAH ____ 214
Di-tert-butylperoxid ____ 56
Dichlordimethylether ____ 133
Dichlormethan (Methylenchlorid) ____ 44, 137, 142
Dichromate ____ 164
Diethylcarbonat ____ 44

Diethylenglycoldibutylether 44
Diethylenglycoldietylether 44
Diethylenglycoldimetylether 44
Diethylether 44, 53, 142
Diethylsulfat 136
Diisopropylether 44
Dimethylcarbamidsäurechlorid 133
Dimethylcarbonat 149
N,N-Dimethylformamid 44
Dimethylsulfat 91, 133, 136, 149
Dimethylsulfoxid (DMSO) 44, 166, 215
DIN-Normen 201
2,4-Dinitrophenol 56
2,4-Dinitrophenylhydrazin 56
1,4-Dioxan 44, 137, 143
Diphosgen 150, 208
Direktentnahme aus Flaschen 95
DMEU 149, 208, 215
DMPU 149, 208, 215
Drogen 143
Druck, Arbeiten unter 68
Druckausgleichsventil 154
Druckflaschen 156
Druckschriften 200
Dynamische Trocknung 103, 107

E

Edelmetall-Katalysatoren 131
EG–Richtlinien 200
Einleiten von Gasen 69
Eisen(II)-sulfat 52
Eisenpentacarbonyl 127
Elektromagnetische Felder, Warnzeichen 145, 187
Elektrostatische Aufladungen 39, 54, 201
Elementares Quecksilber 180
Elementares Selen 180
Entfernung von Peroxiden (siehe auch: Peroxide) 49
Entleerung von Fässern 213
Entnahme-Hilfen 211
Entschäumer 209
Entsorgung von Aluminiumalkylen 84
Entsorgung von Laborabfällen 21, 171, 174, 218
Entsorgungs-Unternehmen 171, 218
Entzündend (oxidierend) wirkende Stoffe 162, 164
Enzyme 159
Enzymsubstrate 159
Epichlorhydrin 133
Erbgutverändernde Eigenschaften (siehe auch: Mutagene) 11, 134
Erste Hilfe 39, 133, 188, 190, 199, 201
Erste-Hilfe-Kästen 213
Essigsäure 44, 166, 173
Essigsäureanhydrid 44
Ethanol 44, 143, 173
Ethanol aus Chloroform 104

Etherperoxide (siehe auch: Peroxide) ____ 46, 129
Ethylacetat ____ 45
Ethylenglycol ____ 45
Ethylenglycolmonoethylether ____ 45
Ethylenglycolmonomethylether ____ 45
Ethylenimin ____ 133
Ethylenoxid ____ 133
Ethylformiat ____ 45
Ethylmethylketon ____ 45
ex-Bereich ____ 186
ex-Schutz ____ 112, 163
Explosionsfähige Atmosphäre ____ 186
Explosionsgefährliche Chemikalien ____ 55, 126, 165, 186
Explosionsgeschützte Geräte ____ 125
Explosionsgrenzen ____ 60, 215
Explosivität brennbarer Gase ____ 60
Explosivität von Diazomethan ____ 126
Exsikkatoren ____ 158
Extran® Reinigungsmittel ____ 120, 183, 210

F Fässer, Entleerung ____ 213
Feste anorganische Rückstände ____ 175
Feste entzündbare Stoffe ____ 162
Feste organische Rückstände ____ 174
Feuchtigkeits-Indikatoren ____ 100, 107
Feuchtigkeitsempfindliche Chemikalien ____ 158
Feuer, Verbotszeichen ____ 185
Feuergefährliche Chemikalien ____ 162, 186
Feuerlösch-Einrichtungen ____ 39, 188
Feuermelder ____ 188
Flammpunkte ____ 42, 44, 215
Flaschen-Innendruck ____ 154
Fluchtwege, Sicherheitszeichen ____ 185
Fluor ____ 167
Fluoride ____ 133, 181
Fluorwasserstoff ____ 133, 167, 181
Flußsäure ____ 117, 155
Flußsäure-Flasche ____ 155
Flüssige entzündbare Stoffe ____ 162
Flüssige Gase ____ 79, 108
Formaldehyd ____ 133, 137, 158
Formamid ____ 45
Fruchtschädigende Eigenschaften (siehe auch.Teratogene) ____ 11, 134, 141, 143, 199

G Gas-Brandbekämpfung ____ 62
Gas-Einleitung ____ 69
Gas-Filter ____ 92
Gas-Vergiftungen ____ 62
Gas-Entnahme ____ 59
Gase, Explosivität ____ 61
Gasflaschen ____ 164
Gasflaschen-Recycling ____ 63

Gasmasken 92
Gasreste 173
Gebotszeichen 187
Gefahrenhinweise 9, 10, 13, 157
Gefahrenkennzeichnung von Chemikalien 9
Gefahrensymbole 10, 157, 215
Gefahrgut-Klassen für den Transport 161
Gefahrklassen für brennbare Flüssigkeiten 43
Gefährliche Chemikalien 124
Gefahrstoff-Verordnung 13, 141, 200, 211
Gentechnik-Gesetz 200
Geräte und andere Hilfsmittel 212
Gesellschaft Deutscher Chemiker (GDCh) 218
Gesetze und Verordnungen 200
GGVE/GGVS 215
Gift-Notrufe 195
Gifte, Entsorgung 178
Giftige anorganische Rückstände 175
Giftige brennbare Rückstände 175
Giftige Chemikalien, Aufbewahrung 165
Giftige Gase 60
Giftige Stoffe, Warnzeichen 186
Gilotherm® 213
Glasgeräte 213
Glossar und Abkürzungen 214
Glycerin 45
Granulierte Trocknungsmittel 100

H Hahn zur Entnahme von Chemikalien 211
Halogene 164, 167, 174
Halogenfreie Lösungsmittel 174, 176
Halogenhaltige Lösungsmittel 176
Halogenkohlenwasserstoffe 167
Halon 63, 163, 185
Haltbarkeit von Chemikalien 157
Handhabung von Chemikalien 42
Handschuhe 186
Hautresorption 29, 215
HDPE 215
Heizbadmedien 75, 209
Heizen 75
Heizhauben 78
Herstelldatum 157
Herz-Schrittmacher 187
Hexamethylphosphorsäuretriamid (HMPT) 136, 140, 149, 215
n-Hexan 45
Hilfsmittel 212
Hinweiszeichen 188
Hochentzündliche Chemikalien 162
Hydrazin 133, 136, 167
Hydride 158
Hydrierung 131, 206
Hydrophobieren von Glasgeräten 65

I Indikator-Stäbchen 209
Industrie- und Laborgase 213
Informationszentren für Vergiftungen 195
Inhalation 192, 193
Inkompatible Chemikalien 166
Inkorporation 146
Innendruck 155
Instabile Substanzen 158
Iod 167, 181
Iodmethan (Methyliodid) 137
Irreversible Wirkungen 134, 140
Isobutanol 45
Isobutylmethylketon 45

K Kalium 167
Kaliumchlorat 167
Kaliumhydroxid 167
Kaliumperchlorat 167
Kaliumpermanganat 167
Kältemischungen 78, 206
Karl-Fischer-Titration 100, 199
Katalysatoren zur Hydrierung 131, 206
Katalysatoren-Recycling 218
Katalytische Hydrierung 131, 206
Kennzeichnung von Chemikalien 157, 199
Kennzeichnung von Sammelbehältern 174
KFA 218
KfK 218
Kieselgele 105, 203
Kleinpackungen 172
Kohlenhydrate 183
Kohlenmonoxid 91
Kohlenwasserstoffe 167
Kombination der R-Sätze 14
Kombination der S-Sätze 17
Königswasser 164
Konstante Luftfeuchtigkeit 114, 203
Kontaktlinsen 90, 192
Kontrolle der Luft am Arbeitsplatz 128, 138, 218
Konzentrierte Salpetersäure 119
Konzentrierte Schwefelsäure 99, 119
Krebserzeugende Eigenschaften (siehe auch: Cancerogene) 11, 39, 128, 134, 136, 137, 199
Kresole 133
Kühlen 78
Kühllagerung 159
Kumulative Wirkungen 134, 140
Kunststoff-Flaschen 156
Kunststoff-ummantelte Glasflaschen 156
Kupfer 167

L Laborabfälle 171
Laborabfall-Lösungen 210

Labor-Hilfsmittel 209
Laborgase 57, 164, 213
Laborkittel 93
Laborluft-Untersuchungen 128, 138, 218
Laborluftempfindliche Präparate 158
Laborordnung 85
Lager-Empfehlungen 161
Lagerung von Chemikalien 153
Latenzzeit 134
Laugen 162
Lecture Bottles 156, 173, 215
Lederhandschuhe 64, 129
Leergebäude-Entsorgung 218
Leichtentzündliche Chemikalien 162
Leitungswasser zum Augenspülen 90
Literatur 198
Lithium 167
Lithiumaluminiumhydrid 182
Lösch-Vorschriften 163
Löschmittel 63
Luftfeuchtigkeit 114, 203
Luft-Untersuchungen, siehe Prüfröhrchen
Lutrol® 213

M Magnesiumsulfat 99
MAK-Werte 29, 141, 200, 215, 216
Maleinsäureanhydrid 133
Manganate 164
Maximale Arbeitsplatzkonzentration, siehe MAK-Werte
Merkblätter 39, 143, 201
Metallalkyle 129, 163, 185
Metalle in feiner Verteilung 163
Metallorganische Verbindungen 80
Metallpulver 167
Methacrylsäure 158
Methanol 45, 143, 173
Methylacetat 45, 143
Methylbromid, siehe Brommethan
Methylchlorid, siehe Chlormethan
Methylenchlorid, siehe Dichlormethan
Methylformiat 143
Methyliodid, siehe Iodmethan
Michler-Keton 138
Mikroorganismen 90, 187
MMPP 149, 216
Molekularsiebe 53, 70,106, 199, 203
Monographien 199
Monochlordimethylether 133
MTBE 216
Mutagene (siehe auch: Erbgutverändernde Eigenschaften) 134, 216
Mutterschutzgesetz 141

N Nachschlagewerke 198
2-Naphthylamin (β-Naphthylamin) 134, 136
Natrium 99, 133, 167
Natrium-Blei-Legierung 52, 99
Natriumamid 167
Natriumhydroxid 167
Natriumperoxid 167
Natriumsulfat 99
Nickeltetracarbonyl 127, 137
Niedrig schmelzende Substanzen 160
NIOSH 198, 216
Nitrate 164
Nitrile 176
Nitrite 164
Nitrobenzol 45, 167
Nitrocellulose 133
Nitromethan 167
2-Nitropropan 133
Normen 201
Notausgang, Rettungszeichen 188
Notdusche, Rettungszeichen 188
Notfall, Verhaltensmaßnahmen 188
Notrufe 195
Nucleinsäure-Derivate 159

O Offenes Licht, Verbotszeichen 185
Ölbäder 117
Oleum 179
Orale Vergiftungen 193
Organische Basen und Amine 176
Organische Peroxide 29, 164
Organische Reagenzien 176
Organische Säuren 176
Organoelement-Verbindungen 178
OSHA 216
Oxalsäure 167
Oxidationsempfindliche Präparate 158
Oxidationsmittel 164
Oxide 164
Ozon 91, 133

P Passiv-Rauchen 134
Peleus-Ball® 98
n-Pentan 45, 159
Percarbonsäuren 132
Perchlorate 164
Perchlorsäure 129, 164, 168
Perex-Kit® 49
Perex-Test® 47
Permanganat-Lösung, alkalische 119
Peroxide 46, 99, 103, 109, 148, 168, 178, 181, 207, 216
Peroxo-Verbindungen 164
Persönliche Schutzausrüstung 89

Phenole ____ 133, 158, 160
Phlegmatisierte Reagenzien ____ 55, 132, 149, 159, 165, 207, 216
Phosgen ____ 62, 91, 133
Phosphor ____ 168, 182
rot ____ 162, 182
weiß ____ 162, 182
Phosphor-Verbindungen ____ 182
Phosphorpentoxid ____ 99
Phthalsäureanhydrid ____ 133
Pikrate ____ 168
Pikrinsäure ____ 56, 159, 168
Pipettierhilfen ____ 98
Präventiver Arbeitsschutz ____ 137
Prellungen ____ 191
1-Propanol ____ 45
Prüflisten ____ 169
Prüfröhrchen für Luft-Untersuchungen ____ 91, 128, 213
Pyridin ____ 45
Pyrophore Eigenschaften ____
(siehe auch: Selbstentzündliche Stoffe) ____ 75, 80, 83, 100

Q Quecksilber ____ 133, 175
Quecksilber-Rückstände ____ 117, 180

R R-Sätze ____ 13, 216
Radioaktive Dekontamination ____ 122
Radioaktive Substanzen ____ 144, 165, 180, 186, 218
Radionuklide ____ 144
Raney-Nickel ____ 131, 180
Rauchen, Verbotszeichen ____ 185
Rauchverbot ____ 161
Reagenzien, Übersicht ____ 202
Recycling ____ 175, 180, 183, 218
Regenerierbare Metallsalz-Rückstände ____ 175
Regenerierung von Kieselgelen ____ 106
Regenerierung von Molekularsieben ____ 108
Reinigung von Gasen ____ 71
Reinigung von Laborgeräten ____ 119, 210
Reinigungsmethoden für Lösungsmittel ____ 114
Reinigungsmittel für Laborgeräte ____ 210
Reizung der Augen ____ 191
Relative Luftfeuchtigkeit ____ 114
rem ____ 144
Restlose Entleerung ____ 94, 213
Rettungszeichen ____ 188
Röntgen-Strahlen ____ 186
Rotations-Verdampfer ____ 67
RTECS ____ 198, 216

S S 40-Verschluß ____ 153
S-Sätze ____ 15, 216
Salpetersäure ____ 119, 133, 168
Salzlösungen ____ 174
Sammelbehälter für Laborabfälle ____ 174

Sammlung von Laborabfällen 174
Sauerstoff 133
Saure Gase 179
Säurehalogenide 179
Säuren 162
Schießrohre 68
Schliff-Fette 209
Schlüssel zum Öffnen von Behältern 211
Schnittwunden 190
Schutzbrillen 89, 186
Schutzhandschuhe 92, 155, 187
Schutzkleidung 93
Schutzscheiben 89
Schutzschuhe 92, 187
Schutzschürzen 93
Schwangerschaft 29, 141
Schwefel 168
Schwefeldioxid 91
Schwefelkohlenstoff 45, 168
Schwefelsäure 99, 119, 168
Schwefelwasserstoff 91, 133, 150, 168
Schwermetall-Salze 179
Schwermetallhaltige Lösungen 179
Selbstentzündliche Stoffe (siehe auch: Pyrophore Eigenschaften) 162
Selbstklebe-Etiketten, Scriptosure® 157, 174, 211
Selen und Verbindungen 180
Sensibilisierung 12, 29, 216
Septum-Verschluß 82, 97
Sicacide® 100, 203
Sicapent® 100, 203
Sichere Alternativen 148, 208
Sichere Entnahme 94
Sicheres Aufbewahren von Ethern 54
Sicherheits-Etikett 18, 21
Sicherheits-Hahn 96
Sicherheits-Schlüssel 96
Sicherheitsdatenblätter 25, 214
Sicherheitsflasche 67, 69
Sicherheitshandschuhe 92, 187, 155
Sicherheitsprodukte 89
Sicherheitsratschläge (S-Sätze) 9, 13, 15, 157, 216
Sicherheitsregeln 10, 59
Sicherheitszeichen 185
Sieb-Effekt von Molekularsieben 106
Siedesteine 66
Siedeverzüge 66
Sievert 144
Silber 168
Silica-Gel 105
Spezialbehälter für Lösungsmittelabfälle 212
Spritze für Metallalkyle 82, 97, 183, 211
Spritzer auf der Haut 10, 188

Statische Trocknung 106
Staub-Explosionen 186
Staub-Masken, siehe Atemschutz
Stickstoffoxide 133
Stillende Mütter 141
Stockpunkt 76
Stoffe, die in Berührung mit Wasser entzündbare Gase entwickeln 162
Strahlen-Belastung 144
Strahlenschutz-Verordnung 146, 200

T Taupunkt 106, 115, 216
TBME 217
TEA 217
Technische Regeln (TRG), Übersicht 169
Technische Regeln für brennbare Flüssigkeiten (TRbF) 200
Technische Regeln für Druckbehälter (TRB) 200
Technische Richtkonzentrationen (TRK) 138
Teratogene (siehe auch: Fruchtschädigende Eigenschaften) 134, 217
Tetrabutylammoniumhexafluorophosphat 151
Tetrachlorkohlenstoff (Tetrachlormethan) 45, 138, 143
Tetrahydrofuran (THF) 45, 133, 143
Tetrahydronaphthalin (Tetralin) 45
Thallium-Salze 180
Thermostaten 76
Thorium-Salze 144, 146
TIBA 217
Toluol 45, 143
TOSCA 217
Toxizität von Uran-Verbindungen 146
Transport gefährlicher Chemikalien 153, 161
TRGS 161, 200, 217
Trichlorethylen (Trichlorethen) 45, 138, 143
Trichlormethan (siehe auch: Chloroform) 138, 143
Trifluormethansulfonsäure 151
Triphenylmethan 80, 100
Triphosgen 150, 208
TRK-Werte 138, 217
Trockene Lösungsmittel 202
Trockeneis 78
Trockenschränke 112
Trocknung von Chemikalien 99
Trocknung von Gasen 70
Trocknung von Lösungsmitteln 112
Trocknungsmittel 100, 202

U Überdruckventil 155
Umgang mit Gasen 57
Umwelt 172
Unfallbegleitzettel 194
Unverträglichkeiten von Chemikalien 165
Uran-Salze 144, 146

V Vakuum-Pumpen 67
VbF 217
VCI 217
Verätzungen der Haut 191
Verbandkasten 188, 190
Verbotszeichen 185
Verbrennungen 192
Verbrühungen 192
Verfalldatum von Chemikalien 157
Vergiftungen 192, 195
Vermiculit 157, 213, 217
Verordnungen und Gesetze 200
Verpackung von Chemikalien 153
Verschluß, Aufbewahrung 165
Verschüttete Chemikalien 116
Verschüttetes Quecksilber 117
Verstauchungen 191
Video-Filme zur Sicherheit 40
Vinylchlorid (Chlorethylen) 133
Vollmasken 91

W Wandtafel 20
Wärmeempfindliche Präparate 159
Wärmeübertragungsmittel 75
Warnzeichen 186
Wasserdurchbruch beim Trocknen 103, 108
Wassergefährdungsklassen (WGK) 173, 217
Wasserlösliche Aldehyde 178
Wasserstoff 131
Wasserstoffperoxid 119, 132, 155, 168
Wasserstoffperoxid-Lösungen 164
Werdende Mütter 141
Wertvolle Metalle 183
WGK 173, 217

X Xenondifluorid 151
Xylenole 133
Xylol 45, 91, 143

Z Zeolithe 199
ZH1-Verzeichnis 201
Zigarettenrauchen 134, 136, 143, 148
Zink Pulver 168
Zinnverbindungen, organische 133
Zündbereich 60
Zündgefahren durch elektrostatische Aufladungen 39, 54, 201
Zündtemperatur 217